쉽게 배우는

반도체 프로세스

사토 준이치 지음 | 조성환 옮김

일러두기

이 책의 용어 표기는 SEMI(국제반도체장비재료협회) 표기 이외에 관습상 사용되고 있는 것을 사용하였습니다.
반도체 기술은 반세기 이상의 역사를 가지고 있으며, 그 사이에 사용되는 용어도 많이 변화했습니다.
이 책의 본문에서는 가능한 여러 가지 표현법으로 표기하였습니다.

쉽게 배우는

반도체 프로세스

사토 준이치 지음 | 조성환 옮김

북스힐

시작하며

본 책은 2010년에 출판된『도해 입문 쉽게 이해되는 최신 반도체 프로세스의 기본과 구조』제4판입니다. 초판부터 관심을 가져 주신 독자 여러분께 감사드립니다. 이번 판에 있어 가장 크게 달라진 부분은 9장으로 'CMOS 프로세스 플로'를 추가한 것입니다. 각 프로세스가 어떻게 사용되는지를 구체적으로 알리고자 했기 때문입니다. 또한 문장과 그림을 추가했고, 알기 쉽게 설명하는 것과 동시에 새로운 흐름을 받아들여 내용을 일부 수정했습니다. 이전에 더해서 여러분에게 도움이 되었으면 하는 바람입니다.

그러나 만약 필자의 오해나 불이해가 있어 지적해 주신다면 이 또한 겸허히 수용하겠습니다.

본 책의 구성과 내용은 기본적으로 초판을 따르고 있습니다. 이 책의 독자 가운데 많은 분들이 반도체가 어떻게 생산되는지 궁금증이 생기기도 하고, 반도체 분야에 종사하고 싶다는 꿈을 키우고 계실지도 모릅니다. 그리고 그중에는 간편한 입문서를 찾고 계신 분도 많을 거라고 생각합니다. 이 책은 반도체 비즈니스와 관련 있는 분, 종사하고자 하는 분, 흥미를 가지고 알고 싶은 비전문가를 포함해 사회인이나 학생을 대상으로 집필되었습니다.

필자는 다행히도 반도체 프로세스의 입문 강연을 할 수 있는 기회가 많았고 그때 받았던 많은 질문에 답하는 형태로 반도체 프로세스를 실리콘, 실리콘 웨이퍼부터 반도체 fab., 전 공정, 후 공정까지 전체를 조감할 수 있도록 집필한 것이 본 책입니다. 따라서 전문적인 설명도 일부 포함하고 있습니다. 그러나 대부분은 비전문가나 학생들도 알기 쉽도록 풀어 썼습니다. 또한 반도체와 관련된 업종에 종사하고 있는 분이라도 자신의 전문 분야 이외의 것들을 알고 싶은 분이라면 다소 도움이 될 것이라고 생각합니다.

아울러 실제 제조 현장을 체험해 볼 기회가 없는 분도 많을 것이라고 생각하므로

- 복잡한 그림은 피하고 이해하기 쉬운 이미지의 그림과 표로 정리했습니다.
- 현장에 가까운 관점이나 실제 체험을 바탕으로 기술했습니다.
- 역사적 배경과 현재까지의 흐름을 이해하기 쉽게 썼습니다.

모쪼록 본 책이 해당 분야에 관심을 가진 많은 분에게 도움이 되었으면 하는 바람입니다. 본 책을 집필하며 많은 분들로부터 도움과 조언을 받았습니다. 지면 관계상 일일이 열거할 수는 없지만 다시 한 번 감사의 뜻을 전합니다. 또한 물심양면으로 도움을 준 히데와시스템 담당자에게도 깊은 감사를 표합니다.

사토 준이치

차례

8장 평탄화(CMP) 프로세스

9장 CMOS 프로세스 플로

10장 후 공정 프로세스의 개요

제1장

반도체 제조 프로세스의 전체상

이 장에서는 실리콘 반도체의 제조 공정을 전체적으로 조감하는 의미에서 먼저 반도체 프로세스의 특징을 설명하고 전 공정의 프론트 엔드와 백 엔드의 차이, 주재료인 실리콘의 성질, 실리콘 웨이퍼 만드는 방법, 후 공정의 내용 등을 흐름에 따라 설명할 것이다.

1-1 한눈에 보는 반도체 프로세스

이 장에서는 반도체 프로세스의 전체상을 알아보기 위해 각각의 특징을 여러 가지 관점에서 추적해 본다. 따라서 이후 이어지는 내용들을 이해하는 데 도움이 될 것이라 생각한다.

여러 종류의 반도체 제품

먼저 본 책에서 취급하는 범위를 표시한다. 자동차를 예로 든다면 경주용 F1 레이싱 카에서 대형 트레일러까지 용도에 따른 다양한 자동차가 있다. 반도체 제품도 이용하는 기판 재료와 용도에 따라 다양하게 분류된다. 그림 1-1-1에 반도체를 재료 및 제품별로 분류해 표시했다. 재료는 단원소 재료와 화합물계의 재료를 이용하는 케이스가 주류를 이루고 있다. Si 반도체는 당연히 단원소계이며 본 책에서는 a-Si, poly-Si이 아닌 단결정 Si(1-5~1-7)을 이용한 반도체 프로세스를 다룰 것이다. 더불어 화합물계는 주요한 제품 분류로 광 디바이스 등에 이용된다. 본 책에서는 제품 분류의 첨단 로직, 메모리에 필요한 반도체 프로세스에 주안점을 두고 있다. 이러한 것들의 분류에 관한 설명은 지면 관계상 생략한다. 흥미가 있는 독자들은 관련 서적을 참조하길 바란다.

왜 반도체 프로세스라고 명명하는 것일까?

반도체 산업에서는 제조 공정을 프로세스라고 부른다. 그 이유는 무엇일까? 여기에 대한 답은 없지만 필자 나름대로 생각하기에는 가공 치수가 미세(현재는 nm 오더임. nm는 10^{-9}m)하기 때문은 물론 제조 공정을 실제로 볼 수 없기 때문이 아닐까 한다. 예를 들어 TV, 자동차와 같은 어셈블 공정은 눈으로 볼 수 있지만 그러한 제조 공정을 프로세스라고 부르지는 않는다. 또한 반도체 제품은 하나하나를 제작하는 것이 아니라 일괄 제작하며, 나중에 분할하는 특징(2-2)을 가지고 있다. 이러한 특징 때문에 반도체에서는 비교적 추상적 의미를 가진 '프로세스'라는 용어를 사용하는 것으로 생각된다.

반도체 프로세스에는 **전 공정과 후 공정**이 있다(1-2). 여기에서 전 공정은 주로 실리콘 웨이퍼 가공을 하기 때문에 웨이퍼 프로세스라고 부른

그림 1-1-1 **반도체의 (재료 및 제품별) 주요 분류**

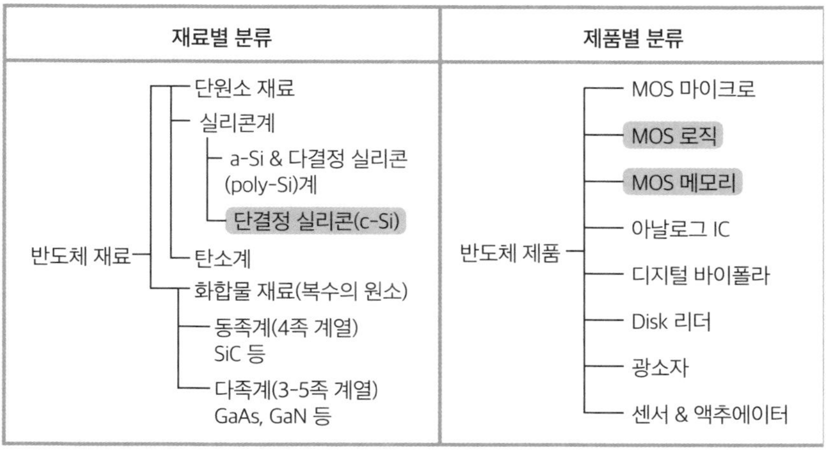

제품은 WSTS 분류에 근거

주 WSTS: World Semiconductor Trade Statics의 약자. 상세한 것은 웹사이트 참조.

그림 1-1-2 **반도체 프로세스의 특징**

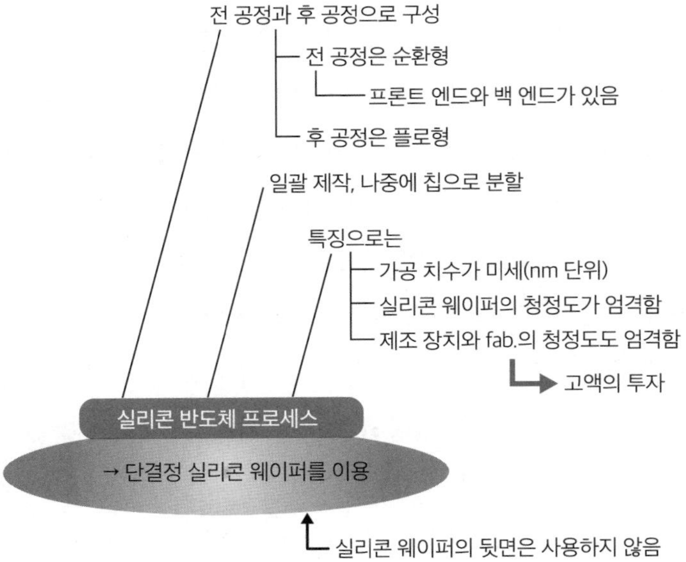

다. 게다가 주요한 6개의 프로세스를 수차례 반복하기 때문에 필자는 '순환형 프로세스'라고 부르고 있다(1-3). 화학공업이 프로세스 산업이라고 불리며 화학 제품이 열분해, 중합, 증류 등의 프로세스를 거치는 것과 비슷하다. 동시에 대량으로 제작하며 후에 소분류(용도에 맞게 칩 형태로 커팅)하는 것도 닮아 있다. 필자의 경우 후 공정은 조립 공정까지 포함해 상류에서 하류로 흘러가는 '플로형' 프로세스라고 부르고 있다.

전 공정은 프론트 엔드와 백 엔드로 분류할 수 있다(1-4). 전자는 트랜지스터 등의 소자를 형성하는 것이고, 후자의 주요 프로세스는 배선을 형성하는 것이다. 가공 치수가 매우 작고 수십 나노미터 수준이다. 따라서 실리콘 웨이퍼의 청정도는 엄격하게 요구되며(1-8), 제조 장치와 fab.(제조 공장)에도 청정도가 요구되어 제조 장치의 가격도 고가이며 fab.

건설에 투자되는 금액도 고액이다(제2장).

이상의 내용을 그림 1-1-2에 정리했다. 이 그림을 머리에 넣고 이하의 본문을 읽어 주길 바란다. 본 책에서 서술하는 반도체 프로세스는 실리콘 웨이퍼의 표면(미러 면 또는 경면이라고 부른다)에 프로세스를 실시하고 실리콘 웨이퍼 뒷면●(샌드블라스트 면)에는 실시하지 않는다.

미러 면, 샌드블라스트 면과 같은 생소한 단어가 갑자기 나와 실리콘 웨이퍼에 관해 상세히 모르는 독자들이 당황할 수 있기에 간략히 설명을 덧붙인다.

실리콘 웨이퍼는 단결정 실리콘 잉곳(덩어리)을 줄톱으로 잘라 원반 모양의 웨이퍼 형태로 제작한다(1-6). 본 책에서 다루는 로직, 메모리의 LSI는 실리콘 표면 위에서만 제작하기 때문에 그 면을 미러 면으로 완성해 마무리한다. 그것을 그림 1-9-1(a)에 표시했다. 마치 거울처럼 반사하기 때문에 미러 면이라고 부른다(1-9). 한편 다른 면(뒷면)은 거친 연마를 거쳐 마무리하기 때문에 거울과 같이 반사되지 않는다. 이 면을 마무리하는 공법에서 유래해 샌드블라스트 면이라고 부른다.

칩으로 변환하는 것을 그림 1-2-2에 표시했지만 백 그라인드(9-2)라고 불리는 후 공정 프로세스이며 실리콘 웨이퍼를 얇게 만드는 것이다.

● **표면과 뒷면**
양면을 미러 면으로 하는 웨이퍼를 사용하는 경우도 있다. 그것은 주로 박막 프로세스의 평가에 이용하는 FT-IR(Fourier Transform Infrared Spectroscopy)이라고 불리는 푸리에 변환형 적외 분광 분석으로 박막의 질을 평가하는 경우에 사용한다. 파워 반도체에서는 뒷면으로 반도체 디바이스를 제작하는 경우도 있다.

1-2 전 공정과 후 공정의 차이점

여기서부터는 드디어 프로세스를 이야기하게 된다. 실리콘 웨이퍼 표면에 LSI를 제작해 가는 프로세스를 전 공정이라 부르며, 웨이퍼 위에 제작한 LSI를 칩 형태로 잘라내고 전용 패키지에 수납해 출하하기까지의 프로세스를 후 공정이라 한다.

전 공정과 후 공정의 커다란 차이점

전 공정은 '웨이퍼 프로세스'라고도 하며 실리콘 웨이퍼 위에 LSI 칩을 제작하는 공정이다. 미세 가공과 결정의 회복 처리 등 물리적·화학적 프로세스가 주된 역할을 한다. 후 공정은 웨이퍼 위에 완성한 LSI 칩을 각각 개별적으로 잘라서 패키지화하는 조립·가공 기술에 가까운 것이다. 바꿔 말하면 전자는 눈에 보이지 않는 관리를 행하는 것이며, 후자는 어느 정도 눈에 보이는 관리를 하고 있다고 말할 수 있다.

추가로 한 가지 커다란 차이점은 전 공정은 작업 대상(work라고 부르기도 한다)이 실리콘 웨이퍼 상태뿐이지만 1-12에서도 다루겠지만 후 공정은 실리콘 웨이퍼이기도 하고, 칩(후 공정에서 die라고 부르는 경우도 있다)이기도 하고, 패키지화된 칩이기도 하므로 다양하다. 이 때문에 후 공정의 경우는 제조 장치 메이커가 각각 전업화하는 경우도 많다.

그림 1-2-1에 전 공정과 후 공정의 흐름을 표시했다. 전 공정의 작업 대상이 실리콘 웨이퍼뿐이기에 서두에도 기술했지만 전 공정은 웨이퍼 프로세스라고 부른다.

fab.의 차이

이상 기술한 것과 같이 프로세스에 큰 차이가 있기 때문에 현재 전 공정과 후 공정의 fab.은 각각 별도로 건설되어 있다. 이전에는 반도체 fab.의 규모도 작고 전 공정과 후 공정의 fab.이 동일한 건물이나 동일한 부지 내에 있던 경우도 있었다. 그러나 월 수만 장의 웨이퍼를 투입하는 현재는 그렇게 할 수 없다. 또한 1-12에서 다루겠지만 전 공정 fab.의 입지

그림 1-2-1 **전 공정과 후 공정의 차이**

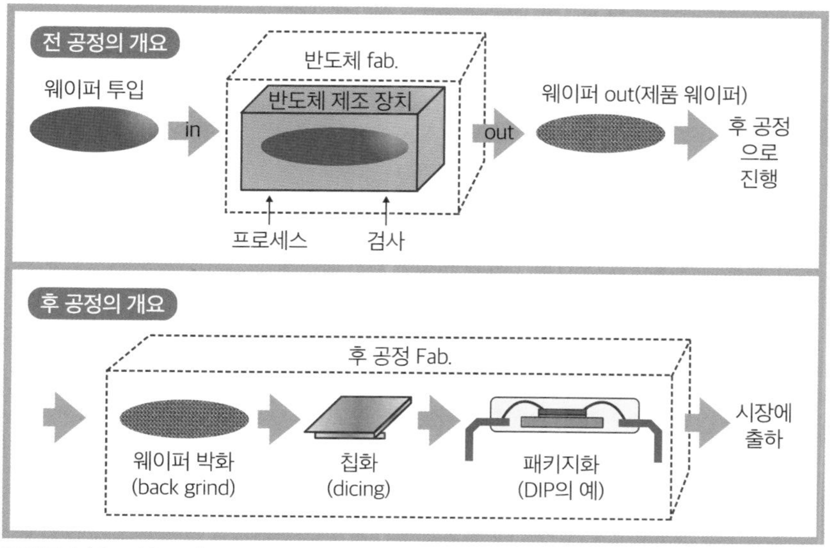

주 전 공정의 fab.과 후 공정의 fab.은 분리되어 있는 경우가 많다. 제품 웨이퍼의 포장이 작고 운반의 부하가 적은 반도체 산업의 특징을 살린 면이 있다.

조건과 후 공정의 입지 조건도 다르다. 특히 후 공정의 fab.은 해외에 기지를 두는 경우도 있다. 따라서 전 공정과 후 공정의 fab.은 각각 별도로 존재하는 것이 일반적이다. 전 공정에서 후 공정으로의 반송 시 반도체 제품 웨이퍼는 수하물 크기도 작고(후에 나오겠지만 현재 주류는 직경 300mm로 이전의 아날로그 LP 레코드와 동일한 크기이다) 운반 비용도 비교적 낮기 때문에 전 공정과 후 공정의 fab.이 각각 존재하는 요인일지도 모른다. 따라서 반도체 공장은 해안 인접 지역의 공업지대보다는 고속도로 교차로에서 접근 가능한 공항 근처에 있는 경우가 많다.

여담이지만 필자의 젊은 시절에는 후 공정의 라인도 동일한 fab. 안에 있었다. 제9장에서 설명하는 와이어 본딩은 손이 민첩한 여성들이 즐비하게 나란히 서서 하나하나 와이어 본딩 작업을 했다. 필자 자신도 테스트 품을 직접 와이어 본딩한 적이 있었다. 수동 작업이었기 때문에 힘의 가감에 의해 와이어의 신축 정도가 달라져서 매우 고생했던 기억이 난다. 현재는 물론 자동화되었다.

1-3 순환형의 전 공정 반도체 프로세스

실리콘 웨이퍼 위에 LSI를 제작해 가는 프로세스는 부품을 조립하거나 디바이스를 실장해 가는 어셈블 산업과 달리 동일한 프로세스를 몇 번이고 반복하는 순환형 프로세스라고 불린다.

순환형 프로세스란?

'순환형'이란 '플로형'에 대해 상반되는 의미로 필자가 이름을 붙인 것이며, 어셈블 공정과 같이 벨트 컨베이어식에 부품을 추가해 조립하면서 제품을 흘려보내는 방식이 아닌 몇 개의 동일한 공정을 반복해 제품을 완성해 나가는 방식이라는 의미다.

전 공정은 기본적으로 크게 분류하면 세정, 이온 주입 및 열처리, 리소그래피, 에칭, 성막, 평탄화(CMP●) 등 여섯 가지 프로세스 조합으로 되어 있다. 그림 1-3-1에 도식적으로 비교해 표시했다. 여러 가지 화살표가 있다는 것은 그것들을 통과하는 프로세스가 여러 가지 루트를 가지고 있

● **CMP**
Chemical Mechanical Polishing의 약자. 최근에는 폴리싱보다는 평탄화의 의미로 planarization으로 사용하는 경우도 있다.

그림 1-3-1 **'순환형'의 전 공정 프로세스 플로**

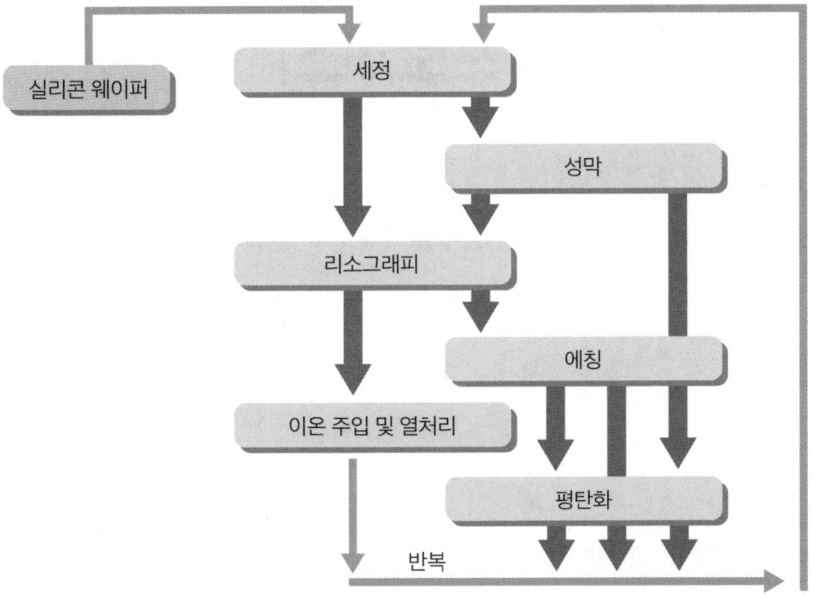

다는 의미다.

기본적으로는 몇 종류의 조합

이미 기술했듯이 전 공정은 기본적으로 세정, 이온 주입 및 열처리, 리소그래피, 에칭, 성막, 평탄화의 여섯 가지 **프로세스의 조합**으로 되어 있다. 단지 여러 가지 조합의 패턴이 있고 그것들을 몇 번이고 순환시켜 전 공정이 집적화되어 있다는 의미다. 예를 들어 알루미늄 배선 공정에서 그림 1-3-2에 표시했듯이 (전) 세정→알루미늄 성막→리소그래피→에칭→(후) 세정이라는 흐름으로 진행된다. 이 경우는 이온 주입 및 열처리, 평탄화(화살표의 색을 다르게 했음)는 사용하지 않는다. 이처럼 어떤 하

그림 1-3-2 **알루미늄 배선 공정의 예**

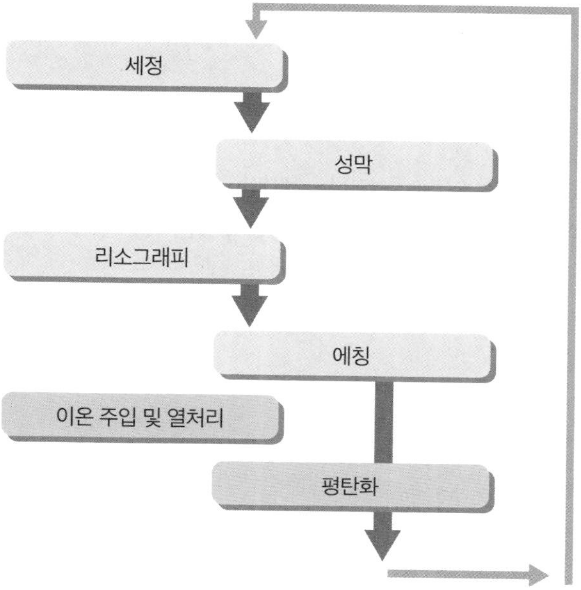

나의 공정(단일 공정)에서는 사용하는 프로세스가 있다면 사용하지 않는 프로세스도 있다는 것이다. 이 단일 공정이 몇 개인가 존재해 그것이 집적화되어 전 공정이 되는 것이다. 그런 의미로 본다면 동일한 프로세스를 몇 번이고 통과하는 것이므로 순환형 프로세스라고 말하는 것이다. 이러한 순환형의 전 공정 라인에서는 베이(bay) 방식이라고 하는 클린룸 내부에서의 제조 장치에 레이아웃이 통상적으로 이용되고 있다. 이것에 관해서는 2-5에서 설명하겠다.

1-4 프론트 엔드와 백 엔드

전 공정은 프론트 엔드와 백 엔드로 나누어진다. 전자는 트랜지스터를 형성하는 것이고 후자는 트랜지스터 형성 후의 다층 배선 공정을 말한다.

왜 프론트 엔드와 백 엔드일까?

특히 첨단 CMOS● 로직 LSI에 대해서 이러한 분류법은 일반적인 것이다. 물론 메모리 분야에서도 이렇게 분류하는 경우가 있다. **프론트 엔드**는 주로 트랜지스터 형성까지를 말하며, 백 엔드는 그 이후의 배선 공정을 말하는 것이다. 특히 첨단 CMOS 로직 LSI의 배선 공정은 동일한 프로세스를 반복한다 해도 과언이 아니다. 나중에도 다루겠지만 첨단 로직의 경우는 공정의 70%가 백 엔드라고 알려져 있다.

문자대로 전 공정의 전반은 프론트 엔드, 후반은 백 엔드로 구성되어 있는데 이것은 첨단 로직을 중심으로 배선층의 층수가 증가해 다중 배

● **CMOS**
Complementary Metal Oxide Semiconductor의 약자.

선 프로세스의 비중이 많아진 것과 ASIC●을 중심으로 해서 고객의 사양에 맞추어 마지막에 배선층을 형성하고 커스텀 LSI를 출하하는 방식이 채택되었기 때문이라고 생각한다. 프론트 엔드 공정인 트랜지스터 주변의 프로세스는 실리콘 웨이퍼 중심으로 프로세스를 실시하고, 백 엔드인 다층 배선 프로세스는 실리콘 웨이퍼 위에 배선 구조를 제작해 나가는 프로세스를 진행한다. 건물로 비유한다면 프론트 엔드는 기초 공사, 백 엔드는 주택을 쌓아가는 것이라 말할 수 있다. 어떤 의미에서 전자는 여러 가지 프로세스가 존재해 복잡해지며, 후자는 보기에는 복잡해 보이지만 동일한 프로세스가 반복된다고 말할 수 있다. 그림 1-4-1에 첨단 로직 LSI를 예로 들어 프론트 엔드와 백 엔드를 구별해 놓았다. 그림 안에는 처음 접하는 용어도 있을 수 있지만 본 책 다른 장에서도 설명이 되어 있으며 제9장에서는 CMOS 로직 프로세스 플로의 개략적인 설명이 있으니 좀 더 깊게 이해할 수 있을 것이다.

온도 부하의 차이

프론트 엔드와 백 엔드에서는 프로세스 온도가 다르다. 제4장에서 다루겠지만 프론트 엔드에서는 트랜지스터 제작 시 n형, p형 확산층을 형성할 필요가 있으며 그 열처리 온도는 1000°C까지 접근해 고온에서도 견딜 수 있는 내열성 재료가 이용된다. 그러나 백 엔드에서는 배선에 사용

● **ASIC**
Application Specific Integrated Circuit의 약자로 에이식이라 발음한다. ASIC은 특정 용도의 IC를 의미하며 복수의 회로를 조합해서 제작한다.

그림 1-4-1 **첨단 로직으로 보는 프론트 엔드와 백 엔드**

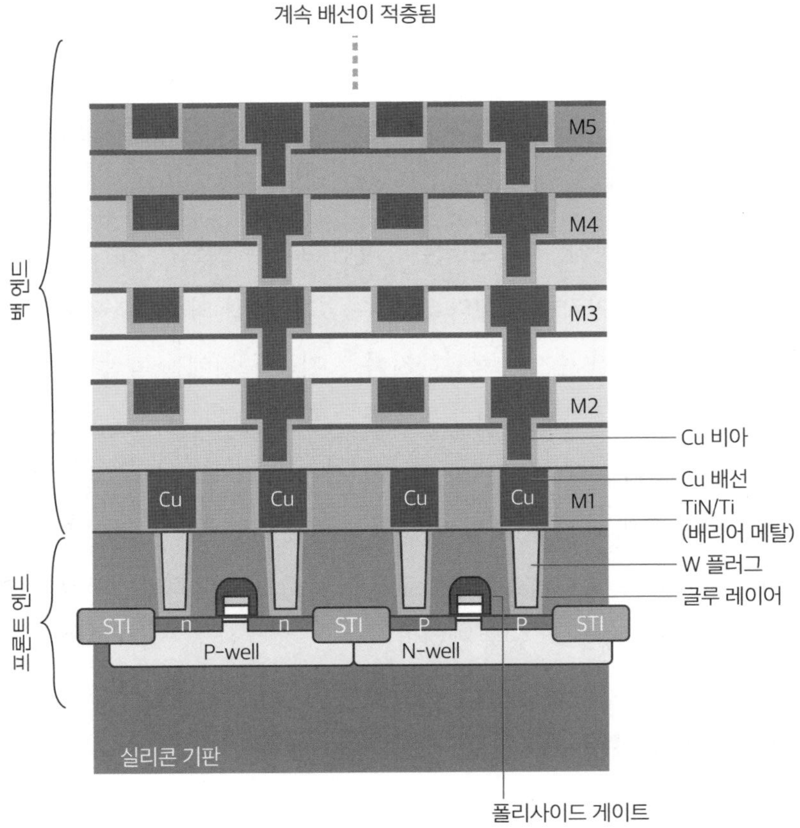

㈜ 그림에 등장하는 용어는 각각 다음 장에서 설명한다.

하는 재료인 알루미늄이 500℃ 정도의 내열성을 가지고 있기 때문에 백 엔드 프로세스 온도는 400~450℃로 제한된다. 따라서 고온의 열처리를 진행하는 이온 주입 공정은 프론트 엔드 공정에서만 사용한다.

1-2에서 1-4까지 기술한 내용, 즉 전 공정과 후 공정의 차이 및 프로세스 특징, 전 공정은 다시 프론트 엔드와 백 엔드로 나누어지며 각각의 차이점 등을 그림 1-4-2에 요약했다. 이것을 머릿속에 넣어서 본 책을

그림 1-4-2 **전 공정과 후 공정의 비교**

구분		온도	청정도
전 공정	프론트 엔드 (TR 형성)	비교적 높음 (~1000℃)	엄격함 (class 1)
	백 엔드 (다층 배선)	약 500℃ 이하	
후 공정		가열 공정은 적음	완화

읽어 나가면 이해에 도움이 되리라 본다. 클린룸의 청정도에 관한 내용은 1-8, 1-12에서 자세히 다룰 것이다. 온도에 관한 내용은 4-7, 제7장, 제10장에서 다루겠다.

이전에는 프론트 엔드와 백 엔드●의 분류가 없었는데 필자의 기억으로는 20세기 말부터 이러한 분류가 이루어진 것으로 생각된다. 메모리 디바이스에서는 기본적으로 워드선과 비트선의 매트릭스 구조(2-2)로 되어 있고 배선은 2층 구조가 기본이지만 로직 디바이스의 진보에 따라 이미 기술했듯이 다층 배선 구조가 이용되어 트랜지스터 형성 프로세스와 배선 형성 프로세스를 나누는 것이 좋다고 생각했기 때문이다.

● **Front end & Back end**
초기에는 프론트 엔드를 FEOL(Front End Of Line), 백 엔드를 BEOL(Back End Of Line)이라고 불렀다. 지금은 본문에서 기술한 명명법이 주류를 이루고 있다.

1-5 실리콘 웨이퍼란?

아이스크림 위에 붙어 있는 얇은 사각형 비스킷 형상의 것을 웨이퍼라고 부른다. 실리콘 반도체에서는 실리콘 단결정의 얇은 판을 웨이퍼[●]라고 부른다. 실리콘 반도체는 원형[●●]이다.

왜 실리콘일까?

원반 형태의 **실리콘 웨이퍼**와 아이스크림의 웨이퍼를 대비시켜 그림 1-5-1에 표시해 보았다. 웨이퍼라는 말은 '얇고 평평한 것'의 이미지를 연상하게 할 것이다. 현재는 반도체 재료로 실리콘이 일반적이지만 초기 단계에서부터 실리콘이었다는 의미는 아니다. 처음에는 게르마늄(Ge)이라는 실리콘과 친척 같은 관계의 원소가 사용되었다. 왜 실리콘으로 바뀌

● **웨이퍼**
slice 등으로 부르는 경우도 있다. 햄을 슬라이스한다는 말에서 비롯했다. 반도체 산업은 미국에서 시작되었기 때문에 이처럼 영어식 명칭이 많다. 본 책에서는 웨이퍼로 통일하겠다.

●● **원형**
실리콘 반도체에서 사용하는 것은 원형 실리콘이다. 결정계의 태양전지에서는 사각형 또는 사각형의 맨 윗부분을 잘라서 사용하는 경우가 있다.

그림 1-5-1 **웨이퍼의 모식도와 아이스크림의 웨이퍼**

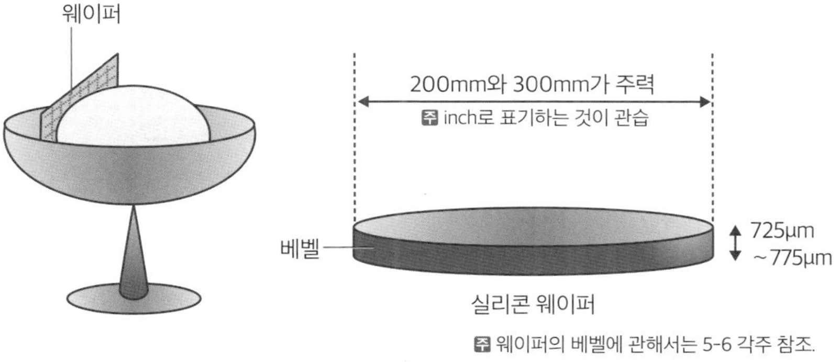

었을까에 대해서 간단히 언급한다면 실리콘은 지구의 지표층에 매우 풍부하게 존재하는 원소(**클라크수**●라고 하는 지표가 있다)이며, 열산화막이 안정적으로 존재하기 때문이라고 할 수 있다. 자세한 내용은 7-4에서 다루고, 실리콘이 어떤 원소인가에 대해서도 1-7에서 기술한다.

반도체의 성질은?

전기가 흐르기 쉬운 물질을 도전체, 전기가 흐르기 어려운 물질을 절연체라고 한다. **반도체**는 문자 그대로 중간 특성을 가진 물질이다. 어떤 때는 전기가 잘 흘러가게 하며 어떤 때는 전기가 흘러가지 않게 한다. 이러한 성질이 트랜지스터의 성능을 결정하는 역할을 하게 된다. 1-7에서 기술하겠지만 일반적으로 실리콘 자체는 진성 반도체이며 실리콘 그 자체

● **클라크수**
지구의 지각층에 존재하는 원소의 비율을 나타내는 지표. 실리콘은 산소에 이어서 두 번째로 많다.

그림 1-5-2 **반도체의 성질**

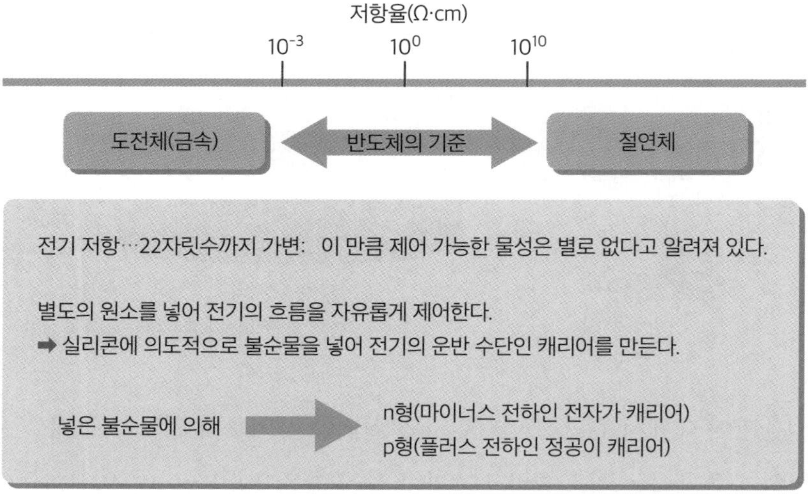

주 n형, p형에 관해서는 1-7 참조.

로는 전기가 흘러가지 않게 한다. 따라서 의도적으로 실리콘 내에 불순물을 첨가해 전기를 흐르게 하는 것이다. 제4장에서 논의하겠지만 이러한 방법은 불순물 확산 또는 도핑이라고 한다. 그림 1-5-2에 표시했다.

반도체용 실리콘 웨이퍼●의 생산량은 일본이 전 세계 시장의 60%를 차지하며 기술적으로도 시장에서 상당히 강한 분야이기도 하다. 특정 시기에 여러 업체에서 실리콘 웨이퍼 산업에 참여했지만 지금은 대부분 철수하고 몇 개의 회사만이 활동하고 있는 실정이다. 또한 당초 반도체 메이커가 실리콘 웨이퍼를 자체적으로 제작하던 시절도 있었다.

● **반도체용 실리콘 웨이퍼**
지면 관계상 여기서는 다루지 않는다. 실리콘 웨이퍼 제조사에 관해서는 필자의 저서 『그림으로 쉽게 이해되는 파워 반도체의 기본과 구조』의 '재료 & 프로세스' 편 제2장 참조.

1-6 실리콘 웨이퍼는 어떻게 만들어질까?

실리콘 웨이퍼의 제작법은 주로 초크랄스키(Czochralski, CZ)법과 플로팅 존(Floating Zone)법이 있는데 후자는 파워 반도체에 주로 사용하며, 여기서는 전자 위주로 설명할 것이다.

원료로 이용하는 다결정 실리콘의 순도는 일레븐 나인

반도체 재료로 실리콘은 일반적이지만 처음부터 실리콘이 선택된 것은 아니었다. 당초에는 게르마늄이라는 실리콘의 친척뻘 되는 원소를 사용했었다. 그러나 앞 절에서도 기술했듯이 보다 우수한 성질을 가지고 있기 때문에 실리콘이 사용되어 왔다. 실리콘은 지각층에 풍부하게 존재하지만 실리콘이라는 형태로 존재하는 것이 아니라 규석이라는 산화물의 형태로 존재하고 있다. 그러한 규석을 환원시켜 실리콘의 **다결정**을 만들고 그 순도를 일레븐 나인(99.999999999%)까지 끌어올린다. 그림 1-6-1에 실리콘의 제작 플로를 모식적으로 표시했다. 가스 상태로 만들어서 순도를 끌어올리는 것이 핵심이다.

천천히 끌어올리는 실리콘 결정

앞 절에서도 기술했지만 실리콘 반도체 초기에는 반도체 메이커가 자체적으로 실리콘 결정을 제작했던 시대가 있었다. 각각 자사의 반도체 디바이스에 적합한 웨이퍼를 개발했기 때문이다. 그러나 실리콘 웨이퍼의 직경이 커지고 자체 제작의 장점이 없어졌기 때문에 현재는 실리콘 웨이퍼를 전문으로 제작하는 메이커로부터 구입하게 되었다.

이제 실리콘 단결정 제작 방법에 대해 설명하겠다. 이미 기술했듯이 **초크랄스키법**●과 **플로팅 존 법**●●이 있다. LSI에 사용하는 웨이퍼는 거의 초크랄스키법으로 제작하고 있다. 그것에 비해서 플로팅 존 법은 파워 반도체의 웨이퍼에 이용된다. 그 이유 중의 하나는 초크랄스키법의 경우

그림 1-6-1 **다결정 실리콘 제작 방법의 모식도**

주 Siemens법이라고 알려진 방법.

● **초크랄스키법**
Czochralski는 사람 이름이다. 폴란드에서 1917년 이 방법을 개발했다. 당시에는 실리콘 웨이퍼용으로 개발한 것이 아니고 합금 결정의 성장 메커니즘을 고찰하던 중에 고안된 것이라고 알려져 있다.

●● **플로팅 존 법**
Floating Zone Method에 관해서는 28쪽 각주에 설명한 저자의 저서(제2장)에서 다루고 있으므로 흥미 있는 독자는 참조 바람. 이 방법을 고상 성장법이라 한다.

그림 1-6-2 **실리콘 웨이퍼 제작 방법의 모식도**

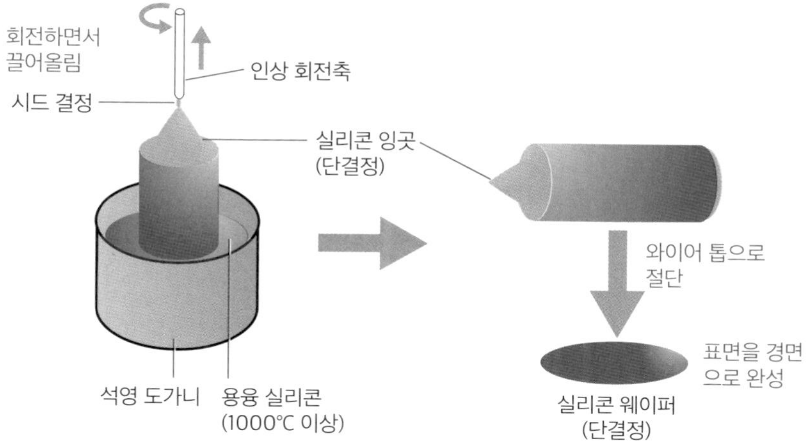

웨이퍼의 대구경화가 필수이고 플로팅 존 법은 웨이퍼의 대구경화 수요가 적기 때문이다. 초크랄스키법으로 제작하는 웨이퍼에 대해서는 그림 1-6-2에 표시했듯이 석영으로 된 도가니 안에서 다결정 실리콘을 용융시키고 결정 방위가 정렬된 단결정 실리콘을 성장시켜서 천천히 끌어올린다. 이러한 이유로 **인상법**이라고도 불린다. 전문적인 이야기가 되겠지만 액상과 고상의 계면에서 결정이 성장해 나간다. 불순물은 실리콘을 용융시킬 때 필요한 만큼 첨가하게 된다. 끌어올린 실리콘 덩어리를 와이어 톱으로 자르고 나서 웨이퍼로 제작한다. 그 후 표면을 거울처럼 연마하는 과정을 거친다.

'결정 방위'라는 용어는 실리콘 원자의 배열이 결정 내에서 어떻게 정렬해 있는가를 표시하는 척도다. 지금의 LSI에서는 거의 (100)의 웨이퍼를 사용한다.

1-7 실리콘의 성질

1-5에서 잠시 다루었듯이 실리콘은 원소 주기율표에서 탄소, 게르마늄과 같은 종류의 원소다. 주기율표에서는 4족의 원소다. 최외각 전자가 4개인 원소이며 안정적인 공유결합●을 하고 있다.

실리콘의 친구는?

실리콘은 어떠한 원소들과 친구일까? 그림 1-7-1에 주기율표를 표시했다. 그림에서 알 수 있듯이 실리콘은 탄소, 게르마늄과 동일한 4족 원소다. 이것들은 그림 1-7-2에 표시했듯이 최외각 전자(제일 외곽에 있는 궤도의 전자)가 4개이며 다른 원자와 반응해 강한 공유결합을 하고 있다. 그 예로는 실리콘 원자들끼리 서로 결합해 한 방향으로 배열된 단결정을 만들기도 하고 같은 4족의 탄소, 게르마늄과 결합해 SiC(탄화규소, 실리콘 카바이드), SiGe(실리콘게르마늄)와 같은 안정한 반도체 단결정을 만들기도 한다.

● **공유결합**
최외각 전자를 서로 공유해서 만드는 결합.

그림 1-7-1 **실리콘과 주기율표**

I	II	III	IV	V	VI	VII	VIII
H							He
Li	Be	B	C	N	O	F	Ne
Na	Mg	Al	Si	P	S	Cl	Ar
K	Ca	Ga	Ge	As	Se	Br	Kr
		↑ P형 불순물		↑ n형 불순물			

실리콘 그 자체는 **진성 반도체**•이며 전기가 잘 흐르지 않는다. 여기에 전기를 잘 흐르게 하기 위해 첨가하는 것이 불순물이다. 그림 1-7-1에 표기했듯이 n형 불순물이 되는 것은 실리콘보다 최외각 전자가 1개 더 많은 5족 원소, p형 불순물이 되는 것은 실리콘보다 최외각 전자가 1개 부족한 3족 원소다. 이러한 불순물 첨가에 따라 n형 반도체, p형 반도체가 된다. 불순물 영역의 제작 방법은 제4장에서 설명하겠다.

실리콘의 특징

실리콘은 탄소, 게르마늄과 비교해 어떤 특징이 있을까?

먼저 게르마늄과 탄소에 대해 기술하겠다. 처음에는 반도체 재료로 게르마늄이 사용되었다. 그러나 게르마늄은 실리콘에 비해 에너지 밴드갭이 작고 열산화막이 실리콘에 비해 안정적이지 못했기 때문에 계속 게

• **진성 반도체**
의식적으로 불순물을 첨가하지 않은 상태의 반도체.

그림 1-7-2 **실리콘과 탄소의 비교**

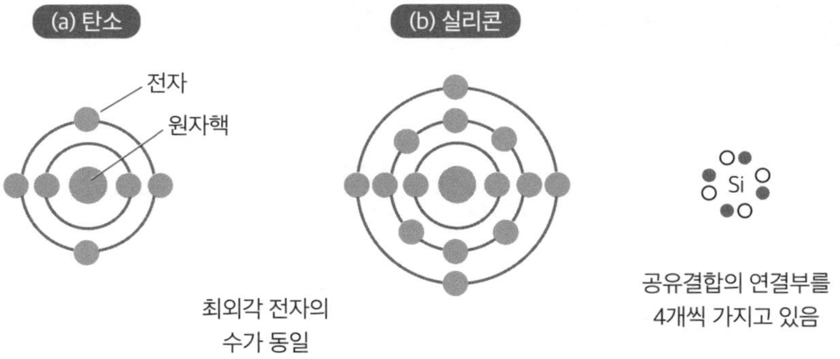

르마늄을 사용할 수 없게 되었다. 최근에 전자의 이동도를 향상시키기 위해 실리콘 결정에 변형(일그러짐이나 뒤틀림)을 넣기 위해 SiGe을 제작하는 기술이 주목받게 되었고 다시 게르마늄이 등장하게 된 것이다.

탄소는 다이아몬드, 그라파이트, 카본 나노 튜브 등의 구조를 가지고 있다. 여담이지만 이것들 중 카본 나노 튜브를 LSI의 채널과 배선에 사용하려는 연구가 있다. 먼 미래의 반도체는 4족 원소의 시대가 될지도 모른다.

한편 실리콘은 단결정, 다결정, 비정질(amorphous) 등의 상태를 제작하는 것이 가능해 각각의 특징을 살린 디바이스가 실현되고 있다. 기술했듯이 실리콘의 열산화막은 안정적이며 동시에 밴드갭●도 게르마늄보다 크기 때문에 디바이스 안정성의 장점이 있다. 이 점이 바로 실리콘이 많이 사용되는 이유 중 하나다.

● **Band Gap**
어려운 내용이지만 고체물리학에서 기술하는 금지대 폭을 말한다. 이 값이 클수록 열에 대한 전기적 성질이 안정하게 된다.

1-8 실리콘 웨이퍼에 요구되는 청정도

실리콘 웨이퍼 위에 LSI를 제작하는 경우에 현재의 LSI 최소 패턴은 20nm 이하로 알려져 있다. 수율을 좌우하는 것이 웨이퍼 위에 존재하는 미립자(이하 파티클이라 명명하겠다)이며 이 파티클을 줄이는 것이 아주 중요하다.

실리콘 웨이퍼와 파티클

실리콘 웨이퍼 위의 파티클은 수율• 저하의 직접적인 원인이 된다. LSI 배선을 상상해 보자. 이것들의 dimension은 첨단 LSI에서는 20nm 이하다. 실리콘 웨이퍼 표면상에 파티클이 존재하게 되면 배선 형성 시에 패턴의 단선이 발생하고, 형태 불량을 일으키는 것도 예상할 수 있을 것이다. 따라서 파티클에 매우 민감한 것이 반도체 프로세스라고 말할 수 있다. 따라서 클린룸이라고 하는 파티클이 거의 없는 공간에서 프로세스가 진행된다. 그 개요를 그림 1-8-1에 표시했다. 무진실이라고도 하는데, 그림에서 알 수 있듯이 공기를 몇 번이고 순환시켜 필터를 이용해 공기 중

• 수율
양품율.

그림 1-8-1 **클린룸 모식도**

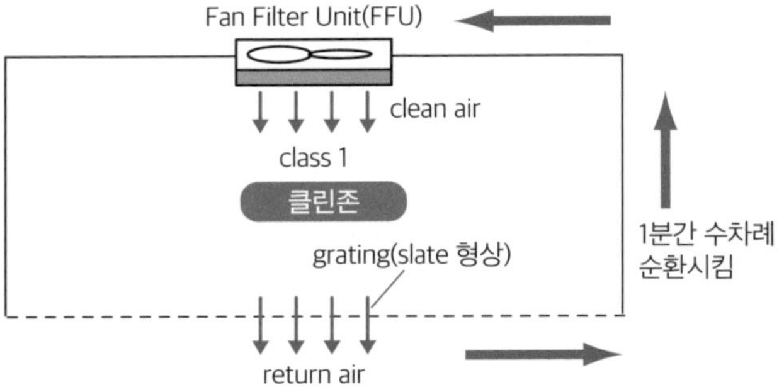

주 class 1은 청정도를 표기하는 지표이며 1세제곱피트 중에 1개의 파티클(0.5마이크로미터 이상)이 존재하는 레벨. 1피트는 약 30cm.

의 파티클을 매우 적게 한다는 의미의 방이다. 따라서 반도체 fab.의 클린룸 내부와 프로세스 장치 내부의 파티클은 항상 전용의 **파티클 측정 장치**에서 모니터링하게 되어 있다. 공기 중의 파티클 측정 장치와 웨이퍼 표면의 파티클 측정 장치는 측정 원리가 다르기 때문에 각각 준비할 필요가 있다.

게다가 클린룸에 입실하는 경우에는 에어 샤워를 통해 클린복에 붙어 있는 파티클을 제거한다. 또한 인체도 파티클 소스로 작용하기 때문에 반도체 메이커에 따라서 화장을 지우거나 클린복으로 환복하기 전에 샤워를 하는 규정을 정해둔 경우도 존재한다.

기타 오염

반도체 디바이스는 미소한 전기의 흐름을 이용하는 것이기 때문에 파티클뿐만 아니라 여러 가지 오염(contamination, 현장에서는 컨타미라고

그림 1-8-2 웨이퍼 표면에 요구되는 청정도●

● 표면 파티클	: 0.06~0.05개/cm^2@0.1μm
● 표면 거칠기	: 0.08nm
● 금속 오염	: < 2.1×10^9atoms/cm^2
(Critical Surface Metal: Ca, Co, Cr, Cu, Fe, K, Mo, Mn, Na, Ni)	
● 유기 오염	: < 2.8×10^{13}C atoms/cm^2
● 가동 이온	: < 4.4×10^{10}atoms/cm^2

주 FFOL에서의 ITRS의 65nm node의 요구치. 양품율은 99%로 가정.
ITRS 자료를 참고로 작성했다.

부르는 경우도 있다)을 싫어하게 된다. 특히 **알칼리 이온**●●, **금속 오염**●●●이 문제가 된다. 왜냐하면 이것들은 반도체 디바이스에 전기를 흘리는 경우 여분의 전기를 더 흐르게 하기 때문이다. 또한 유기 오염 등은 다음 프로세스에 큰 영향을 미치기 때문에 저감시키는 노력을 해야만 한다. 그중 하나의 예를 그림 1-8-2에 나타냈다.

그러나 초기 웨이퍼 표면 위의 파티클과 오염만을 제어하면 된다는 의미는 아니다. 실리콘 웨이퍼를 이용해 LSI를 제작하는 과정에서도 여러 오염이 발생할 수 있다. 특히 주의해야 할 것은 프로세스 장치 내부에

● **청정도**
여기에서는 관례상 기존에 사용되고 있는 US 규격의 수치를 표시했다. 그 밖에도 JIS 규격, ISO 규격 등이 있다.

●● **알칼리 이온**
나트륨이나 갈륨 이온.

●●● **금속 오염**
금속에 의해 실리콘에 미치는 영향의 정도가 서로 다르다.

부착되어 있는 파티클이다. 이 때문에 세정이 필요한 것이고 이에 대해서는 제3장에서 설명한다. 또한 반도체 fab. 내에서의 사용 방법의 예는 1-9에서 다루겠다.

1-9 반도체 fab.에서의 사용법

실리콘 웨이퍼는 반도체 디바이스를 제작하는 곳에서만 사용하지 않는다. 다양한 용법이 반도체 fab.(공장) 안에 있다. 또한 fab.에서 웨이퍼를 흘리고 있는 동안 오염되지 않도록 하는 고안이 필요하다. 여기에서는 이에 대해 설명한다.

실리콘 웨이퍼의 실제

먼저 그림 1-9-1을 보자. 여기에는 전 공정을 진행하기 전의 실리콘 웨이퍼와 실시한 후의 웨이퍼를 표시한다. 전 공정을 실시하기 전의 구입한 상태의 웨이퍼를 'bare wafer'라고 부르는 경우가 있기 때문에 그림에서는 베어 웨이퍼라고 표기한다. 한편 전 공정을 실시한 웨이퍼 위에는 반도체 디바이스의 패턴이 그려지기 때문에 현장에서는 '패턴 있는 웨이퍼' 또는 '제품 웨이퍼' 등으로 부른다. 여기서는 패턴의 유무를 비교하는 의미에서 전자의 호칭을 그림에 채용했다.

전 공정의 반도체 fab.에서는 베어 웨이퍼를 사용해 제품 웨이퍼를 제작해 나간다. 전 공정 반도체 fab.에서는 이러한 베어 웨이퍼와 제품 웨이퍼밖에 없다고 생각할 수 있겠지만 실제는 그렇지 않다.

1-1에서 1-4까지 설명이 없었던 전 공정 반도체 프로세스의 특징을

그림 1-9-1　**실리콘 웨이퍼**

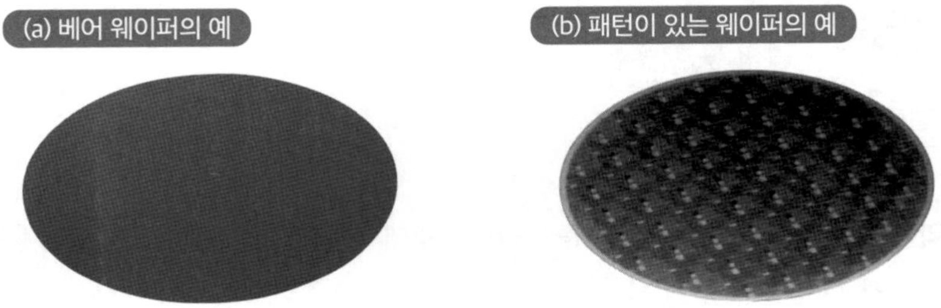

주 패턴이 없는 웨이퍼를 베어 웨이퍼라 부른다.

이하에서 서술한다.

제품을 제작하는 것만이 아닌 실리콘 웨이퍼의 사용법

투입한 재료는 거의 제품에 사용되는 것이 제조의 일반적 상황이지만 반도체의 경우는 반드시 그렇지 않다. 예를 들어 월 1만 장을 생산하는 생산 라인이 있다고 가정하면 라인에서 흘러가는 웨이퍼의 매수는 1만 장(실제 연속적으로 월 생산 1만 장이기에 1만 장 이상 흘러가고 있는 것은 확실하다) 정도이거나 경우에 따라서는 배수 정도의 웨이퍼를 사용하게 된다. 1-2에서 설명했듯이 특히 전 공정에서는 눈에 보이는 프로세스가 아니고 항상 모니터 웨이퍼와 테스트 웨이퍼를 흘리고 있기 때문이다. 그림 1-9-2에 지금부터 기술할 내용까지 포함해서 주요 사용법을 표시했다.

테스트용 웨이퍼는 표에 기술했듯이 통상적인 프로세스의 결과를 정기적으로 모니터링하고 문제가 발생했을 경우 프로세스 조건(최근에는 레시피라고 부르고 있다)에 피드백을 해준다. 물론 1-8에서 기술했듯이 장치 내의 파티클 체크를 정기적으로 실시하는 경우에도 사용한다.

그림 1-9-2 **실리콘 웨이퍼 다양한 사용 방법의 예**

① 제품용 웨이퍼	본래의 웨이퍼. 실제 제품이 된다.
② 테스트용 웨이퍼	제품용 웨이퍼보다 먼저 진행시키는 웨이퍼로 테스트가 목적.
③ 모니터용 웨이퍼	프로세스 체크, 파티클 체크에 사용.
④ 반송 체크 웨이퍼	프로세스 장치의 웨이퍼 반송 체크에 사용.
⑤ 더미 웨이퍼	배치식 프로세스 장치에 웨이퍼를 풀 탑재와 동일한 상태로 만드는 데 사용.

반송 체크용 웨이퍼는 설비가 웨이퍼의 로드/언로드●에 있어서 반송 트러블이 발생했을 경우 사용한다. 더미 웨이퍼는 배치(batch)식 프로세스 설비에서 항상 웨이퍼를 풀 탑재한 것과 동일한 상태를 만들기 위해서 설비 주변에 항상 준비해 놓고 사용한다. 물론 이러한 웨이퍼도 클린 레벨은 제품 레벨과 동일하다. 단지 저항 값이나 결정 방위는 규격 외 제품을 사용하는 경우도 있다. 가령 B급 품이나 아웃렛품으로도 가능하다면 그러한 등외품을 사용해서 끝나는 문제일까?

라인 내에서의 상호 오염 방지

1-8에서 기술했듯이 실리콘 웨이퍼는 오염을 싫어한다. 그러나 라인 내부에서 오염되는 경우가 있다. 오염된 웨이퍼에서 오염이 전파되어 오염

● load/unload
프로세스 장치에 웨이퍼를 넣는 것을 load, 역으로 빼내는 것을 unload라고 한다.

그림 1-9-3 **웨이퍼 캐리어의 사용 구별**

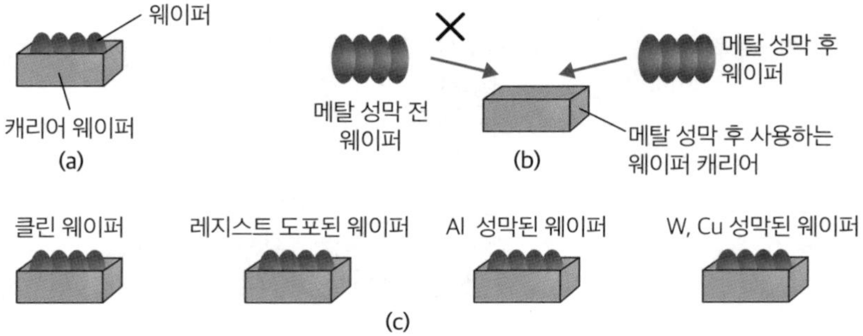

주 웨이퍼 캐리어에 들어가는 웨이퍼 (a)의 경위에 따라 사용을 구별한다. 위의 예처럼 메탈 성막 전의 웨이퍼를 성막 후의 캐리어에 넣지 않는다(b). 또한 (c)와 같이 웨이퍼의 상태에 따라 사용을 구별한다. 이것은 일례이며 fab.이나 라인에 따라 다양한 분류가 존재한다.

된 **캐리어**•와 제조 장치에서 오염되는 예가 존재한다. 한때 병원 내 감염이라는 말이 유행했는데 그것과 유사하다. 그 대책으로 그림 1-9-3에 표시했듯이 메탈을 성막한 웨이퍼를 넣는 캐리어와 그 외의 웨이퍼를 넣어 두는 캐리어를 구별해서 사용하는 것이 관용이 되었던 예가 있다. fab.에 따라 분류해 놓는 방법이 여러 가지 있겠지만 프로세스에 들어가기 전의 웨이퍼, 리소그래피 공정 전의 웨이퍼, 리소그래피 공정 후(레지스트는 유기 오염의 원인)의 웨이퍼, 메탈 성막 전의 웨이퍼, 메탈 성막 후(메탈 오염의 원인)의 웨이퍼 등을 구별해서 보관하는 것에 주의를 기울이고 있다. 메탈도 알루미늄, 텅스텐, 구리 등을 구별하는 경우도 있다.

• **캐리어**
라인 내에서 웨이퍼를 보관, 반송하기 위해 수납하는 것의 총칭. 웨이퍼 캐리어라고도 한다. 또한 카세트라고 부르는 경우도 있다. 특히 웨이퍼의 구경이 작았던 시대에는 카세트라고 부르는 경우가 많았다. 이 책에서는 (웨이퍼) 캐리어라고 부르겠다.

1-10

실리콘 웨이퍼의 대구경화

실리콘 웨이퍼는 당초 1.5인치로 실용화되었다. 현재 최첨단 fab.에서는 300mm 웨이퍼가 사용되고 있다. 그 배경에 대해서 알아보자.

왜 대구경화일까?

실리콘 반도체는 소위 '무어의 법칙'에 의해 가공 치수의 미세화가 진행되고 LSI●의 칩 사이즈 축소화에 따라 비용 절감을 진행시켜 왔다. 무어의 법칙에 관해서는 2-1을 참조하기 바란다. 칩 사이즈의 축소는 1장의 웨이퍼에서 취득하는 칩의 수가 증가하므로 칩 1개당 제조 원가를 낮출

● LSI
Large-Scaled Integrated Circuit의 약자로 대규모 집적회로를 의미한다. 반도체 소자수로 1,000개 이상을 가지는 레벨이다. 이전에는 VLSI, ULSI 등으로 구별했지만 지금은 반도체 소자수가 엄청나게 증가해 구별하는 것이 의미가 없어졌다.

그림 1-10-1 **실리콘 웨이퍼의 직경 변천 과정**

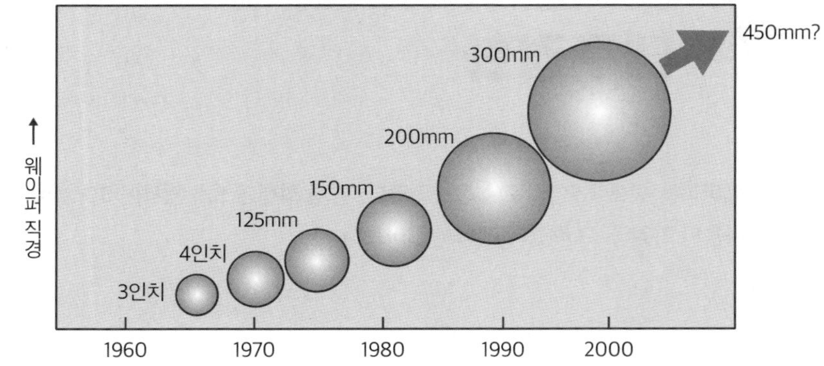

수 있다는 것을 의미한다. 이 때문에 1.5인치에서 시작●한 실리콘 웨이퍼의 직경은 점점 커져서 대구경화가 진행되어 온 것이다. 그러한 흐름을 1-10-1에 표시했다. 개략적으로 이야기한다면 10년에 1회 정도의 비율로 직경이 커지고 있다.

필자의 경험을 이야기한다면 처음 반도체 업무를 시작했을 당시의 반도체 라인은 3인치(약 75mm 직경) 웨이퍼를 사용했다. 웨이퍼의 **캐리어**는 25장을 넣을 수 있는 것이었는데 웨이퍼의 직경이 25장을 넣는 웨이퍼 캐리어의 공간보다 작았기 때문에 웨이퍼 면에 수직한 방향이 긴 직사각형 모양을 하고 있었다. 125mm 웨이퍼 시대가 도래하고 웨이퍼의 직경이 커졌기에 웨이퍼 25장을 넣는 웨이퍼 캐리어의 공간이 동일한

● **1.5인치에서 시작**
웨이퍼의 직경 표기법은 4인치까지는 인치로 표시했다. 1인치는 약 25.4mm이다. 5인치부터는 mm 단위로 바뀌었으며 125mm, 150mm, 200mm, 300mm가 되었다. 관습적으로 200mm를 8인치 웨이퍼, 300mm를 12인치 웨이퍼라고 부르는 경우도 있다.

수준까지 도달하고 캐리어가 마치 정육면체 형태로 된 것을 보고 깜짝 놀랐던 일이 떠오른다.

200mm→300mm는 1.5배의 변화지만 3인치→125mm는 약 1.7배이기 때문에 지금 회고해 보면 굉장한 변화였다. 반도체 제조 장치도 125mm용으로 개조 가능한 것은 개조했으며, 실제의 프로세스에서 사용할 수 있도록 개조하는 데 고생했던 일은 그리운 추억이다.

웨이퍼의 대구경화가 진행됨에 따라 반도체 메이커에서 진행했던 웨이퍼 내재화도 쇠퇴해 갔으며 전문 메이커가 웨이퍼 생산을 담당하게 되었다.

200mm에서 300mm화

200mm에서 300mm로의 변환은 반경이 1.5배, 면적은 2.25배 증가한 것인데 이것은 반도체 산업계 전체의 보조를 맞추면서 진행된 것이다. 양산에서의 300mm화가 실현될 것인가는 반도체 메이커뿐만 아니라 실리콘 웨이퍼 메이커, 반송계 장치, 기구 메이커, 검사/분석 설비 메이커 등 반도체 산업 전체의 기업을 참여시켜 활동하는 것이 필요했다. 300mm화 당시에 일본에서도 업계 단체(J-300 등), 세리드 등의 공동 연구 회사가 활동의 중심이 되었다. 450mm화를 추진하기 위해서는 먼저 인프라를 구축하는 것이 필요하다. 특히 규격의 표준화가 제일 중요하다. 300mm화의 경우 국제적으로 SEMI, 일본 내에서는 J-300이 주체가 되어 활동했다. 예를 들어 FOUP, 카세트 내부의 웨이퍼 피치 등을 결정한 경험이 있었다. 300mm의 다음인 450mm의 현황은 12-6에서 다룬다.

1-11 제품에 연결되는 후 공정

후 공정은 실리콘 웨이퍼에서 LSI 칩을 잘라내고 그것을 패키지에 수납하고 출하 검사를 하는 공정까지를 말한다.

패키지는 왜 검은색일까?

LSI는 실리콘 웨이퍼에서 잘라내는 것만으로 제품이 되지 않는다. LSI의 재료는 실리콘과 배선 재료를 시작으로 해서 산화되기 쉬우며 그 자체로는 신뢰성이 확보되지 않는다. 또한 LSI를 IC 포트 등에 전기적인 접속을 위해 단자 등이 필요하게 된다. 이 때문에 LSI 칩을 단자의 포트에 접속하고 동시에 신뢰성을 확보하기 위해 **패키지**에 수납한다. 반도체 제품은 패키지에 수납되고 회사명과 제품명, 로트명 등을 각인해 출하되는 것이다. 다시 말해서 반도체 제품은 패키지된 외형으로 상품화되는 것이다. 일반적으로 패키지는 검은색을 띠고 있다. 그것은 **에폭시 수지**에 카본 가

그림 1-11-1 **일반적인 패키지의 외형**

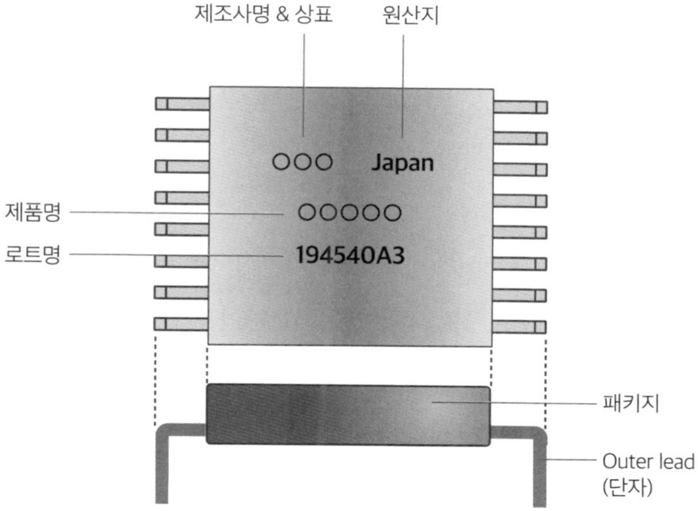

루를 넣었기 때문이다. 반도체 칩에 빛이 조사되면 오동작의 원인●이 되기 때문이다. 그림 1-11-1에 일반적인 패키지 외형을 표시했다.

패키지 동향

LSI의 미세화와 동일하게 패키지에도 미세화/고집적화의 경향이 있다. 특히 고집적화에 따라 단자(pin)의 수도 증가해 어느 정도까지 핀의 수를 증가시키고 동시에 피치를 어디까지 작게 할 수 있는가가 열쇠가 되고 있다. 그림 1-11-2에 실장 기술을 포함한 패키지 동향을 표기했다.

● **오동작의 원인**
실리콘은 빛을 흡수하게 되면 전자와 정공이라는 전하를 운반하는 캐리어가 형성된다. 이 때문에 웨이퍼 상태에서 전기적 측정을 하는 경우 웨이퍼를 검은 박스에 넣어서 측정한다.

그림 1-11-2 **패키지 동향**

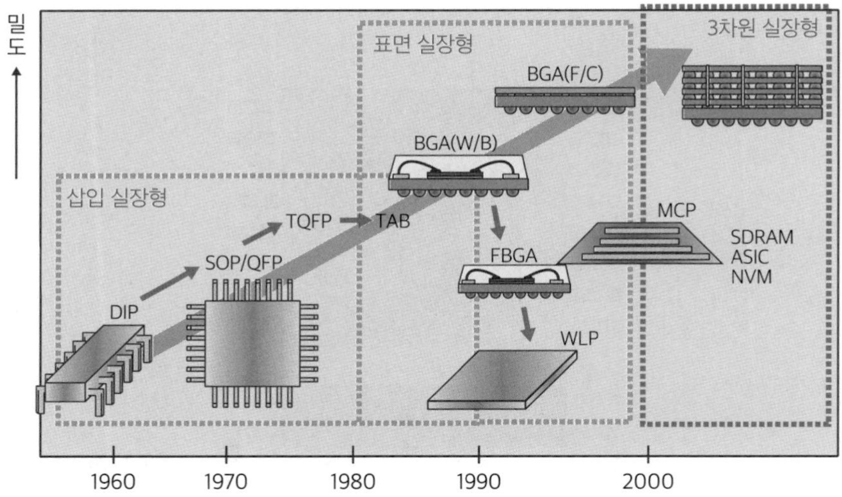

주 약어는 제10, 11장 참조.

LSI(이때는 IC•라고 부르는 게 일반적이었다)가 보급되기 시작했을 무렵에는 **삽입 실장형** 분류법에 속하는 **DIP**••가 주류를 이루었다. 패키지 양측에 붙어 있는 많은 리드 단자가 다리처럼 보여 지네를 닮았다고 하기도 했다. 삽입 실장형은 핀 삽입형이라 불리기도 한다. 단자를 핀이라고 부르는 경우가 있기 때문이다. 그 후 **표면 실장형**이 주류를 이루고 여러 형태가 나오게 되었다. 자세한 사항은 제11장에서 기술한다.

• **IC**
Integrated Circuit의 약자로 집적회로라 번역한다. LSI 이하의 반도체 소자수의 레벨. 43쪽 각주 참조.

•• **DIP**
Dual Inline Package의 약자.

1-12 후 공정에서 사용하는 프로세스

후 공정은 웨이퍼 위에 제작한 LSI를 칩 형태로 잘라내고 패키지에 수납해 출하 검사를 하는 공정까지를 말한다. 사용하는 프로세스는 장치를 포함해 실리콘 반도체용의 특수한 것이다.

후 공정의 흐름

전 공정은 화학적·물리적인 것이고 프로세스는 눈에 보이지 않지만 프로세스의 결과는 눈으로 확인 가능하다. 후 공정은 웨이퍼를 얇게 만들거나 잘라내기도 하며 와이어 본딩 등을 하는 기계적 가공이 많기 때문에 눈으로 확인이 가능한 프로세스가 많은 것이 특징이다. 전체 프로세스 플로를 각 프로세스의 작업 대책(work)과 병행해서 그림 1-12-1에 표기해 두었다. 각각의 프로세스에 대해서는 제10장에서 기술한다.

장치 산업에 참가하고 있는 메이커는 많은 경우 전 공정의 제조 장치 메이커와 다르다. 물론 양쪽 모두 참가하고 있는 메이커도 있지만 그 수는 적다. 전 공정의 프로세스 장치는 진공 설비를 이용하는 경우가 많고 또한 특수 가스를 사용하는 등 각 분야의 전문 메이커가 활약하고 있다. 한편 후 공정의 제조 장치 메이커는 프로브 핀과 출하 검사와 같은 검사

그림 1-12-1 **후 공정의 플로**

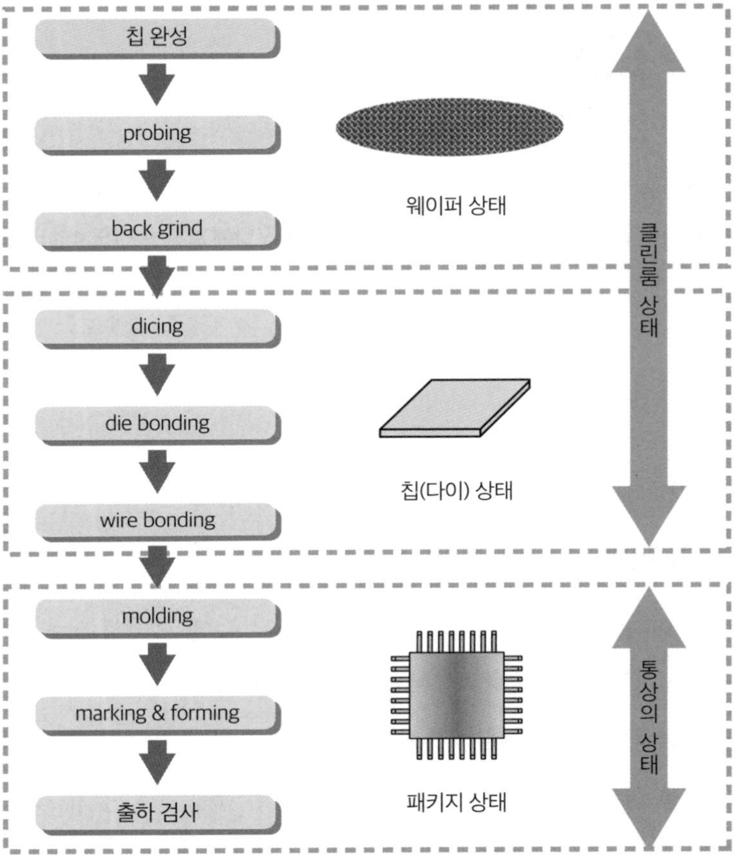

장비를 제외하고는 오래된 전문 메이커가 활약하고 있다.

후 공정의 공장이란?

실제 반도체 공장에서 전 공정 fab.과 후 공정 fab.은 별도의 건물과 부지, 게다가 멀리 떨어진 별도의 지방에 건립되어 있는 경우가 많다.

후 공정에서는 현재 자동화가 꽤 진행되었지만 이전에는 사람이 하는 경우가 많았고 노동집약형 산업이었다. 일본에서도 반도체 산업의 규모가 작았던 시대에는 후 공정 fab.을 일본 국내에 건설하는 경우가 많았지만 그 후 대만, 중국, 동남아시아에 일본과 미국의 반도체 메이커가 후 공정 fab.을 건설했다.

반도체의 경우는 전 공정 fab.에서 후 공정 fab.까지 웨이퍼 상태로 운반하기 때문에 운송 비용은 다른 산업에 비해 그리 높지 않았다. 이 때문에 전 공정 fab.과 후 공정 fab.을 분리시켜도 별 문제가 없을 것이라 생각했다. 또한 후 공정 fab.에서는 특수 가스, 전력 등도 전 공정과 비교해서 사용도가 낮고 클린룸의 **청정도**●도 엄격하지 않았기 때문에 fab. 건설의 입지 조건의 제약이 상대적으로 느슨했던 것도 요인이라 생각한다.

전 공정 fab.과 후 공정 fab.의 역사적 흐름을 그림 1-12-2에 표시해 보았다. 이러한 흐름은 11-4와 12-6에서도 다루겠다. 상세한 것은 거기서 논의하겠지만 반도체 메이커가 전 공정과 후 공정을 동일한 fab.에서 진행했던 시대는 멀어지고 있고, 그림과 같이 후 공정은 외부에 위탁 생산하게 되었으며, 게다가 전 공정도 위탁 생산하는 시대가 되었다. 소위 수평산업의 세계가 되었다. 대규모 범용 반도체를 자사에서만 제작하는 수직 결합형 기업은 '멸종 위기종'이 되어 가고 있는 것이다.

일본에서는 중전기 메이커와 가전 메이커 등이 반도체의 창업기부터 반도체 비즈니스에 참가했었기 때문에 그 결과로 수직 결합형의 반도체 비즈니스가 활발했다.

● **청정도(클린도)**
후 공정의 클린도는 일반적으로 class 1000 또는 2000.

그림 1-12-2 **전 공정과 후 공정 fab. 상황의 일례**

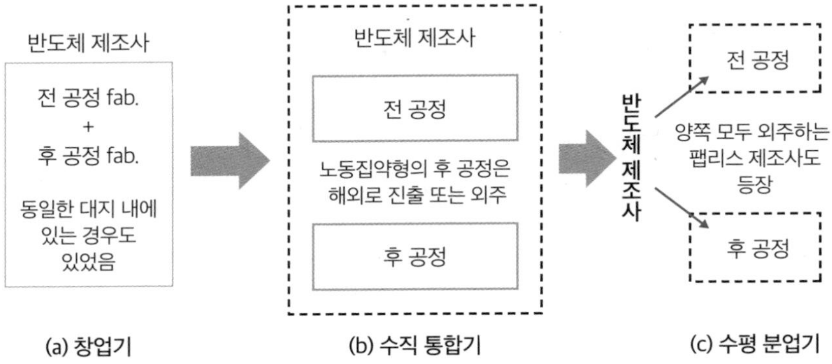

주 반도체 비즈니스의 발전과 동반해서 fab.의 형태가 변화해 왔다.

게다가 자본의 계열화도 있었기 때문에 반도체 사업이 수직화되었고 세계의 흐름 속에서 뒤처지게 되었다는 견해도 있다. 이에 반해 미국은 실리콘 밸리의 벤처기업이 참가해 왔기 때문에 수평 분업의 비즈니스 모델로의 진입장벽이 낮았다고도 말할 수 있겠다.

제2장

전 공정의 개요

전 공정 프로세스의 각론에 들어가기 전에 전 공정을 개괄적으로 살펴보자. 반도체의 전 공정은 어셈블리 공정과는 프로세스 차이가 있으므로 전 공정의 사고방식을 다룬 후 프로세스 관리와 모니터링법을 기술해 가겠다. 마지막으로 전 공정 fab.의 개요와 신속한 초기 수율 확보가 필요한 이유에 대해 기술하겠다.

2-1 미세화를 추구하는 전 공정 프로세스

1-10에서도 기술했지만 실리콘 반도체는 소위 '무어의 법칙'에 의해 가공 치수의 미세화를 진행시키고 LSI 미세화에 의한 고밀도화와 칩 사이즈 축소의 시도로 비용 절감을 실현해 왔다.

무어의 법칙

칩 사이즈의 축소는 1장의 웨이퍼로부터 취득할 수 있는 칩의 개수가 증가한다는 것을 의미한다. 많은 칩을 1장의 웨이퍼에서 취득할 수 있다는 것은 그만큼 칩의 비용 절감과 직결된다. 이것을 처음 제창한 사람은 인텔사의 고든 무어(Gorden Moore)인데, 따라서 무어의 법칙이라고 불리고 있다. 구체적으로는 3년 주기로 4배의 고밀도화를 시도한다는 것이다. 4배의 고밀도화라는 것은 칩 면적의 증가까지 포함해 3년에 한 변의 방향이 $\sqrt{1/2}$ (1/2의 제곱근)이 된다는 것이다. 다시 말해 3년마다 약 0.7배의 축소(미세화를 의미)가 진행된다는 것이다.

미세화가 된다고 해도 트랜지스터의 성능은 변하지 않는 것일까? 이

그림 2-1-1 **스케일링 법칙 요약**

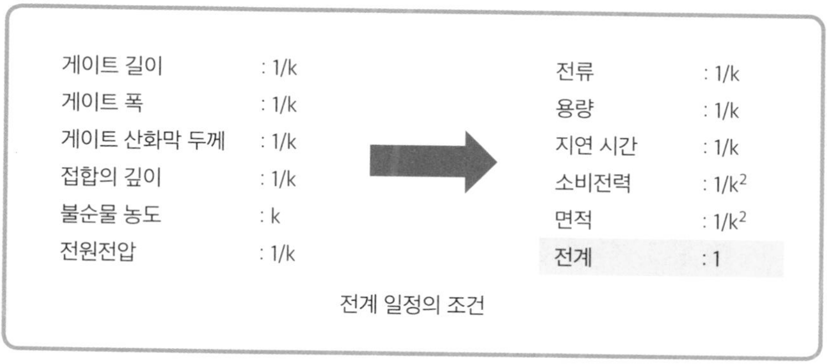

것을 기술적으로 지원하고 있는 것을 스케일링 법칙•이라고 한다. 어려운 이야기지만 어떤 일정 규격을 기준으로 해서 미세화를 진행시키면 오히려 트랜지스터의 성능이 향상된다. 그림 2-1-1에 스케일링 법칙을 요약했으니 참조하기 바란다.

미세화는 어떻게 진행되어 왔을까?

지금까지 어떻게 미세화가 진행되어 온 것일까? 그 경향을 대략적으로 보기 위해 1985년을 기점으로 해서 최근까지의 움직임을 그림 2-1-2에 대형 LCD용 TFT 어레이••와 비교해서 표시해 보았다. 그림을 보면 명확하게 알 수 있듯이 TFT 어레이와 비교해서 실리콘 반도체는 미세화가

• **스케일링 법칙**
IBM의 Dennard와 그 동료들이 제창한 것으로, 전계 일정의 조건하에서 디바이스 치수와 디바이스 성능의 스케일 비율을 정한 것.

•• **TFT 어레이**
액정 패널을 구동시키는 박막 트랜지스터(TFT: Thin Film Transistor)의 매트릭스.

그림 2-1-2　**첨단 실리콘 반도체와 LCD 수치 비교**

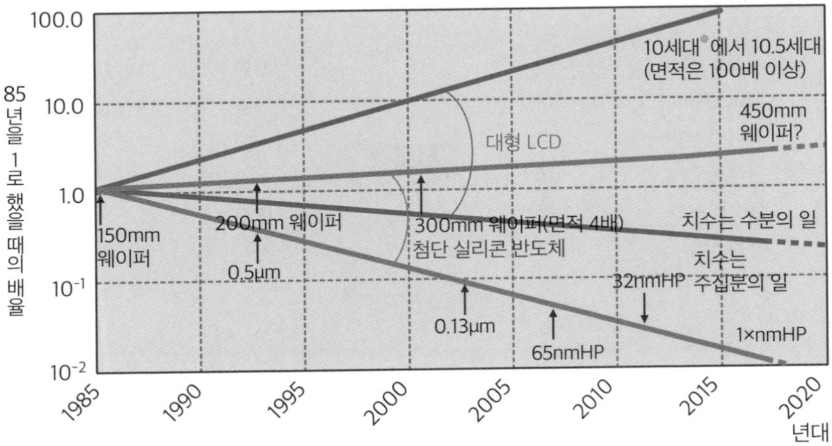

주 ① 정확하게는 1985년에 125mm 웨이퍼로 비교하는 것이 올바를지 모르겠다.
어디까지나 전체적인 경향만을 파악해 주길 바란다. 다음 2-2 참조.
② 미세화의 그래프 수치는 design rule과 half pitch(부록 참조). HP는 half pitch의 약자.

진행되어 왔다는 것을 알 수 있다. 대형 LCD 위 TFT의 가공 치수는 몇 분의 1 정도에 그친 것에 비해 실리콘 반도체는 수십 분의 1의 미세화가 진행되고 있다. 이것은 제5장에서 기술하는 리소그래피 기술의 발전에 의한 것이다. 한편 TFT 어레이는 박형 TV 보급에 의해 패널의 대형화가 진행되었고, 글라스 기판의 크기를 100배 이상 크게 해 1장의 글라스 기판에서 취득하는 패널수를 확보하고 있다는 것을 알 수 있다. 한편 실리콘 웨이퍼의 크기는 10배에도 도달하지 못하고 있다. 오히려 미세화를 진행해 1장의 웨이퍼에서 취득하는 칩수를 증가시켜 왔다고 할 수 있다.

● **제10세대**
글라스 기판의 사이즈가 2,880mm×3,130mm이며 42인치 패널이 12장, 60인치 패널이 6장 나온다. 그것보다도 큰 11세대의 계획도 있다(2,940mm×3,370mm).

2-2 칩을 일괄 제작하는 전 공정

LSI 칩은 하나하나 실리콘 웨이퍼 위에 제작하는 것이 아니다. 제5장에서 기술하겠지만 리소그래피 등의 프로세스로 웨이퍼 위에 모든 칩을 일괄 제작하는 것이다.

일괄 제작의 장점

LSI 칩을 하나하나 웨이퍼 위에 형성하는 것으로는 상업적 기반에 맞지 않다는 것은 쉽게 상상이 가리라 생각한다. 가령 예를 든다면(적절한 예가 안 될지도 모르지만), 큰 종이 위에 지폐를 인쇄한 후 나중에 재단한다. 또한 우표도 1장의 종이에 수십 장의 우표를 인쇄하고 사용할 때마다 한 장씩 잘라낸다. 이와 비슷한 것이다.

1장의 웨이퍼에서 수많은 칩이 취득된다면 그 만큼 **비용 절감**으로 연결되는 것이다. 미세화에 의한 **칩 사이즈 축소**는 1장의 웨이퍼에서 취득하는 칩수의 증가를 의미한다. 그림 2-2-1에 1장의 웨이퍼(300mm^2 웨이퍼로 면적은 약 700cm^2)로부터 메모리 셀의 1bit(0.1μm^2 이하)까지 '마이크로의 여행'을 예로 들어서 설명했지만 그 면적의 차이는 one order 이상이다. 이러한 비트를 하나씩 제작해 나갈 수 없다는 것은 이해가 갈 것

그림 2-2-1 **웨이퍼에서 1bit까지 '마이크로의 여행'**

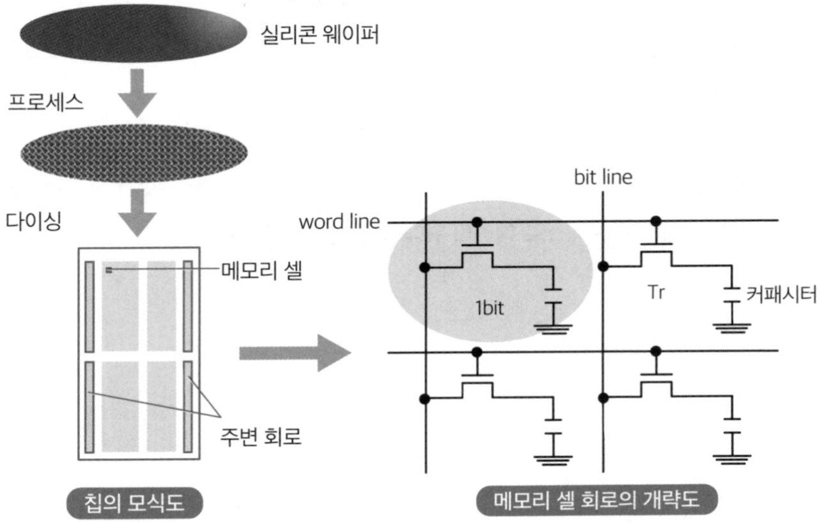

주 1개의 트랜지스터와 1개의 커패시터로 구성되는 DRAM 셀의 예.

이다.

대신 함정도 존재한다. 리소그래피에서 사용하는 패턴을 전사하는 마스크에 단 한 곳이라도 결함이 존재하면 그 결함이 그대로 전사되어서 모든 칩이 불량이 된다는 것이다. 이 점에 있어서는 리소그래피 5-4에서 대책에 대해 상세히 기술하겠다.

LCD 패널과의 비교

2-1에서 미세화 동향을 비교한 LCD 패널(TFT 어레이 기판)과 다른 점에 대해서도 조금 살펴보겠다.

LCD 패널에서도 1장의 대형 글라스(반도체의 실리콘 웨이퍼에 해

그림 2-2-2 **LCD 산업과 반도체 산업의 차이**

	실리콘 반도체	LCD 패널(TFT 어레이)
재료	실리콘(Si) 단결정	a-Si
기판	웨이퍼(단결정)	글라스 기판
제품 단위	칩(chip, die)	패널(panel)
제품 단위의 크기	미세화에 의해 커지지는 않고 있음	박형 TV의 대형화로 패널 크기도 대형화
기판의 동향	현재 300mm	10.5세대까지 대형화
기능	다기능 파워 반도체, 메모리, 시스템 반도체(logic)	스위칭 소자 어레이 (backplane으로서 자리매김) 라고 하는 단 기능

당)에 수십~수백 장의 LCD 패널을 제작한다. 동일하게 상업적 기반에 편승하기 위해서다. 그러나 LCD는 LSI 칩에 상당하는 것이 패널이기에 이것은 LCD TV의 대면적화를 생각하면 알겠지만 점점 커지고 있다. 예전에는 32인치가 대형 TV라고 불렸지만 지금은 50인치 이상이 당연한 듯이 되었다.

이처럼 LCD 패널은 '크게 만들어서 분할'한다고 하지만 분할된 사이즈도 점점 커지고 있어 글라스 기판의 대형화가 숙명처럼 되어 가고 있다. 기판이 크기 때문에 fab. 내에서의 반송 수단도 대형화하고 있다.

그림 2-2-2에 나타냈듯이 LCD의 경우는 많은 패널수를 취득하기 위해 글라스 기판의 대형화가 가속되었던 것에 반해 LSI의 경우에는 웨이퍼를 크게 하지 않아도 미세화에 의해 많은 LSI 칩을 1장의 웨이퍼에서 취득할 수 있다는 점이 큰 차이점인 것이다. 이것은 '미세화'라는 지도 원리 덕분이다.

한꺼번에 제작해서 분할한다

COLUMN

제조업에서는 LSI처럼 일괄적으로 제작하고 나서 분할하는 방법을 많이 사용하고 있다. 필자의 체험을 이야기하자면, 필자가 근무한 최초의 회사는 자기 테이프를 제조·판매하고 있었다. 카세트테이프의 시대였다. 당시는 신입사원에게 각 영업소를 견학시켜 주던 시대였다.

자기 테이프는 커다란 수지의 롤에 필요한 재료를 도포하고 제조한다. 롤의 폭은 2~3m 정도였던 기억이 난다. 거대한 바움쿠헨처럼 보였다. 현장 작업자는 그것을 팬케이크라고 부른다고 했다. 그것을 필요한 크기로 반복 분할해 케이스에 수납한다. 또한 당시 이미 반도체 메모리가 시장에 나와 있었으며 수율이 나빠(가격도 고가) 필자의 회사에서는 코어 메모리를 제작하고 있었다. 코어 메모리는 자기의 이력 현상을 이용하는 메모리다. 자기를 가지는 작은 페라이트의 코어 와이어를 통과시켜 그곳에 전류를 흘려보내 메모리 작용을 발휘시키는 것이다. 페라이트 코어는 1mm 정도의 크기다. 그러한 코어를 프레스로는 제작할 수 없다. 따라서 페라이트를 혼합한 수지를 테이프 형태로 만들고 나중에 펀칭해 제작했던 기억이 있다. 오래된 이야기라서 정확하지 않을 수도 있지만 대체로 맞을 것이다.

요약하자면 일괄 제작한 뒤 후 분할하는 방법인 것이다. 처음부터 아주 작게 제작하는 것은 상업적 기반에 적합하지 않으며 또한 제작이 어렵기 때문이다. LSI도 이러한 방법을 계승하고 있을 것이다. 계속해서 그러한 작은 페라이트 코어에 와이어를 통과시키는 작업을 '편조'라고 불렀는데 손이 섬세한 여성들이 실제로 현미경을 보면서 핀셋을 이용해 와이어를 통과시켰다. 반도체 산업은 제조 장치를 구입하고 진열하는 정도에서 끝나는 것이 아니라 작업자의 숙련된 솜씨를 활용할 수 있는 분야도 필요한 느낌이 든다.

2-3 '대기'가 없는 프로세스에서 필요한 검사 및 모니터링

전 공정은 일관해서 연속으로 진행하기에 재시도가 없는 프로세스다. 그러한 상황 속에서 수율을 유지하기 위해서는 라인에서의 검사 및 모니터링이 필수적이다.

반도체 프로세스가 아니라면 생각할 수 없는 사고방식

전 공정은 작업을 하면서 결과를 보는 것이 불가능한 공정이다. 예를 들어 도자기에 유약을 바르고 나서 가마에 넣어 굽고 꺼내 볼 때까지는 어떠한 색으로 되어 있을지 모른다. 이것은 어셈블리 작업처럼 나중에 조립해 잘못했을 경우 다시 시도하는 생산 형태와는 크게 다르다. 장기를 예로 든다면 무르기가 없는 것과 비슷하다.

결과를 받아들이는 방법도 반도체가 아니라면 생각하기 힘든 사고방식이 존재한다. 전 공정에서는 웨이퍼를 수십 장에서 수백 장씩 일괄 처리하는 경우도 있다. 웨이퍼 안에는 수천 개 또는 수만 개의 칩이 있으며 그중 트랜지스터의 개수는 천문학적 수치가 된다. 그것을 하나하나 완전한 것으로 하기 위해서는 웨이퍼 간의 산포, 웨이퍼 내에서의 산포, 칩끼리의 산포, 트랜지스터끼리의 산포를 고려해서 어떤 결정된 값의 것을

그림 2-3-1 **프로세스 결과에 대한 사고방식을 나타내는 예**

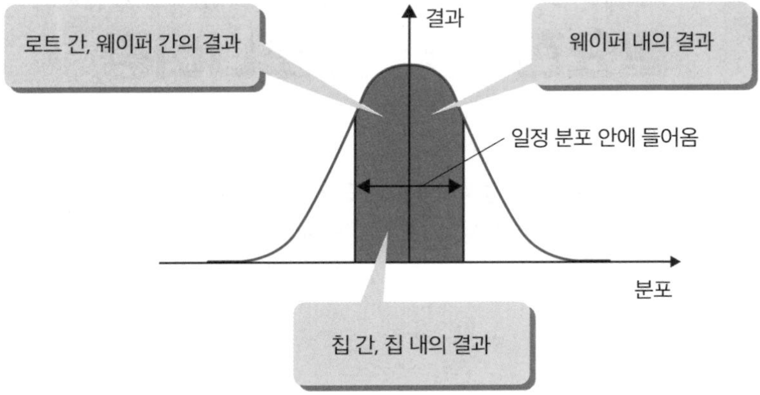

제작한다는 사고방식이 아니라 웨이퍼 전체를 '어떤 일정 분포 안에 들어오게 하는' 사고방식을 취하게 된다. 그림 2-3-1에 그러한 예를 소개한다. 일괄해서 제작한 것에는 산포도 많은 것이 사실이지만 반도체 프로세스는 그러한 산포를 어떻게 작게 하고, 각 로트별 재현성을 좋게 하는가가 기본이다.

모니터링의 필요성

기술했듯이 결과는 프로세스가 끝날 때까지 모르는 상태이기 때문에 장치의 상태와 프로세스 결과를 항상 모니터링할 필요가 있다. 모니터링에도 프로세스 중에 진행하는 in situ 모니터링, 프로세스가 끝난 후 진행하는 ex situ 모니터링 등 두 가지가 메인으로 되어 있다.

이러한 것들은 프로세스를 진행하면서 라인의 상태를 모니터링하기 때문에 in line 모니터링이라고 한다. 경우에 따라서는 라인 외부에서 모니터링하는 경우도 있기 때문에 off line 모니터링이라고 부른다(2-6 참조).

그림 2-3-2 **인라인 모니터링 시스템화의 예**

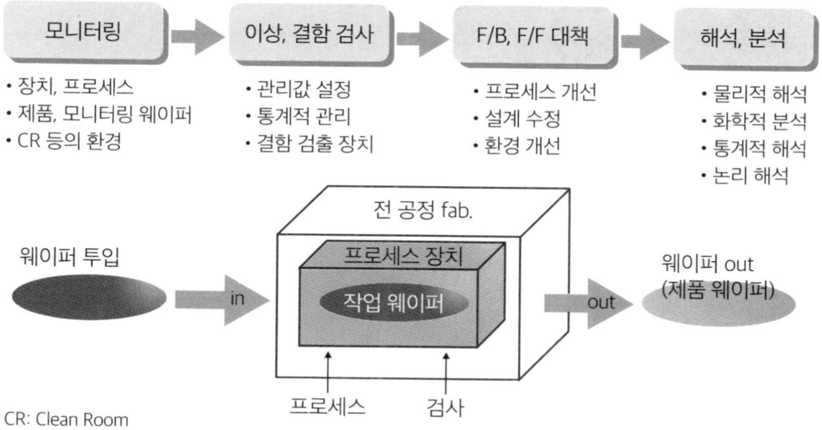

CR: Clean Room
F/B , F/F: Feed Back, Feed Forward

그림 2-3-2에는 인라인 모니터링 시스템화의 예를 들었다.

이것이 1-9에서 기술한 실리콘 웨이퍼에 여러 가지 사용법이 있다고 한 이유의 한 가지임을 이해하기 바란다. 모니터링용의 웨이퍼도 많이 사용하게 되는데, 예를 들어 장치의 반송 체크에는 반송 테스트용의 웨이퍼가 있으며, 장치의 파티클 체크에는 파티클 체크용 웨이퍼가 사용된다.

2-4 전 공정 fab.의 전체상

fab.은 공장을 의미한다. 전 공정 프로세스에서는 웨이퍼를 작업 대상으로 프로세스를 진행하기 때문에 웨이퍼 반송, 클린 등 후 공정 fab.에서 요구하는 사양과 크게 다르다.

클린룸이란?

먼저 전 공정 fab.의 큰 특징으로는 라인의 **청정도**가 엄격하다는 것이다. 통상 class 1● 이상의 청정도가 요구된다. 이러한 청정도를 유지하기 위해서는 라인 내 공기의 환기 횟수가 증가하며, 이에 따라 전력을 소모하게 된다. TV 뉴스 등을 통해 반도체 공장에서 하얀 방진복을 입고 일하는 모습을 볼 수 있는데 1-8에서 기술했듯이 인체는 먼지 발생원이 되기 때문에 그러한 것들을 방지하기 위해 방진복을 착용하고 작업하게 된다. 그러나 이런 것만이 클린룸을 의미하는 것은 아니다. 반도체 프로세스 장치는 전력은 물론이거니와 각종 퍼실리티(가스, 약액, 증류수, 폐액, 폐

● **class 1**
class는 청정도를 표시하는 기준이다. 1피트(약 30cm) 면적당 공기 중에 몇 개의 파티클이 존재하는가를 표시한다. class 1은 파티클이 1개 존재한다는 의미다.

그림 2-4-1 **반도체 전 공정 클린룸 이미지 예**

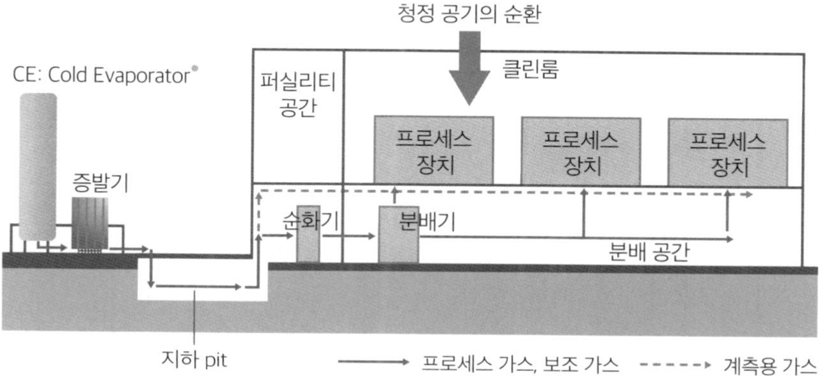

가스 등)가 필요하다. 그림 2-4-1에는 그 예로서 가스를 클린룸의 프로세스 장치에 분배하고 있는 모습을 표시했다. 클린룸 내부는 청정한 공간이며 클린룸을 인체라고 한다면 이러한 퍼실리티가 인체의 혈관이나 신경에 해당하는 것처럼 클린룸 내부에 뻗어 있는 것이다.

fab.에 필요한 설비는?

클린룸의 공조(공기의 순환)와 더불어 제조 장치와 운송 장치의 운전에는 전력이 필요하다. 그 비용만도 막대한 것이다. 또한 전 공정에서는 많은 양의 증류수, 가스, 약액 등을 사용한다. 이 때문에 이를 공급해 주는 설비가 필요하다. 예를 들어 가스 등은 on site plant라 부르며 현지의 가

- **Cold Evaporator**
  반도체 공정에서 대량으로 사용하는 질소, 산소, 아르곤은 고순도의 액체 상태로 fab.에 운송되어 cold evaporator에 저장된다. 사용 시에는 증발기로 가스화해 순화기로 순도를 높이고 분배기를 통해 각 공정의 장치에 공급한다.

그림 2-4-2 **반도체 전 공정 fab. 이미지 예**

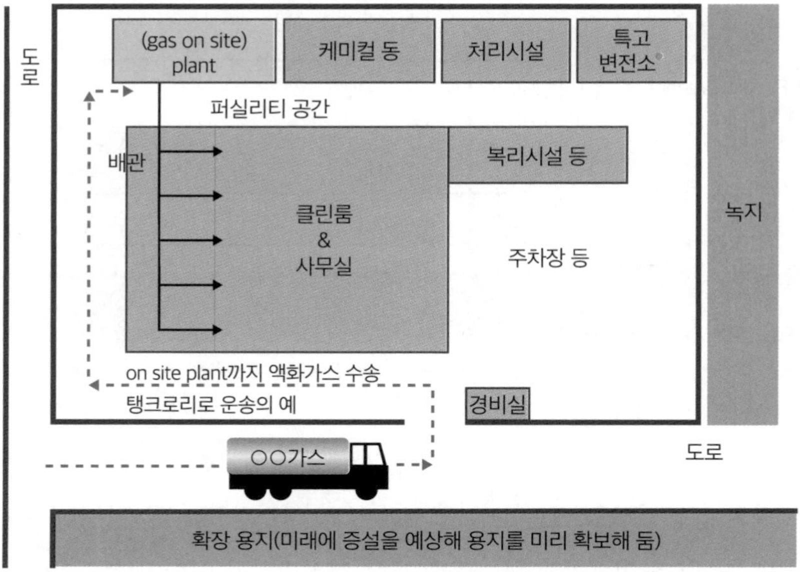

스 플랜트가 있는 경우도 있다. 많은 양의 증류수, 특수 가스, 약액을 사용한다는 것은 많은 양의 폐수, 폐가스, 폐액이 배출된다는 것을 의미한다. 이러한 것들에 의한 피해 제거와 처리 설비도 필요로 한다. 전 공정 fab.에서는 이러한 것들의 퍼실리티 플랜트가 꽤 큰 면적을 차지하고 있는 것이 현실이다. 따라서 전 공정 fab.은 클린룸이 메인이라는 이미지가 강한 경향이 있다. 각각의 퍼실리티 설비도 중요하며 증류수를 만드는 물의 확보 등으로 인해 반도체 공장을 어디에 건축할 것인지도 큰 과제다. 그림 2-4-2에 전 공정의 이미지를 표현했다.

• **특고변전소**
송전선으로 특별 고압(66kV)이 반도체 fab.에 송전하여 특정 전압으로 강압하는 설비.

2-5 fab.의 라인 구성-베이 방식이란?

전 공정의 프로세스는 순환형 프로세스라고 부르는 게 타당하다고 1-3에서 기술했다. 순환형이 되기 위해서는 클린룸 내의 제조 라인(단순히 라인이라고 부른다)에서의 제조 장치 레이아웃을 베이 방식이라 부르는 것이다.

왜 베이 방식일까?

베이(bay)의 의미는 해안가의 만(바다가 육지로 굽어져 후미진 곳)이라는 의미다. 동일한 프로세스의 장치가 마치 만에 떠 있는 배처럼 보이기 때문에 붙여진 이름일지도 모르겠다. 반도체 제조 장치를 fab. 내의 클린룸에 어떻게 배치할 것인가가 문제다. 몇 번이고 기술했지만 전 공정의 프로세스는 수차례 동일한 프로세스를 반복하기 때문에 순서대로 장치를 배치한다면 수많은 장치가 있다 해도 부족할 것이고 클린룸의 면적도 어마어마해질 것이다. 따라서 동일한 종류의 프로세스 장치는 동일한 베이에 배치한다는 방식이 일반적인 생각이다. 이것이 베이 방식이다. 그림

그림 2-5-1 **베이 방식 일례의 모식도**

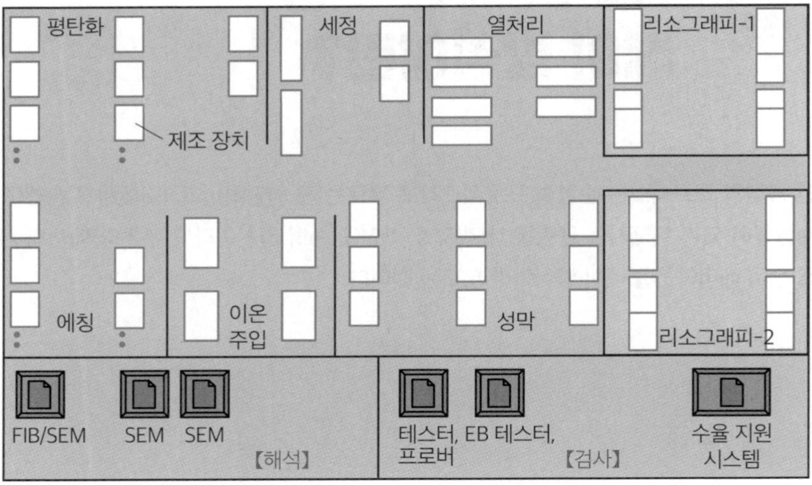

㊟ 리소그래피의 경우 감광성 레지스트를 취급하므로 격리된 구역으로 되어 있다(5-5 참조).

그림 2-5-2 **검사, 측정 시스템화의 일례**

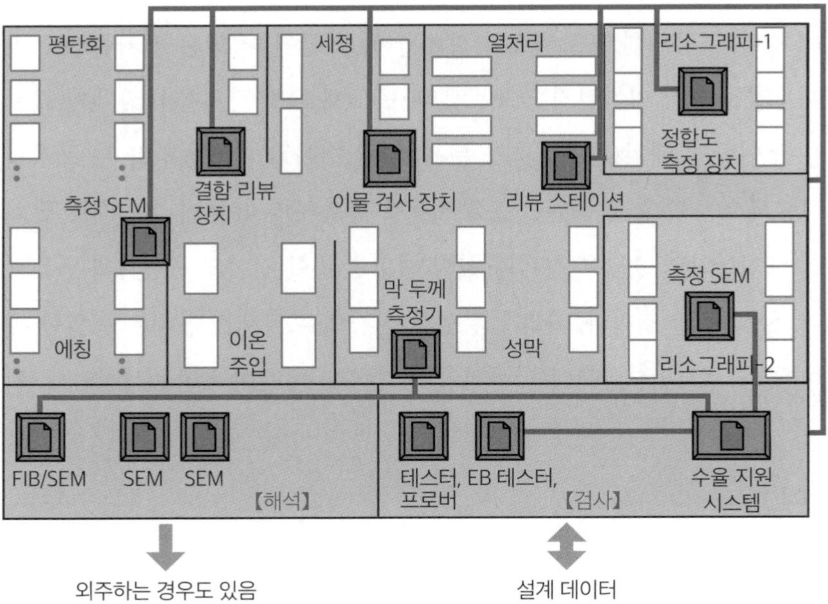

2-5-1에 그림으로 표시해 두었다. 실리콘 웨이퍼를 넣은 캐리어와 FOUP● 이 각각의 장치를 향해서 운송되는데 이때에는 OHV ●●에 탑재되어 운송된다(그림에는 표시하지 않았다). 대규모 fab.의 운송 라인 총 거리는 수십 킬로미터에 달한다고 알려져 있다.

추가적으로 기술하지만 클린룸을 건설하거나 유지하는 데도 비용이 든다. 예를 들어 클린룸의 공조 운전 비용만 해도 막대한 규모다. 따라서 효율적인 장치 배치가 필요한 것이다.

실제의 라인 운용

실제로 생산하고 있는 라인이기 때문에 도중에 프로세스 제조 장치의 교체 또는 생산의 증감 등이 발생한다. 그러나 임기응변에 대응하는 것이 반도체 라인의 운영법이며 그 때문에 라인 레이아웃에 대한 고려가 필요하다. 2-3에서 기술했던 모니터링과 검사 방법은 어떻게 되는 것일까? 역시 클린룸 내에 설치되며 각각의 프로세스 장치에서 모니터링과 결과 검사를 진행한다. 그림에 표시했듯이 검사, 분석 장치의 특징에 따라 클린룸 외부에 설치하는 경우도 있다. 이러한 모든 것들을 관리하는 것이 양산 라인이다. 그러한 모식도를 그림 2-5-2에 나타냈다.

● **FOUP(Front Opened Unified Pod)**
국소 클린 방식(minienvironment 방식이라고도 부른다) 대응의 웨이퍼 포트. 포트의 개폐는 외부에서 가능하게 되어 있다.

●● **OHV(Over Head Vehicle)**
클린룸 내의 천장 밑 근처에 모노레일과 같은 것으로 캐리어와 FOUP을 운송하는 시스템을 지칭한다.

2-6 fab.에서 조기 수율 정상 가동이 필요한 이유

반도체 제품은 고객에게 판매하는 비즈니스다. 다른 제조업과 동일하게 수율(양품율)이 중요하다. 반도체에서는 특히 조기에 수율을 정상 가동시키는 것이 중요하다.

왜 조기 정상 가동인가?

특히 LSI의 수율은 테크놀로지 노드●(세대의 의미)가 변하고 프로세스와 장치가 크게 변했을 때 처음부터 높은 값을 유지하는 것이 곤란하다. 제1장에서도 설명했듯이 LSI의 프로세스는 여러 가지 프로세스의 반복적인 합이기 때문에 그중 하나만이라도 이상이 발생하면 수율을 유지하는 것이 불가능하다. 그렇게 많은 프로세스의 세대 교체가 일어난다면 수율을 유지하는 것이 어렵다는 것쯤은 쉽게 상상할 수 있을 것이다.

　한편 LSI는 새롭게 상품으로 출시하게 되면 높은 가격으로 판매할 수

● technology node
미세화가 진행되던 단계의 어떤 최소화 가공 치수로 대표적인 세대를 표기하는 것(가령 20nm 시대, 5nm 시대 등). 이전에 사용했던 디자인 룰과 동의어로 해석해도 무방하다. 최근에는 게이트 길이가 아닌 메탈의 하프 피치(half pitch)로 표기한다. 부록 참조.

그림 2-6-1 **수율의 수직 상승 모델 예**

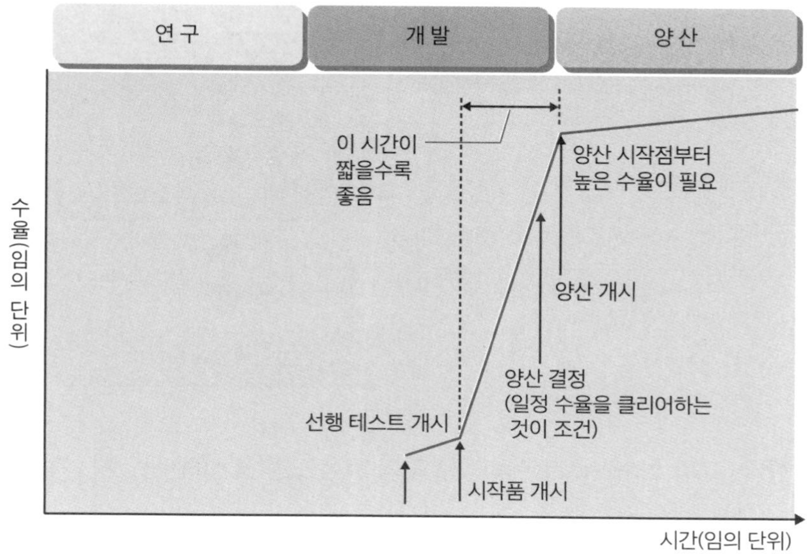

있겠지만 점점 시간이 경과하면 비용 경쟁에 노출된다. 즉, 세대 교체 초기에는 대량으로 시장에 제품을 출시하지 않으면 이익을 올릴 수 없다. 개발, 시제작 단계에서 많은 문제점들을 해결하고 양산에 돌입했을 때 수율을 한 번에 올릴 필요가 있다. 이것을 '수직 정상 가동'이라고 한다. 그림 2-6-1에 모식도를 표시했다. 개발 목표가 세워지고 시제작에 들어가서부터 수율을 제한 없이 빠른 시일 내에 끌어올린다는 것을 의미한다.

초기에 수율을 향상시키기 위해서는?

개발 단계에서 시제작, 양산 초기의 수율을 신속히 정상 가동시키는 일은 필자도 경험해 보았다. 묘안이 있다기보다는 개발 단계에서부터 검사 결과를 꼼꼼하고 철저하게 프로세스에 피드백하는 것이 기본이라고 생

그림 2-6-2 **계통적으로 본 라인에서 가능한 수율 관리●**

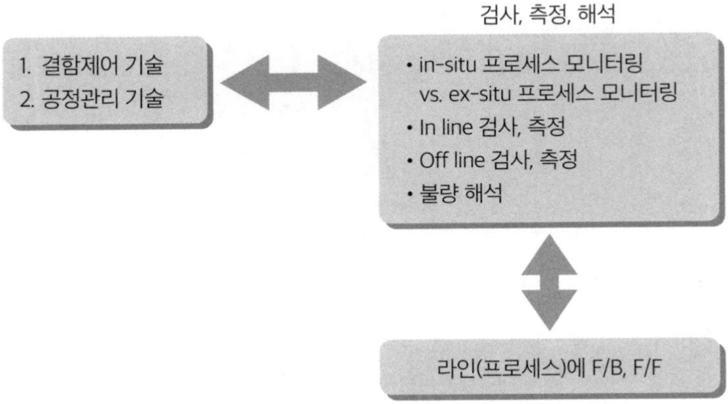

각한다. 그림 2-6-2에 기본적인 결과의 흐름도를 표시해 보았다. 기본이 되는 것은 프로세스 모니터링과 검사, 측정 및 불량 해석 기술이다. 단지 일상적으로 검사·측정하는 것은 효과가 적으며, 결과로부터 예상되는 것들을 미리 예측하는 일은 오랜 경험의 축적이 필요하다. 불량 해석도 측정 결과로부터 신속히 발견하고 신속히 해석하는 기술이 필요하다. 동시에 그 내용을 신속히 프로세스에 피드백해 주는 것이 중요하다. 예상하지 못했던 불량들이 초기 단계에서 발생하기 때문에 그러한 해석 기술과 결과에 대한 본질적인 고찰이 필요하게 된다. 어느 정도 경험이 필요하며 검사·해석 장치만 갖추고 있으면 좋다는 것이 아니라는 것은 확실하다. 그림 왼쪽에 기입했지만 라인 전체에서 **결함제어 기술과 공정관리 기술**을 체계화해 나가는 것이 필수다.

● 각종 측정 장치에 관해서는 자매서인 『도해 입문 쉽게 이해되는 최신 반도체 프로세스의 기본과 구조』 제3판에 기재되어 있다. 관심 있는 독자는 참조하기 바란다.

제3장

웨트 프로세스 (세정과 건조)

본 장에서는 세정과 건조에 대해서 기술한다. 전 공정에서 웨이퍼는 각 프로세스 장치에서 장치로 이동해 나가는 과정에서 반드시 세정과 건조를 실시한다. 그 기본이 되는 세정 기술에 대해서 다루겠다. 또한 웨이퍼는 반드시 건조시킨 상태에서 세정 장치에서 꺼내야 한다는 드라이 아웃이라는 개념으로부터 건조 기술에 대해서도 다루겠다.

3-1 항상 청정 면을 유지하는 세정 프로세스

1-8에서도 서술했지만 전 공정은 순환형 프로세스다. 웨이퍼는 LSI 제조 프로세스가 진행됨에 따라 장치에서 다른 장치로 이동하게 된다. 아울러 이동하는 사이마다 반드시 세정과 건조를 실시한다.

왜 세정이 매회 필요한 것일까?

오해를 사는 것을 괘념치 않고 말한다면 매회 다른 프로세스를 처리함에 따라 웨이퍼가 오염되기 때문에 세정과 건조를 진행하는 것이다. 세정과 건조는 한 세트이며 웨이퍼는 반드시 건조된 상태로 세정 장치에서 외부로 빼낸다. 이것을 드라이 인/드라이 아웃이라고 부른다. 그 이유는 웨이퍼를 수분이 함유된 상태로 방치하면 웨이퍼 표면에 산화가 진행되기 때문이다. 또한 눈에 보이지 않는 크기의 물방울이 존재해도 워터마크의 원인이 된다. 따라서 건조는 중요하며 자세한 내용은 뒤에서 기술하겠다.

지금 워터마크(3-7)를 언급했는데 어떤 형태가 안 좋은 것인가를 그림 3-1-1에 표시했다. 클린룸, 웨이퍼와 접촉하는 부품, 재료, 프로세스 장치 등에 기인하는 것과 프로세스에 기인하는 것으로 크게 나눌 수 있다는 것을 알 수 있다.

그림 3-1-1 **웨이퍼에 미립자, 오염을 일으키는 외부 요인**

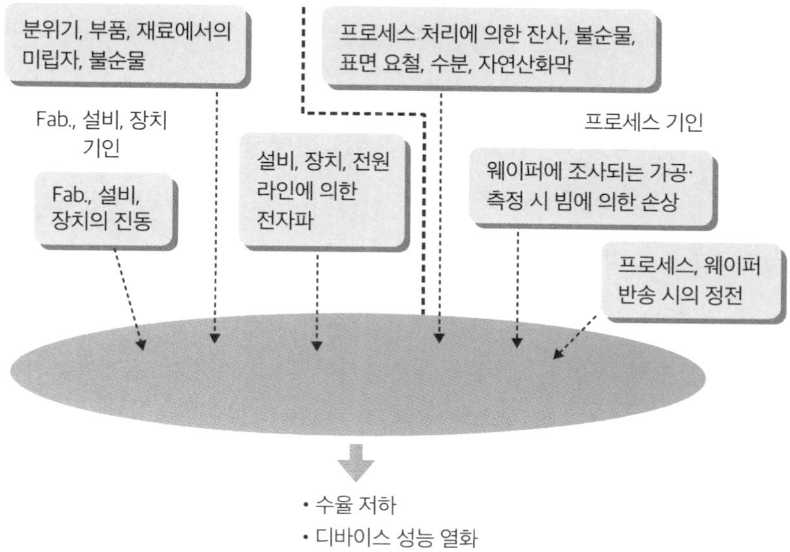

그림 3-1-2 **웨이퍼 뒷면에서 표면으로 파티클의 전사**

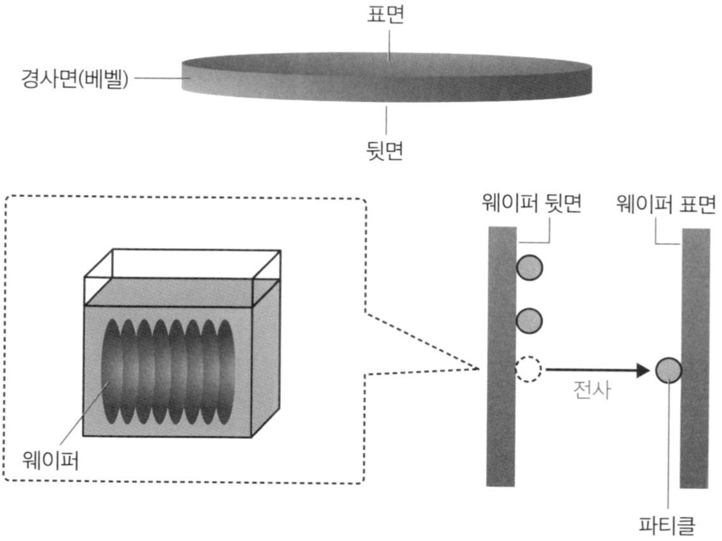

표면만 세정 처리하는 것으로는 불충분

웨이퍼의 세정은 표면만 한다면 좋다고는 말할 수 없다. 경사면●과 뒷면의 세정이 필요하다. 확실히 경사면과 뒷면은 칩 제조상에 직접적인 문제를 일으키는 부분은 아니지만 경사면과 뒷면에 부착되어 있던 파티클과 오염 물질이 여러 형태로 표면에 전사되는 경우가 있기 때문이다. 그러한 양상을 그림 3-1-2에 표시했다. 따라서 웨이퍼 표면만을 세정하면 된다는 생각을 버리고 웨이퍼 전체를 세정할 필요가 있는 것이다.

물론 건조도 웨이퍼 전체를 건조시켜야 한다. 이것이 진정한 의미의 '드라이 아웃'인 것이다.

● **경사면**
실리콘 웨이퍼의 경사면을 영어로 bevel이라고 한다. 그림에서는 수직면처럼 보일지 모르겠지만 실제로는 돌출된 형태이며 표면은 연마되지 않아서 매우 거친 면으로 되어 있다.

3-2 세정의 기법과 메커니즘

단순히 말해 세정은 웨이퍼에서 파티클과 오염(contimination)을 제거하는 것이다. 그 방법은 다양하다.

세정의 방법론

웨이퍼에서 파티클과 오염을 화학적으로 제거할 것인가 아니면 물리적으로 없앨 것인가 분류를 한다면 그림 3-2-1에 표시한 것과 같은 분류가 될 것이다. 물리적 작용이란 브러시를 이용해 기계적으로 제거하는 방법과 초음파의 진동으로 제거하는 방법을 말한다. 화학적인 작용으로 제거하는 방법은 약액의 강한 화학적 반응을 이용해 파티클과 오염을 직접 용해시키는 방법이다. 또는 파티클과 오염 등이 부착된 표면에 lift off 기술을 사용해 제거하는 방법 등이 있다. 그러나 제거한 파티클이 재부착되는 경우도 있기 때문에 물리적 제거 방법의 파라미터 등을 확실하게 파악하고 확보할 필요가 있다. 그림에 표시했듯이 현실적으로는 이러한 방법들을 균형 있게 조화시켜 세정을 진행한다.

여기에 표시한 것들은 약액을 사용하는 웨트 세정법이다. 그 밖에 드

그림 3-2-1 **세정법**

1. 물리적(mechanical) 제거
   - ① 브러시에 의한 기계적인 것
   - ② 초음파에 의한 진동
   - ③ 아이스 파티클, 에어로졸 분무 등
2. 화학적(chemical) 제거
   - ① 용해 반응
   - ② lift off 제거(표면 에칭에 의한 박리)

↓

현실적으로는 이들의 조합을 이용

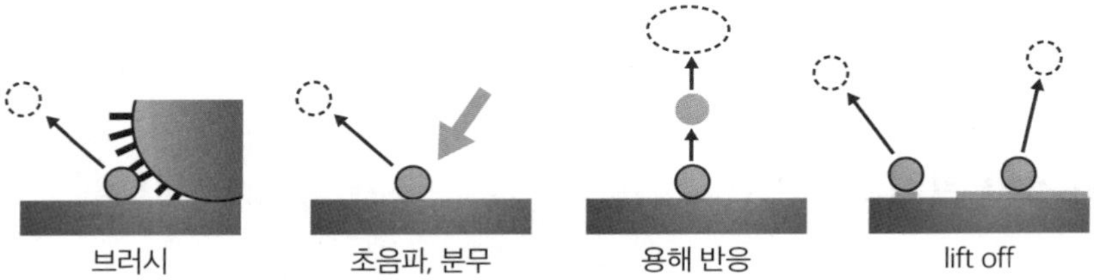

그림 3-2-2 **초음파 세정의 메커니즘**

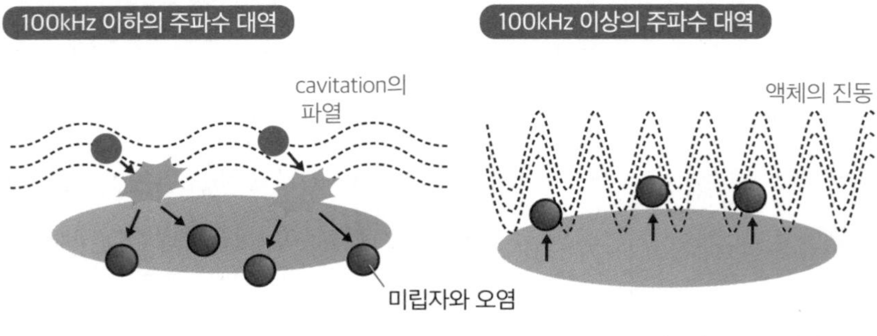

액체 속에 cavitation(작은 포말)을 발생시켜 파열 시 충격파로 웨이퍼 상의 오염, 미립자를 튕겨내는 것

액체 속에 진동을 일으켜 큰 운동량에 의해 웨이퍼 상의 오염, 미립자를 튕겨내는 것

라이 세정법(에어로졸 입자의 분무 방식 등이 여기에 포함될지도 모른다)도 존재하는데 3-9에서 설명하겠다.

초음파 세정이란?

앞서 기술한 내용 중 물리적 작용을 강하게 하는 방법을 소개하겠다. 일반적으로 널리 사용하는 초음파 세정에 대해 기술한다. 인간의 귀에 들리지 않는 20kHz 이상의 초음파는 탄성파이며 웨이퍼의 표면에 부착된 오염이나 파티클 등을 탄성적으로 튕겨서 날려버리는 작용을 한다. 이용하는 파장대는 100kHz 이하의 초음파와 100kHz 이상의 초음파가 있는데, 각각 작용이 다르기 때문에 그림 3-2-2에 내용을 표시했다. 초음파는 반도체 프로세스에서 많이 사용한다. 후 공정에서 사용하는 예는 10-5를 참조하기 바란다.

3-3 세정의 기본-RCA 세정

웨이퍼 세정의 기본은 RCA 세정이다. 단점도 있지만 효과가 있기 때문에 현재도 기본적으로 사용하고 있다.

RCA 세정이란?

화학적으로 제거하는 세정법 가운데 대표적인 것이 **RCA 세정**이다. 1960년대 RCA사●의 Kern과 Puotinen에 의해 제창된 것으로 화학적인 작용에 의한 세정법의 대표이며 여러 종류의 약액을 조합시킨 세정액을 이용하는 방법이다. 기본적으로 각 오염에 대한 세정액의 조합, 혼합비, 온도 등이 정해져 있으며 표 3-3-1에 RCA 세정액의 예를 표시했다. 특히 **APM**이라고 하는 암모니아와 과산화수소수의 혼합액은 '암모니아과수'라고도 부르며 유기 오염과 파티클 제거에 효과적이다. 이것을 **SC-1 세정**이라 부른다. SC는 Semiconductor Clean의 약자다. **HPM**이라 불리는

● **RCA사**
RCA는 Radio Corporation of America의 약자로 미국을 대표하는 전자 회사였다.

그림 3-3-1 **RCA 세정액의 예**

1. APM(SC-1) 암모니아와 과산화수소수 ➡ 유기물과 미립자 제거
   $NH_3/H_2O_2/H_2O$ = 1/1/5~1/2/7 75~85℃
2. HPM(SC-2) 염산과 과산화수소수 ➡ 금속 오염 제거
   $HCl/H_2O_2/H_2O$ = 1/1/6~1/2/8 75~85℃
3. SPM 황산과 과산화수소수 ➡ 유기물과 레지스트 제거
   H_2SO_4/H_2O_2 = 4/1 100~120℃
4. DHF(희석한 불산) ➡ 얇은 산화막 제거
   HF(0.5~5% 정도) 상온
5. BHF(buffered 불산) ➡ 자연산화막 제거
   NH_4F/HF = 1/7 상온

주 비율과 온도는 반도체 제조사에 따라 다소 다를 수 있다.

그림 3-3-2 **RCA 세정의 조합 예**

1. 산화 전 세정
   AP ➡ M ➡ 세정 ➡ DHF ➡ 세정 ➡ HPM ➡ 세정 ➡ 건조
2. 어닐 전 세정
   APM ➡ 세정 ➡ HPM ➡ 세정 ➡ 건조
3. 애싱 후 세정
   SPM ➡ 세정 ➡ DHF ➡ 세정 ➡ 건조

염산과 과산화수소수의 혼합액은 '염산과수'라고 부르며 금속 오염 제거에 효과가 있다. 이것을 **SC-2 세정**이라 부른다. SPM이라 불리는 황산과 과산화수소수의 혼합액은 '황산과수'라고 부르며 레지스트와 레지스트의 잔사 등을 제거하는 데 효과적이다. 통상적으로 세정 장치에는 이러

한 것들을 조합시켜 담는 약액 저수조가 설치되어 있다.

각각의 목적에 맞는 RCA 세정의 조합 예를 그림 3-3-2에 표시했다. 하지만 어디까지나 하나의 예에 지나지 않는다. 또한 주로 프론트 엔드에서 이용되는데, 백 엔드에서는 메탈 배선을 형성하고 있고 RCA 세정액은 메탈 배선을 용해시키기 때문이다.

RCA 세정의 과제

오래전부터 사용해 왔던 방법이기 때문에 기존에 가지고 있던 과제와 현 시점에서 본 여러 가지 과제도 증가하게 되었다. 특히 가열이 필요하다는 것이 걸림돌이었는데 이것은 오래전부터 지적되어 온 것이다. 가열에 의해 약액이 증발되고 도중에 농도가 변하는 일이 발생하는데 이것이 문제점이다. 또한 위험한 약품을 가열하기 때문에 안전상 여러 가지 대책이 필요하다. 이러한 약품을 가열해 사용함으로써 환경 부하가 증가한다는 것이 문제점으로 지적되어 왔다. 그래서 환경 부하를 저감하기 위한 새로운 대안이 모색되어 왔는데 이에 대해서는 다음 절에서 기술한다.

3-4 새로운 세정법

이미 기술했듯이 RCA 세정은 온도를 올리는 것이 필요하고 약품 자체의 환경 부하 등 최근의 생태적 관점에서 본다면 문제가 확연하게 드러나 보인다. 따라서 저온에서 그다지 약품을 사용하지 않는 세정법이 모색되었다.

새로운 세정법의 등장

앞에서 기술한 단점 외에 RCA 세정법의 문제점을 열거하자면 하나는 약품 자체의 문제이며 SC-1은 실리콘 표면의 COP•와 micro roughness(표면의 미세 요철)를 발생시키고 금속 오염(Fe, Al)의 흡착을 일으킨다. 또한 SC-2는 HCl에 의한 부식의 문제가 있다. 두 번째는 여러 가지 약액의 조합으로 구성되기 때문에 시퀀스가 길어진다는 점이다.

그래서 새로운 신약으로 등장한 것이 첨가제와 기타 약액의 선택이다. SC-1에 킬레이트와 계면활성제를 첨가, DHF 첨가, SC-2의 HF 또는 HF/HCl로 전환, HF/H_2O_2 사용 등이 그 예다.

• COP
Crystal Oriented Particle의 약자로 웨이퍼 표면에 생긴 결정에 기인하는 결함을 말한다.

그림 3-4-1 **새로운 세정 시퀀스의 예**

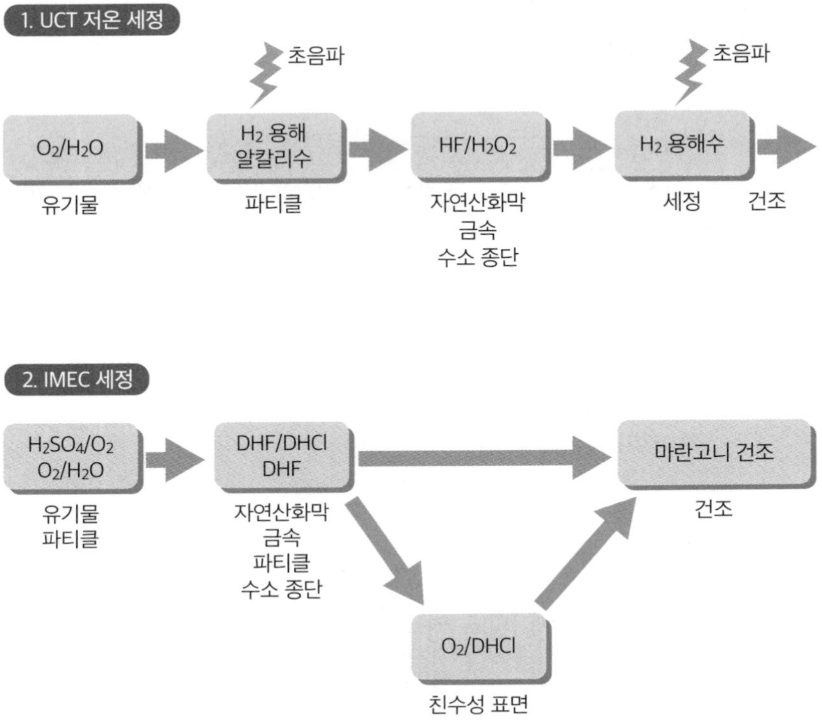

주 약액명의 DHF, DHCl의 D는 dilute의 약자로 희석한 HF, HCl이라는 의미다.

또한 환경 부하 저감 측면에서 SPM에서의 O_3 가스 버블링, SC-1에서의 콜린과 TMAH로의 변환, 기능수의 사용 등이 있다. 예를 든다면 가스 용해수(오존수, 용존 산소수, 수소수) 등이 있다. 여러 연구기관에서 제안한 대표적인 예를 그림 3-4-1에 표시해 놓았다. 게다가 UCT(Ultra Clean Technology) 세정은 일본 동북대학에서 개발했다. 또한 IMEC는 벨기에의 연구 개발 회사다.

앞으로의 세정법

앞으로 세정법의 토픽은 초임계 CO_2 세정과 미국 벤처기업에 의한 파티클을 클러스터로 에워싸 클러스터수로 제거하는 세정 기술 등이 주목받고 있다. 초임계라고 하는 것은 임계점 이상의 온도, 압력하의 물질을 말하며 유체이면서 동시에 기체인 상태를 말한다. 아래 표시한 뉴스에서 앞으로 여러 제안이 나올 것으로 생각한다.

전체적인 장치도 포함해서 세정 기능의 향상을 도모할 필요가 있으며

① **미세화 경향과 그것에 따른 신구조, 신재료에의 대응**

예를 들어 Cu/ULK 구조, high-k 게이트 스택 구조(이것들의 구조는 제7장 참조)

② **저비용, 높은 스루풋**

③ **환경 부하의 저감**

등이 주요한 과제가 될 것이라 생각한다.

3-5 배치식과 매엽식의 차이

세정, 건조 공정은 몇 번이고 진행하기 때문에 전 공정 중에서 횟수가 많은 프로세스다. 따라서 웨이퍼 1장당 소요 시간의 절약이 요구된다. 한편 웨이퍼는 300mm로 대형화되어 있고 배치식, 매엽식 어느 것을 선택할 것인가가 문제가 된다.

배치식이란?

배치식이란 웨이퍼 여러 장을 동시에 처리하는 프로세스 장치다. 일반적인 배치식의 처리 매수는 웨이퍼를 수납하는 캐리어와 처리 챔버의 관계로 그 수가 결정된다. 세정 장치의 경우는 캐리어에 수납 가능한 매수로 결정된다. 보통은 25장이 된다. 캐리어를 사용하지 않는 세정 장치에 대해서는 다음 절에서 설명하겠다. 많은 웨이퍼의 일괄 처리가 가능하다면 그 만큼 칩 제작 비용의 절감과 연결되기 때문에 세정과 같은 횟수가 많은 프로세스에 유리하다.

매엽식이란?

배치식과 달리 웨이퍼를 1장 1장 처리해 나가는 것을 매엽식이라 부른다. 웨이퍼의 크기가 6인치 정도에서 배치식에서 매엽식으로의 전환이 증가

그림 3-5-1 **세정 장치의 분류**

했다. 이것은 웨이퍼의 구경이 커짐에 따라 웨이퍼 면 내 균일성 확보가 어렵게 되므로 이것에 대한 대책이었다. 메모리와 같이 동일한 칩을 대량으로 생산하는 fab.뿐만 아니라 ASIC●과 같은 범용 LSI를 소량 다품종 생산하는 경우도 배치식의 장점을 별로 살리지 못하는 면이 있다. 단지 웨이퍼 1장당 소요 시간, 다시 말해서 단위시간당 몇 장의 웨이퍼 처리가 가능할까(이것을 스루풋이라 한다)가 배치식과 비교한다면 매엽식은 문제가 된다.

그림 3-5-1에 세정 장치의 분류를 표시해 두었다. 물론 건조 장치도 세정 장치에 함께 장착되어 있다. 장치에 대한 자세한 설명은 생략하겠지만 약액 수조와 증류 수조에 웨이퍼를 담그는 방식을 딥 방식, 약액과

● **ASIC**
Application Specific Integrated Circuit의 약자. 에이식이라 발음하며 특정 용도용 IC이며 복수의 회로를 조합해서 제작한다.

그림 3-5-2 **배치식과 매엽식 세정 장치 비교**

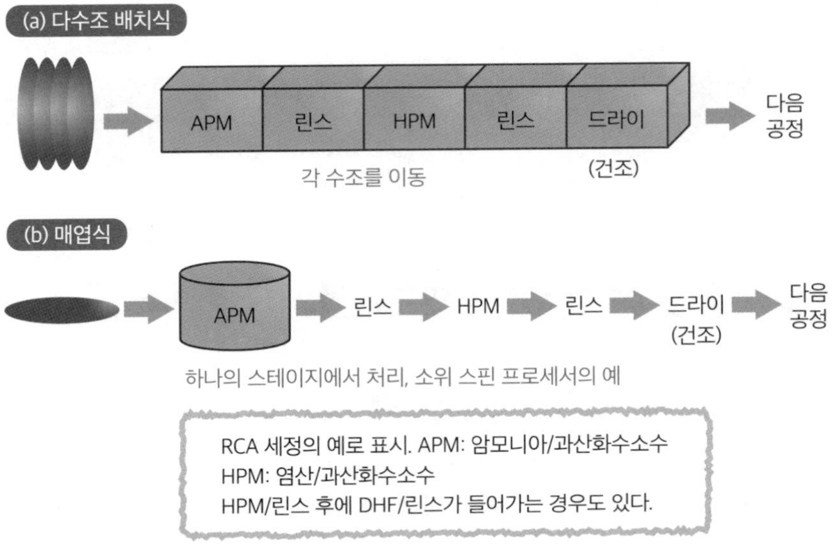

증류수를 노즐에서 분무시키는 타입을 스프레이 방식이라 부른다. 드라이 세정에 대해서는 3-9에서 다루겠다.

그림 3-5-2는 배치식 세정 장치와 매엽식 세정 장치의 개념을 비교한 그림이다. 약액 수조 뒤에 반드시 증류수 린스 수조가 있는 이유는 웨이퍼와 캐리어에 묻어 있는 약액을 다음의 약액 수조에 가기 전에 모두 깨끗이 씻어내야 하기 때문이다. 매엽식에서도 동일하게 약액 린스 후 다음 약액을 스프레이한다.

3-6 스루풋이 중요한 세정 프로세스

앞에서 기술했듯이 웨이퍼 1장당 소요 시간의 절약이 요구된다. 그것을 스루풋이라 부르며, 세정 프로세스에는 여러 가지 조합이 있어 단순 비교는 불가능하다.

세정 장치의 스루풋

직감적으로 배치식 세정 장치의 스루풋이 크다는 것을 생각할 수 있다. 그림 3-6-1에 배치식과 매엽식 세정 장치의 스루풋을 비교해 보았다. 이것은 배치식과 매엽식의 극단적인 비교이며 각 약액 수조의 처리 시간을 10분으로 해서 계산한 결과다. 분명히 배치식의 승리다. 그러나 매엽식의 각 약액 수조의 처리 시간을 1분 정도 단축시킨다면 계산 결과는 동일해진다. 어디까지나 프로세스에 상응하는 방식의 선정이 열쇠라고 생각한다.

캐리어가 없는 세정기

캐리어가 없는 배치식 세정기에 대해 논의하겠다. 이것은 웨이퍼의 대형화(300mm)에 대응하기 위해 제안된 것이다. 웨이퍼가 300mm가 되면

그림 3-6-1 **배치식과 매엽식 스루풋 비교**

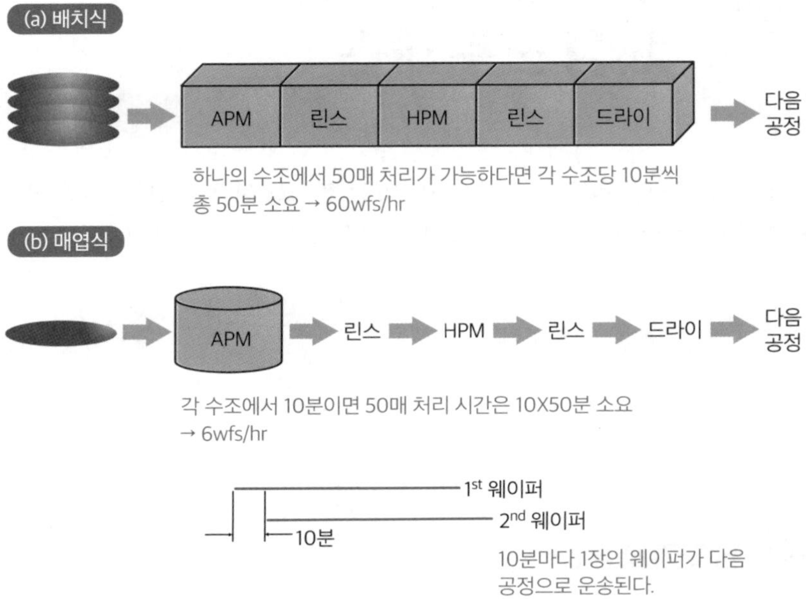

그림 3-6-2 **캐리어가 없는 세정 장치**

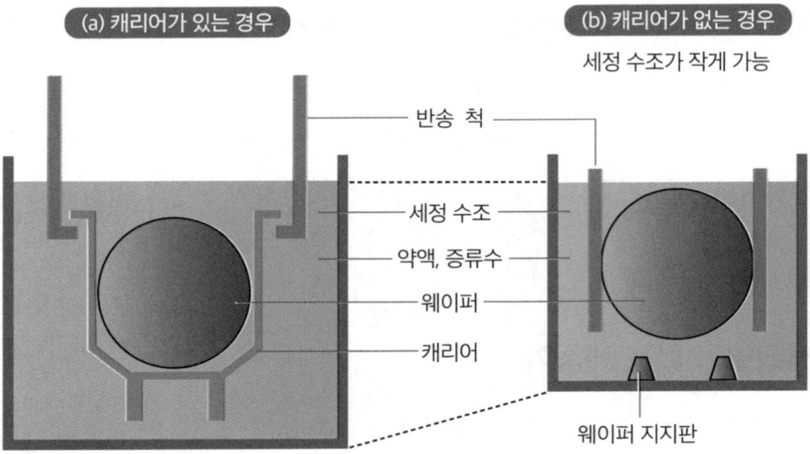

캐리어도 커질 수밖에 없다. 또한 약액 수조도 커지며 약액이나 증류수 사용량도 증가하게 된다. 이에 따라 장치도 커지며 클린룸 내에 차지하는 세정기의 면적도 커지게 된다.

캐리어가 없는 세정 장치는 그림 3-6-2에 표시했다. 캐리어를 사용하지 않고 직접적으로 웨이퍼를 운송하는 경우에 로봇을 사용하고 각 수조로 반송하는 것이다. 캐리어로 반송하는 시간이 절약되며 스루풋 향상에도 도움이 된다. 또한 캐리어에 부착되어 있는 잔류 오염의 저감(린스 시간이 절약된다)에도 효과적이다. 물론 그림에서 비교했듯이 장치의 크기도 작게 할 수 있어서 약액, 증류수의 사용량 저감에도 효과적이다. 배치식 세정 장치의 소형화는 중요하다. 어디까지나 필자의 경험이지만 클린룸의 레이아웃을 생각한다면 다수조 방식의 배치식 세정 장치의 레이아웃 면적이 넓기 때문에 고생한 기억이 있다.

3-7 세정 후 필수적인 건조 프로세스

웨이퍼는 세정 후 즉시 건조시키지 않으면 표면 산화가 일어나며 워터마크라고 불리는 오염이 형성된다. 세정과 건조는 두 과정이 한 세트이며 세정 장치에는 반드시 건조 장치가 부착되어 있다.

워터마크란?

수분이 실리콘 표면과 같은 반응성이 높은 장소에 남아 있게 되면 실리콘 표면이 산화된다는 사실은 쉽게 이해될지도 모르지만 워터마크는 귀에 익숙하지 않은 용어일지도 모른다. 이러한 현상에는

① DHF 처리 후 소수성 실리콘 표면에서 발생하기 쉽다. 바꿔 말한다면 물방울과 실리콘 표면의 접촉각이 큰 경우다.

② 패턴이 있는 경우 발생하기 쉽다.

③ 스핀 건조의 경우 발생하기 쉽다.

④ 건조까지 걸리는 시간이 길어질수록 발생하기 쉽다.

고 알려져 있다.

워터마크 발생 메커니즘은 그림 3-7-1에 표시했듯이 공기와 물방울

그림 3-7-1 **워터마크 발생 메커니즘**

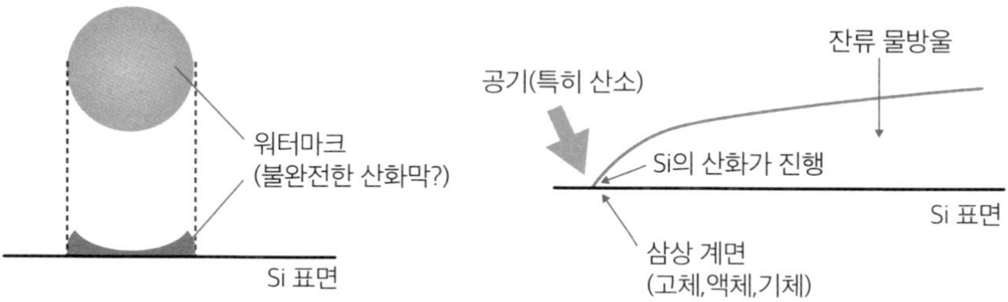

과 실리콘 표면의 고체, 액체, 기체 등 세 가지 상태의 계면에서 불완전한 실리콘 산화가 발생하기 때문이라고 알려져 있다. 즉 잔류 물방울의 완전한 제거가 반드시 필요하며, 세정과 건조는 드라이 인 & 드라이 아웃이 기본이라는 것을 의미한다. 전술한 워터마크의 발생 원인으로부터 건조는 린스에서 건조까지의 시간을 줄이는 것이 중요하며 건조 분위기를 제어해 산소 성분을 줄인다. 패턴이 많이 새겨져 있는 웨이퍼는 IPA● 건조 등을 실시하는 것이 워터마크를 줄이는 데 효과적이다.

앞서 '실리콘 표면과 같은 반응성이 높은 장소'라고 기술했는데 그 이유는 실리콘 표면은 dangling bond(실리콘의 공유결합 중 미결합 부분)가 존재하기 때문이다. 따라서 실리콘 표면은 소수성(물방울을 튕겨내는 특성)이다. 실리콘 표면에 열산화막과 자연산화막이 형성되면 친수성(물에 쉽게 젖는 특성)으로 바뀐다. 실리콘 표면 위에 gate oxide층을 형성(제7장 참조)할 때 자연산화막을 제거한 후 표면을 활성화시키고 나서 진행한다.

● **IPA**
Iso-Propyl Alcohol의 약자.

그림 3-7-2 **주요 건조 방법**

기법	메커니즘	장점	과제
스핀 건조	웨이퍼를 고속 회전시켜 수분 건조	장치 구조가 간단하고 가격이 저렴 스루풋이 큼	조건 최적화 정전기 발생 가동부가 있음
IPA 건조	수분을 IPA(이소프로필 알코올) 증기로 치환	패턴부에 유리	인화성 약품 사용 유기물 잔류
마란고니 건조	증류수에서 IPA 증기 중으로 한 번에 웨이퍼를 끌어올림	IPA 사용량 제어 워터마크 감소	스루풋이 낮음 유기물 잔류

건조의 방법론

IPA 건조법이 간략하게 언급되었는데 건조 프로세스에는 여러 가지 방법이 존재한다. 이에 대해서는 그림 3-7-2에 요약해 놓았다.

종래에 널리 사용해 왔던 것이 스핀 건조법(스핀 드라이라고 한다)과 IPA 건조다. 전자는 웨이퍼를 전용 카세트에 넣고 고속으로 회전시켜 수분을 날려버리는 방법이다. 후자는 웨이퍼 표면의 수분을 휘발성이 좋은 IPA 증기로 치환하는 법을 활용해 건조시키는 방법이다. 그림 중에서 마란고니 건조에 대해서는 다음 절에서 설명한다.

3-8 새로운 건조 프로세스

건조 프로세스도 환경을 고려해 재조명되고 있다. 근래에는 에너지 절약형 건조 기술이 주목받고 있는데, 특히 유기물인 IPA의 사용량을 줄이려는 노력이 진행되고 있다.

마란고니 건조란?

마란고니 건조는 마란고니 힘●을 사용함에 따라 이름 붙여진 것이다. 이 방법은 IPA와 질소를 불어넣고 있는 상태에서 웨이퍼를 린스 수조로부터 한 번에 들어올려서 그때 발생하는 마란고니 힘을 이용해 수분을 제거하는 것이다. 그림 3-8-1에 마란고니 건조 메커니즘에 대해서 설명해 놓았다. IPA 건조에서도 IPA를 사용하지만 그 경우에는 IPA 증기 분위기를 만들고 다량으로 사용하기에 IPA 사용량도 당연히 많아진다. 그것에 비해서 마란고니 건조는 IPA 증기를 분무하는 것뿐이기 때문에 IPA 사용량이 적어진다는 장점이 있다. 1990년대 후반에 유럽의 제조 장치 메

● Marangoni force
표면장력의 차이에 의해 발생하는 것. 그림 3-8-1을 참조하면 IPA에서 증류수의 방향으로 가면 표면장력이 증가한다.

그림 3-8-1 **마란고니 건조의 모식도**

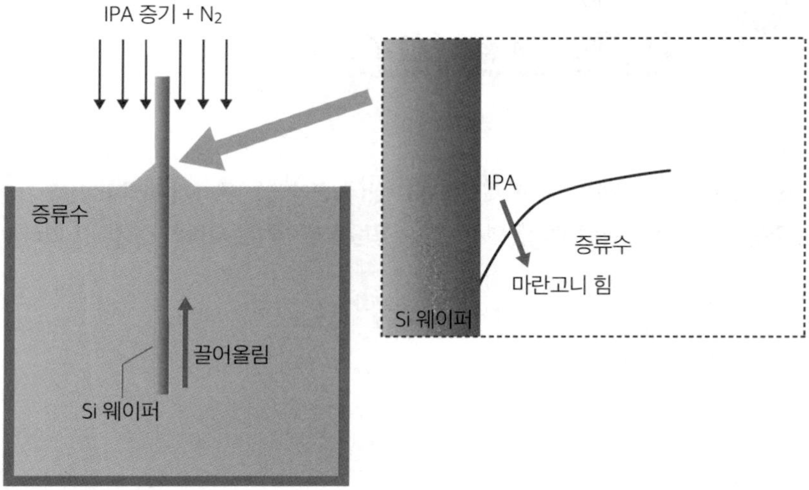

그림 3-8-2 **로타고니 건조의 모식도**

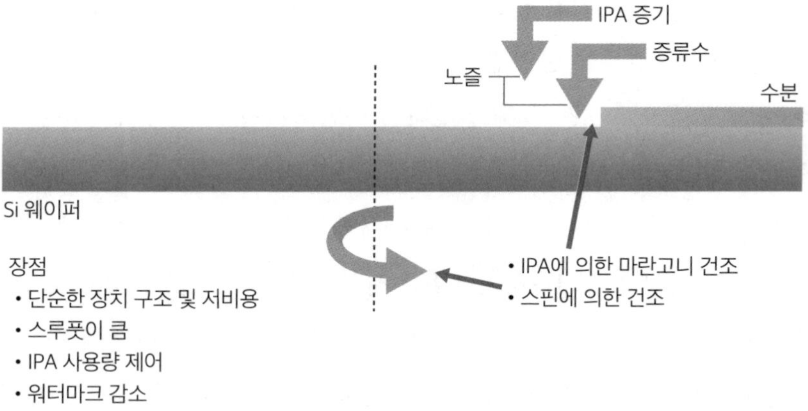

이커가 고안해서 시장에 등장시킨 방법이다.

로타고니 건조란?

로타고니 건조도 유럽에서 제안한 건조 방법이다. 이것은 매엽식 스핀 건조와 마란고니 건조의 장점을 결합한 것이다. 그 메커니즘을 그림 3-8-2에 나타냈다. 그림에서 알 수 있듯이 매엽식 스핀 건조기에서 웨이퍼를 고속 회전시키면서 증류수와 IPA 증기를 노즐로부터 분사시켜 IPA 증기가 웨이퍼의 외주 방향으로 분무되도록 하는 것이다. 이때 웨이퍼의 외주 방향에 마란고니 힘이 발생하기 때문에 마란고니 건조가 동시에 발생하는 것이다. 여기서 스핀 건조도 병행하기에 그만큼 IPA 사용량을 절약할 수 있다.

또한 마란고니 건조의 경우 IPA 증기와 질소 가스의 분사만으로 수분을 완전히 제거 가능한지에 대해 다소 우려점이 있지만 로타고니 건조는 스핀 건조를 병행하기 때문에 유리하다고 생각되고 있다.

3-9 웨트 프로세스와 드라이 세정

제6장에서 에칭 프로세스에 대해 설명하겠지만 드라이 에칭이라 불리는 약액을 사용하지 않는 에칭법이 주류를 이루고 있다. 여기서는 약액을 사용하는 웨트 에칭에 대해 알아본다. 이와 함께 완전한 드라이 세정의 전망에 대해서도 기술하겠다.

왜 웨트 프로세스일까?

웨트 처리의 장점은 한 번에 많은 양의 웨이퍼 처리가 가능하다는 점과 에칭액과 린스액을 넣어 두는 수조가 있기만 하면 장치 구성이 가능해 비용이 적게 든다는 점이다. 그만큼 칩 제작 비용을 줄일 수 있는 것이다. 단지 에칭 형상은 등방성이 된다. 이것과 관련해서는 6-1을 참조하길 바란다. 다른 한 가지 특징은 플라스마를 사용하지 않기 때문에 디바이스에 가해지는 대미지가 적다는 점이다. 한편 결점으로는 폐액 처리가 문제가 된다.

에칭 프로세스에 따른 형상에 별로 신경을 쓰지 않는 경우도 있다. 예를 들어 불필요해진 하드 마스크(4-1 참조)를 제거하거나 표면의 얇은 산화막을 제거하는 등의 용도도 있다. 그러한 프로세스에서는 웨트 에칭이 사용된다. 그러한 경우에 fab. 내부의 장치 레이아웃의 관점에서 세

그림 3-9-1 **UV 조사 세정의 모식도**

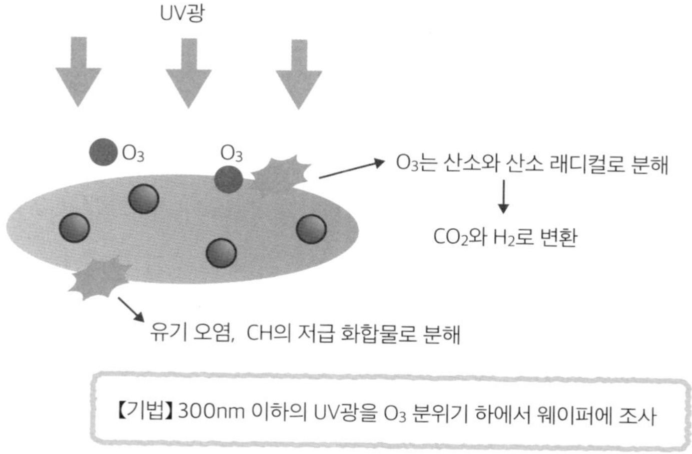

그림 3-9-2 **에어로졸 입자 세정의 모식도**

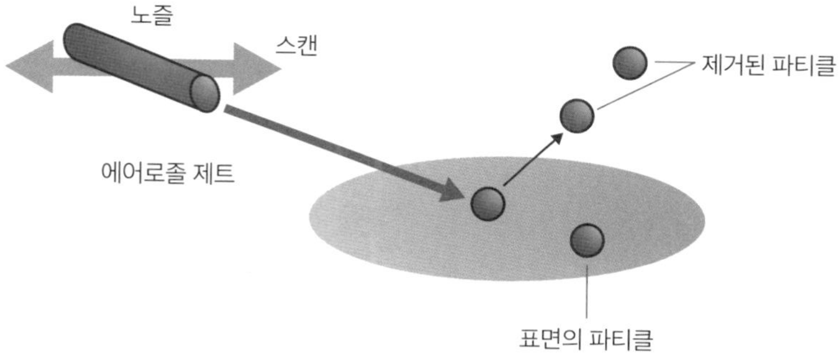

정·건조 장치와 같은 부류로 분류해 베이에 함께 배치하는 경우도 있다. 이러한 약액이나 증류수를 사용하는 장치를 **웨트 스테이션**이라고 총칭해서 부르는 경우도 있다.

완전 드라이 세정의 시도

이미 기술했듯이 전 공정에서는 대량의 물을 소비한다. 이 때문에 입지 조건에 대량의 물을 공급받을 수 있는 곳이라는 제약을 받게 된다. 또한 폐수처리 시설도 필요하기 때문에 한때 완전 드라이 세정으로 변경하는 것이 제안되었던 적도 있었다. 그러나 완전 드라이 세정의 사고방식은 슬러리를 사용하는 CMP의 등장으로 없어졌다고 말할 수 있다. 최소한 CMP 프로세스 후 세정은 웨트 방식밖에 없다.

다만 드라이 세정 모두가 없어진 것을 의미하지는 않는다. 최근 UV 조사에 의한 드라이 세정이 주목을 받고 있다. 또한 에어로졸 입자에 의한 세정도 제안되고 있다. 이러한 것들은 드라이 프로세스로서 큰 규모의 장치를 필요로 하지 않으며 진공도 필요 없기 때문에 최근 많이 사용되고 있다. 전자는 유기 오염 제거에 효과적이며 TFT 프로세스에 사용되고 있다. 후자는 환경 부하 저감에 효과적이지만 스루풋 관점에서 우려되기도 한다.

그림 3-9-1, 3-9-2에 이와 관련된 내용을 정리해 놓았다.

RCA 그 후

필자가 반도체 산업에 입문했을 당시 RCA의 기세는 하강 기류였다. 그러나 여전히 〈RCA 리뷰〉라는 잡지를 출간할 정도의 기술 축적이 되어 있었다. 필자도 일부 논문을 읽은 적이 있다. 그 당시 『Thin Film Process』(Academic Press, 1978)라는 서적이 있었고 그 서적으로 에칭과 CVD 공부를 했던 기억이 있다. 이 책은 주로 RCA 엔지니어들이 집필하고 편집했던 책이다. 그 후 내가 다니던 TDK 회사는 GE(General Electric)에 흡수되어 GE의 한 부분을 담당하는 회사가 되었다고 들었다.

여기까지 집필하고 나서 서적의 이름이 정확한지 우려스러워 웹으로 검색을 했더니 제목은 정확했으며, 아직도 그 이름으로 간행되고 있다는 것을 알게 되었다. 회사명은 없어졌지만 그 기술은 계승되고 있을 것으로 생각한다.

제4장

이온 주입과 열처리 프로세스

이 장에서는 실리콘 반도체를 트랜지스터로 작동시키기 위해 실리콘 기판 내에 n형 영역과 p형 영역을 만드는 이온 주입 기술에 대해 다룬다. 후반에서는 이온 주입 후의 결정 회복 기술에 대한 여러 가지 방법에 대해 설명하겠다.

4-1 불순물을 투입하는 이온 주입 기술

1-3에서도 기술했지만 실리콘 반도체는 진성 영역 또는 동일한 형의 불순물 영역만으로는 트랜지스터가 작동하지 않는다. 작동시키기 위해서는 실리콘 영역 내에 n형 영역과 p형 영역을 만들 필요가 있다. 그러한 불순물 영역을 만드는 데 필요한 것이 이온 주입 기술이다.

이온 주입 기술 이전에는?

이전에는 확산이란 방법을 이용했다. 구체적으로 기술하면 n형 불순물인 P(인)를 포함하는 층을 웨이퍼 위에 형성시키고 그 후 실리콘 결정 중에 고상 확산시키는 법이다. 첨단 반도체 프로세스에서는 사용하지 않게 되었지만 결정계의 태양전지에서는 n형 영역을 만드는 경우 아직도 사용하고 있다. 이전에는 확산 장치의 대수에 따라 그 라인의 생산 능력을 판단하기도 했다. 전 공정의 프론트 엔드를 지금도 확산 라인이라고 부르는 경우도 있다. 양자의 비교를 그림 4-1-1에 표기했다. 확산법에서는 장시간 처리가 필요하며 특정 영역만을 n형 또는 p형으로 만드는 것이 어렵기 때문에 다음에 기술하는 이온 주입법이 보급되게 되었다.

그림 4-1-1 **이온 주입법과 확산법의 비교**

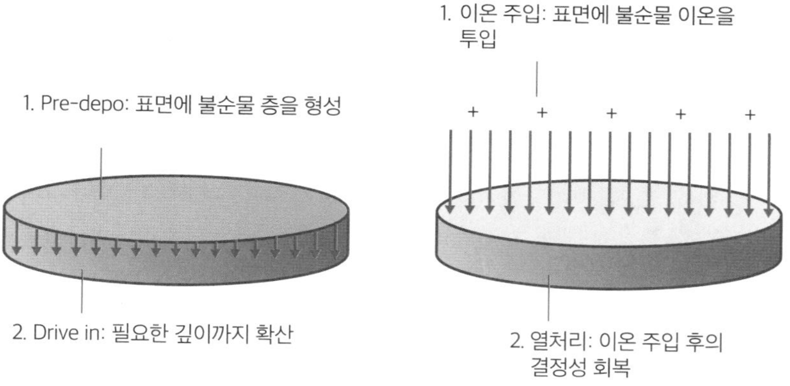

확산법

- 열처리 로가 있으면 충분
- 불순물이 한정?
- 장시간 처리가 필요

이온 주입법

- 웨이퍼의 스캔이 필요
- 대형 진공 장치가 필요
- 장치에 의한 사용 구별이 필요
- 불순물의 선택이 다양
- 결정의 회복 처리가 필요

주 그림 편의상 웨이퍼 면 내 일부에 확산하거나 이온 주입하도록 표시되었지만 실제는 전체적으로 진행한다.

이온 주입법이란?

문자 그대로 불순물 원자를 이온화시켜 충분한 가속 에너지로 실리콘 결정 내에 투입하는 방법이다. 장치의 개요는 4-2에서 설명한다. 이 방법은 실리콘 결정 내에 투입하는 것뿐이기에 4-4 이후에서 설명하는 결정 회복을 위한 열처리가 필요하다. 다시 말해 이온 주입•과 결정 회복을 위한 열처리는 두 가지 공정이 한 세트다. 앞 장에서 세정과 건조가 한 세트인

• **이온 주입**
이온 임플랜테이션(ion implantation)이라고 부르거나 이온 임플라라고 부르는 경우도 있다.

그림 4-1-2 **이온 주입법의 프로세스 플로**

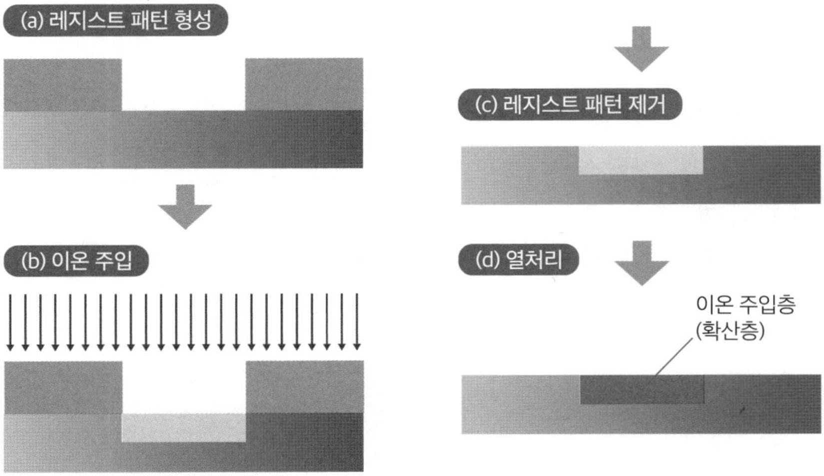

것과 동일한 개념이다.

추가로 이온이 주입되는 영역은 실리콘의 두께에 비교한다면 표면 근처에 해당한다. 깊게 투입한다 해도 대략 1~2μm 정도다. 이온 주입 후의 결정 회복 처리도 그 영역을 실시한다. 실제의 이온 주입은 레지스트 마스크를 사용해 실시한다. 이것을 형성하기도 제거하기도 하는 것은 제5장의 리소그래피 프로세스와 에칭 프로세스를 활용한다. 이상 기술한 이온 주입법의 플로를 그림 4-1-2에 표기했다.

물론 레지스트를 사용하지 않고 **하드 마스크**●를 이용하는 경우도 있다. 또한 셀프 얼라인으로 소스 & 드레인 전극을 형성하기도 한다.

● **hard mask**
실리콘 산화막과 질화막이 사용된다. 물론 패턴은 리소그래피와 에칭을 활용한다. 레지스트가 열에 견디지 못하는 경우 사용한다.

4-2 고진공이 필요한 이온 주입 프로세스

n형, p형의 불순물 영역을 제작하기 위해서는 그것들의 불순물을 이온 상태로 만들고 실리콘 기판에 투입하는 것이 필요하다. 이러한 작업을 하는 것이 이온 주입 장치다. 이 때문에 고진공과 이온의 가속부가 필요한 것이다.

이온 주입 장치란?

이온 주입 장치의 개요를 그림 4-2-1에 표시했다. 이온 주입 장치는 크게 나누어 이온 원, 질량분리부, 가속부, 빔 주사부, 이온주입실로 구성된다. 간단히 설명하면 이온 원은 불순물 가스 분자에 전자를 충돌시켜 원하는 이온을 형성시키는 일을 한다. 질량분리부는 불필요한 이온(예를 들어 원하는 불순물 이외의 이온과 2가 이상 이온)을 전장과 자장의 작용을 이용해 제거함으로써 필요한 이온만을 추출하는 일을 한다. 이것은 질량 분석기의 원리와 같다. 2가 이상의 이온이란 P++의 존재를 의미하는 것이다. 통상적으로는 1가 이온을 이용한다. 가속기는 이온을 실리콘 결정 내에 투입하기 위한 에너지를 고전압인가에 의해 형성하는 것이다. 빔 주사부는 이온 빔을 정형화시켜 웨이퍼 전체에 투입하기 위한 빔을 스캔하는 일을 하는 곳이다. 이온주입실은 웨이퍼를 탑재시킨 디스크 플레이

그림 4-2-1 **이온 주입 장치 개념도**

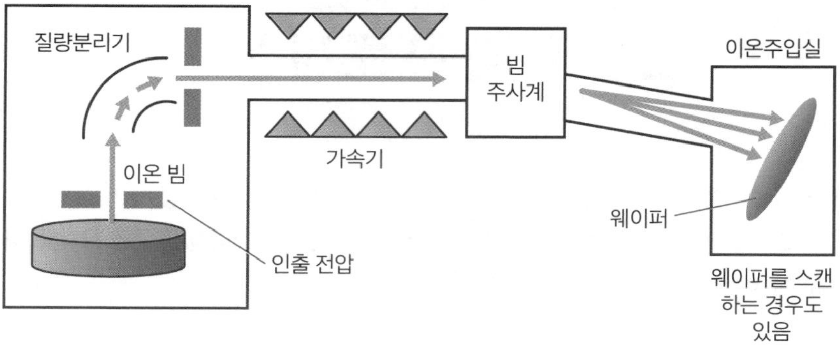

그림 4-2-2 **이온 빔의 스캔 방법**

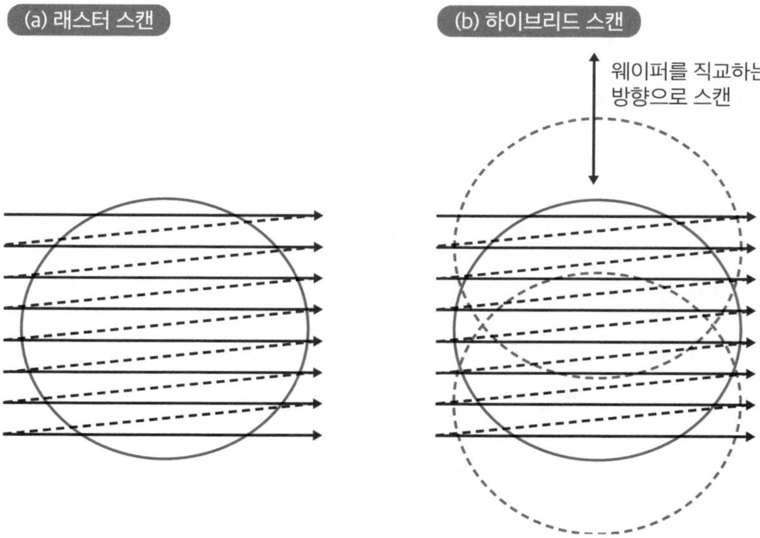

트가 삽입되어 있고 여기서 이온 주입을 실시하는 곳이다. 이상과 같이 이온 상태로 웨이퍼에 스캔하기 때문에 이온 주입 장치는 고진공이 필요하며 그 사양을 만족하는 진공 펌프가 이용된다.

이온 빔의 스캔은 어떻게 되어 있을까?

빔은 크게 할 수 없기 때문에 웨이퍼 전체에 이온 주입을 실시하는 경우에는 기술했듯이 웨이퍼 전체에 대해서 스캔을 하든지 아니면 빔에 대해서 웨이퍼를 스캔하든지 둘 중 하나다. 전자는 래스터(raster) 스캔이라는 방법으로 알려져 있다. 이것은 전자선의 스캔에 사용하는 방법으로 브라운관과 주사전자 현미경(SEM●) 등에 응용되어 온 방법이다. 이러한 래스터 스캔은 빔을 일정 방향으로 반복해 주사하는 방법이다. 패턴의 종횡비가 큰 경우에는 투입하는 각도가 일정하기 때문에 투입하는 얼룩이 발생한다고 알려져 있다. 또한 웨이퍼가 대구경화되면서 웨이퍼 내의 균일성이 악화되기도 한다. 그래서 현재는 주로 사용되는 방법이 아니다. 대신에 빔을 일정 방향으로 스캔하고 웨이퍼를 직교하는 형태로 스캔하는 하이브리드 스캔이라는 방법이 이용된다. 둘을 4-2-2에 비교 표시했다.

● **SEM**
Scanning Electron Microscope의 약자.

4-3 목적에 따라 사용법을 구별하는 이온 주입 프로세스

n형, p형의 불순물 영역은 반도체 디바이스에서는 여러 가지 역할이 기대된다. 그러기 위해서는 불순물의 농도가 변하기도 하고 불순물 영역(이하 확산층이라 부르겠다)의 깊이도 달라진다. 따라서 이에 대응하는 여러 가지 이온 주입 기술이 존재한다.

여러 가지 확산층

확산층에는 n형, p형이 존재하며 그 깊이와 불순물의 농도가 다르다. 반도체 디바이스의 동작과 기능에 대해서 설명하지 않으면 이해하기 어려울지 모른다. 여기서는 그림 4-3-1의 CMOS 로직 트랜지스터의 확산층으로 이해하기 바란다. CMOS●에서는 그림과 같이 n형 트랜지스터와 p형 트랜지스터가 나란히 제작되어 있다. 그림 중에서 소스(source) & 드레인(drain)이 확산층이며 게이트(gate)는 트랜지스터의 동작을 스위칭하는 역할을 한다. 웰(well)은 우물이란 뜻이고 실리콘 웨이퍼에 포함

● **CMOS**
Complementary Metal-Oxide Semiconductor의 약자. 그림과 같이 n형, p형 트랜지스터가 각각의 저항이 되도록 형성하며 저소비전력화가 도모되고 있다. 제9장 프로세스 플로에서 다루겠다.

그림 4-3-1 **다양한 확산층-CMOS 로직의 예**

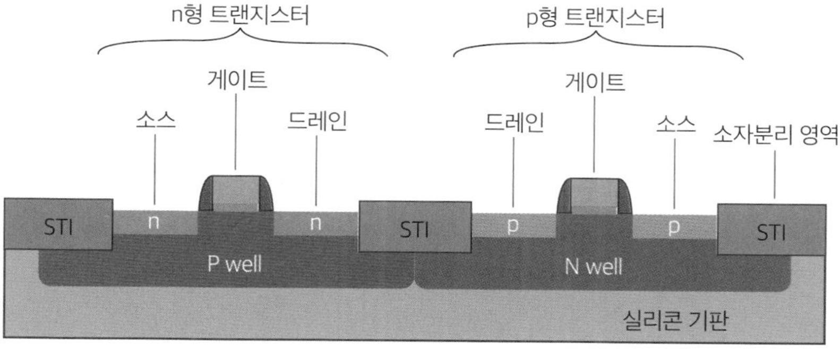

되어 있는 불순물과 다른 형과 농도를 가지는 불순물 확산층이다. 그 밖에도 트랜지스터를 스위치시킬 때의 전압(게이트 전압)을 조정하는 역치전압 조정용 이온 주입(V_{th}● adjust라고도 부른다)과 게이트 주변에 투입하는 포켓 이온 주입, STI●●라고 그림에 기술한 소자분리 영역에 투입하는 채널 스톱 이온 주입 등 여러 가지 이온 주입 프로세스, 확산층이 있는 것이다.

가속 에너지와 빔 전류가 다른 이온 주입 프로세스

이러한 확산층(이온 주입 영역)은 불순물 농도와 확산의 깊이(접합의 깊이)가 다르다. 이온 주입 장치의 가속 에너지로 확산층의 깊이를 제어한

● V_{th}
역치값을 영어로는 Threshold Voltage라고 하며 그 약자에서 왔다.

●● STI
246쪽 각주 참조.

그림 4-3-2 **다양한 이온 주입 프로세스와 장치**

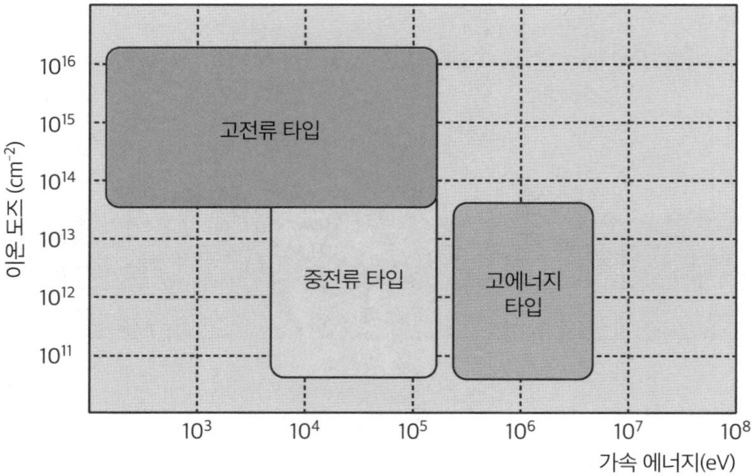

다. 이온 빔의 전류(이온의 도즈량에 해당한다. 도즈(dose)는 투약한다는 의미다)로 불순물의 농도를 제어한다. 예를 들어 웰은 접합이 깊기 때문에 충분한 가속 에너지가 필요하며 소스 & 드레인은 고농도 불순물이 필요하다. 각각에 적합한 전용 장치도 있으며 크게 나누어서 고에너지, 고전류(고도즈라고도 부른다), 중전류(중도즈라고도 부른다)의 세 가지로 그룹핑된다.

그것들의 요약을 그림 4-3-2에 표기했다. 대략적으로 고에너지가 웰, 고전류가 소스 & 드레인, 중전류가 기타라고 생각하면 된다. 특히 미세화에 따라 고전류, 저에너지 이온 주입이 소스 & 드레인에 요구되고 있다.

이온 주입법을 대체하는 도핑법으로는 플라스마 도핑과 레이저 도핑법이 이전부터 연구 개발되어 왔다. 아직 실용화에는 도달하지 못했다. 전자는 측면에도 도핑이 가능하다는 이점을 활용해 트랜지스터의 구조가 3차원이 되는 경우 실용화가 검토될지도 모른다. 또한 후자는 레이저로 실리콘을 용융시키면서 도핑을 진행하기 때문에 활성화를 위한 열처리가 필요 없게 될 수 있는 장점을 가지고 있다.

4-4 이온 주입 후의 결정 회복 처리

이온 주입 후 실리콘 웨이퍼 내의 실리콘 결정격자는 주입된 이온에 의해 대미지를 받고 있다. 주입된 이온도 올바른 위치의 격자점에 배치되어야 한다. 이것이 결정 회복 열처리다.

실리콘 결정격자란?

먼저 실리콘 결정격자를 상상해 보자. 실리콘은 단결정이기 때문에 실리콘 원자는 규칙적으로 배열되어 있다. 그림 4-4-1에 그러한 이미지를 표시했다. 그러나 이러한 경우는 실리콘 원자만 배열하고 있어서 전류가 흐르기 어려운 상태다(a). 여기에 불순물을 투입하고(주입) 전류가 잘 흐르게 하는 것이 이온 주입(불순물 '도프(dope)'라고도 한다. 도프는 올림픽 등에서 실시하는 도핑 검사와 동일한 언어에서 유래한다)이다. 즉 그림 우측(b)과 같이 만드는 것이 열처리를 포함한 이온 주입 기술이다. 보다 고차원적인 개념으로 표현한다면 불순물 도핑 기술이라고도 한다. 여기서 투입한 불순물 원자는 실리콘의 결정격자와 자리를 바꾸고 있는 것에 주목하자. 도핑한 불순물 원자가 실리콘 원자와 자리바꿈을 해 n형 불순물이 되기도 하고 p형 불순물이 되기도 한다. 불순물의 이온이 실리

그림 4-4-1 **실리콘 격자에 불순물이 도핑된 예**

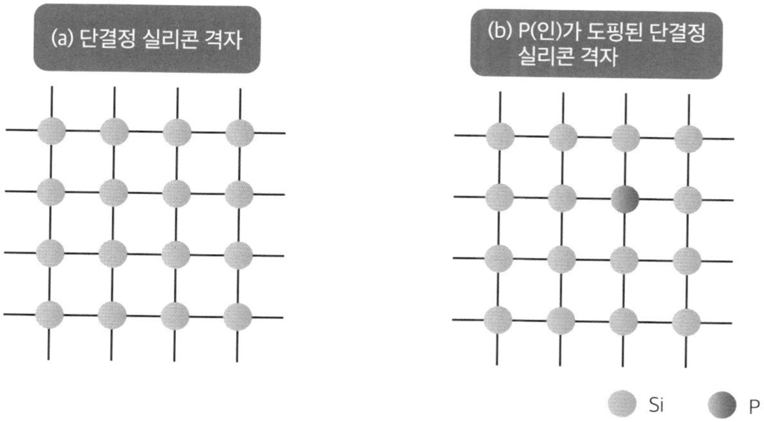

그림 4-4-2 **실리콘에 주입되는 불순물의 예**

p형 i형 (진성 반도체) n형

I	II	III	IV	V	VI	VII	VIII
H							He
Li	Be	B	C	N	O	F	Ne
Na	Mg	Al	Si	P	S	Cl	Ar
K	Ca	Ga	Ge	As	Se	Br	Kr

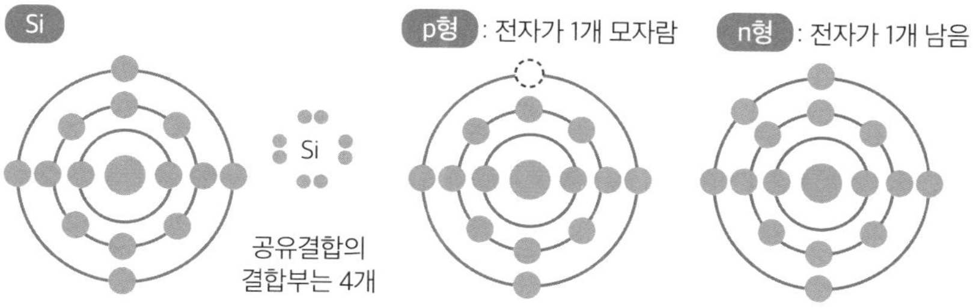

큰 결정격자 사이에 배치되면 불순물의 역할을 제대로 수행할 수 없게 된다.

불순물 원자가 실리콘과 공유결합을 하고 있는데(실리콘 격자점에 불순물이 위치하는 것을 의미한다) 전자를 실리콘보다 1개 많이 가지고 있는 불순물은 n형, 전자를 1개 적게 가지고 있는 불순물은 p형이 된다. 따라서 n형의 불순물이 되는 것은 P(인)와 As(비소) 등이 있으며 p형 불순물이 되는 것은 B(보론 또는 붕소라고 부른다) 등이 있다. 그림 4-2-2에 이러한 내용을 설명했다.

불순물 원자의 역할

제1장에서 전류가 흐르기 쉬운 물질을 도전체, 전류가 흐르기 어려운 물질을 절연체라고 했는데 반도체는 중간 정도의 성질을 갖고 있는 물질이다. **진성 반도체**●에서는 전류의 흐름이 거의 없다고 생각하자. 진성 반도체가 전류가 잘 흐르도록 하는 것이 불순물의 역할이다. n형의 하나 많은 전자, p형의 하나 부족한 전자가 그러한(전류를 잘 흐르게 하는) 역할을 담당하고 있는 것이다.

게다가 불순물은 영어의 impurity를 번역한 것으로 생각되는데 '불순'이라는 의미는 나쁜 이미지를 연상시키지만 반도체 분야에서는 좋은 역할을 하며 좋은 이미지다. 그리고 보면 언어라는 것은 참으로 오묘한 것이다.

● **진성 반도체**
의도적으로 불순물을 첨가하지 않은 상태의 반도체.

4-5

다양한 열처리 프로세스

이온 주입 후의 실리콘 격자는 흐트러져 있게 된다. 이것을 회복시키고 투입한 불순물 원자를 격자점에 배열시켜 놓을 필요가 있다. 결정 회복의 열처리 프로세스는 여러 가지 방법이 있다. 본 절에서는 그것에 대해 설명한다.

결정을 회복시키기 위해서는

단결정 실리콘에 이온이 주입되면 실리콘 격자와 이온의 충돌로 인해 실리콘 원자는 흐트러져 있게 된다. 또한 주입한 이온도 실리콘 격자점에 올바르게 배치되지 않는다. 결정을 회복하기 위해서는 실리콘 원자와 불순물 원자가 열에 의해서 그림 4-5-1과 같이 실리콘 단결정 내에서 이동하고 실리콘 격자점에 정위치시키는 것이 필요하다. 이것을 고상 확산이라고 부른다. 고상 확산시키기 위해서는 실리콘 웨이퍼에 열을 가해 온도를 상승시킬 필요가 있다. 이것을 열처리라 부른다.

그림 4-5-1 **결정 회복의 모식도**

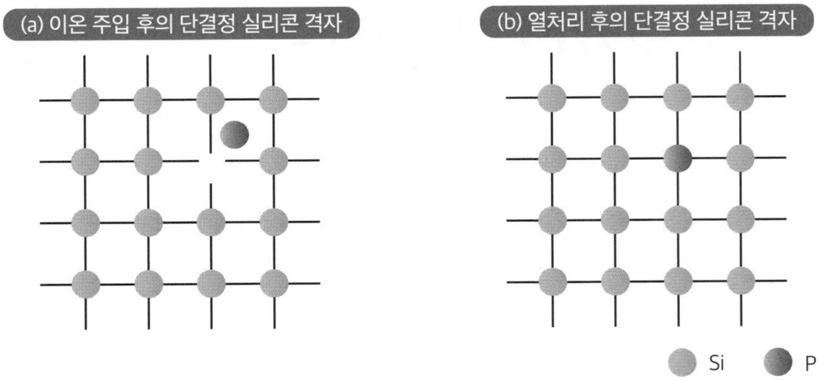

그림 4-5-2 **열처리 장치 개념도**

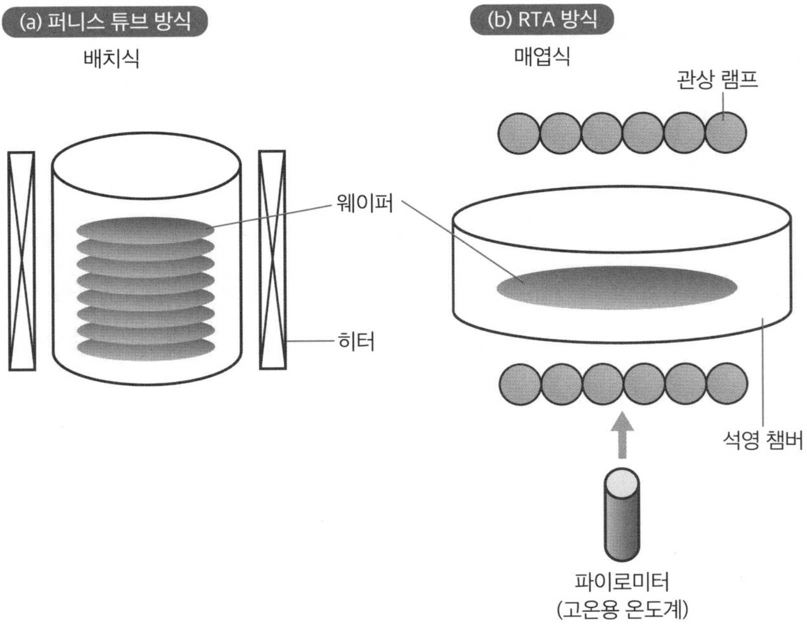

어떤 방법으로 실시할까?

크게 나누어서 웨이퍼 전체를 가열시키는 배치 방식의 퍼니스 튜브(furnace tube)법과 매엽식의 RTA●, 불순물이 주입된 실리콘의 표면만을 가열하는 레이저 어닐 등 세 가지 방법이 존재한다. 여기서는 웨이퍼 전체를 가열하는 퍼니스 튜브 방식과 RTA 방식의 비교를 진행한다. 레이저 어닐에 대해서는 다음 절에서 설명하겠다.

그림 4-5-2에 두 가지 방법에 대한 개략도를 표시했다. 퍼니스 튜브 방식은 제7장 성막 편에서 나오는 핫 월(hot wall) 방식의 CVD●● 장치와 동일한 구성을 한다. 물론 성막을 하는 것이 아니기 때문에 성막용 가스를 사용하지 않고 분위기 가스로서 질소나 불활성 가스를 이용한다. RTA는 적외선(800nm 이상의 파장)을 복사하는 램프(할로겐 램프 등)를 이용하며 실리콘은 적외선을 흡수하기 쉽기 때문에 실리콘 온도 상승이 빠르게 일어나는 장점을 가지고 있다. 그래서 rapid라는 단어를 붙인 것이다. 퍼니스 튜브 방식은 한 번에 다량의 실리콘 웨이퍼 처리가 가능하지만 웨이퍼를 빠르게 승온시키기 불가능하기 때문에 1회 처리 시간이 수 시간이 된다. 그것에 비해서 RTA는 10초 정도의 처리 시간이 소요되며, 1장의 웨이퍼 처리에 1분 정도 소요된다. 이 때문에 RTA가 주류를 이루고 있다.

● **RTA**
Rapid Thermal Annealing의 약자. 넓은 의미로 RTP(Rapid Thermal Process)라고도 부른다.

●● **CVD**
Chemical Vapor Deposition의 약자.

4-6 최신 레이저 어닐 프로세스

여기서는 앞 절에서 소개했던 열처리 프로세스 중에서 최신 레이저 프로세스 기술을 설명하겠다. 실리콘 반도체뿐만 아니라 여러 가지 응용이 가능하다는 것도 기술한다.

레이저 어닐 장치란?

그림 4-6-1에 레이저 어닐 장치의 개요를 표시했다. 레이저 광원은 **자외선**(400nm 이하의 단파장)을 이용한다. 본 프로세스가 실용화되고 있는 배경에는 TFT● 프로세스에서 일부 실용화되고 있는 a-Si의 레이저 결정화에 자외선 레이저가 사용되고 있으며 실제로 양산 실적도 존재한다. 자외선 레이저는 레어(rare) 가스와 할로겐 가스를 이용하는 가스 레이저이며, 대표적으로 **엑시머 레이저**(XeCl: 308nm)가 주류를 이루고 있었는데 최근에는 YAG 레이저와 같은 **고체 레이저** 등도 검토되고 있다. 참고로 블루레이 레코더에는 405nm 파장의 블루 레이저 다이오드를 이용

● **TFT**
Thin Film Transistor. 박막 트랜지스터라고도 부른다. TFT의 역할은 LCD 액정을 구동시키는 스위치 같은 것이다.

그림 4-6-1 **레이저 어닐의 모식도**

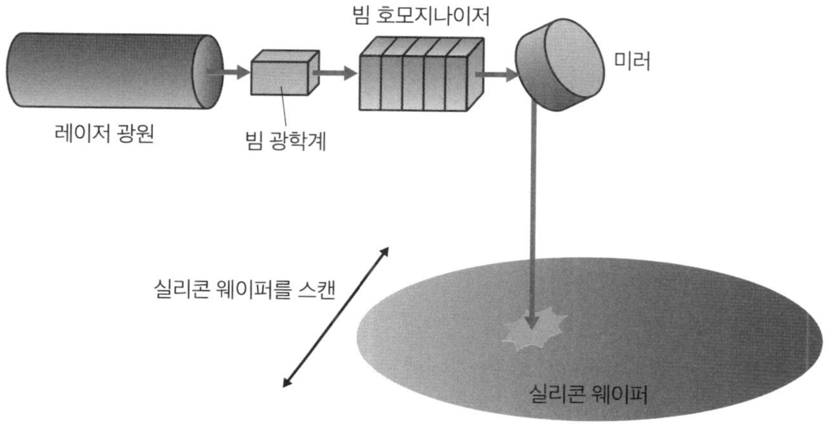

하고 있는데 출력이 작다(고체 레이저의 특징). 그림 4-6-1에서는 엑시머 레이저의 예를 들었다. 엑시머 레이저의 빛을 광학계를 통해서 초점을 맞추고 동시에 에너지 분포가 균일하게 되도록 빔 호모지나이저로 조절해 웨이퍼에 조사시킨다. 통상은 웨이퍼를 스캔한다. 이 방법은 a-Si의 레이저 결정화에서 사용하는 기술과 동일하다.

레이저 어닐과 RTA의 차이

RTA는 이미 기술했듯이 적외선(800nm 이상의 파장)을 이용한다. 실리콘은 적외선을 흡수하기 쉽기 때문에 웨이퍼 전체로 흡수되고 온도 상승이 빠르다는 장점을 가지고 있다. 또한 광원은 램프를 사용하기 때문에 복수의 램프를 이용해 웨이퍼에 균일하게 조사하는 것이 가능하다. 반면에 레이저 어닐법은 빔 사이즈에 한계가 있기 때문에 웨이퍼를 스캔할 수밖에 없다. 스루풋 관점에서 본다면 RTA 방식에 비해 불리하다고 할

그림 4-6-2 **레이저 어닐과 RTA의 차이 모식도**

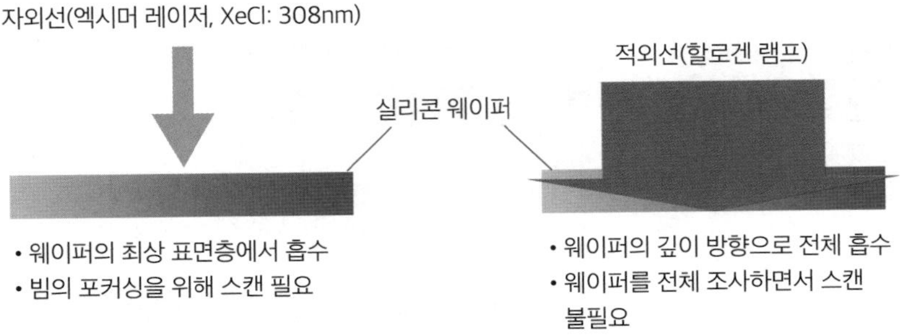

수 있다. 다만 적외선 레이저는 실리콘의 아주 얇은 표면에서만 흡수가 일어난다. 따라서 표면 근처에서만 용융이 일어나고 재결정화가 일어나기 때문에 가파른 불순물 프로파일을 형성하는 것이 가능하다. 이후 미세화에 동반하는 **아주 얇은 접합**에는 적합하다고 생각된다. 양자의 비교를 그림 4-6-2에 표시했다. 불순물 프로파일에 관해서는 다음 절에서 설명한다.

여담이지만 TFT의 경우는 a-Si를 이용해도 LCD 패널이 문제 없이 구동할 수 있어서 레이저 결정화는 그리 실용화되지 못하고 있다.★ 한편 실리콘 반도체에서 레이저 어닐법을 실용화해 간다면 흥미로울 것이라 생각한다.

★역주

1990년대 휴대전화에는 bottom gate a-Si TFT가 주류를 이루었지만 일부 모델에는 LTPS(Low Temperature poly-Si) top gate 방식이 적용되고 있었다. poly-Si를 제작하기 위해서는 a-Si를 엑시머 레이저를 이용해 결정화시킨다(ELA법). 현재 OLED 스마트폰의 ELA 결정화 기술은 표준 공법으로 이미 자리매김했으며 10년 넘게 꾸준히 양산하고 있다. 또한 flexible OLED에서는 레이저 결정화 기술을 응용해서 PI 기판을 글라스로부터 박리하는 데도 레이저 기술을 적용하고 있다. 이렇듯 레이저 결정화는 10년 넘게 poly-Si를 제작하는 부동의 기술로 자리 잡았다. 최근에는 소비전력 절감과 low Hz 구동을 위해 LTPS 기술과 산화물 반도체 기술을 접목한 LTPO 기술도 등장했고 이미 실용화되었다. 특히 LTPO 기술은 스마트 워치에 적용하고 있으며 일부 스마트폰에도 적용해 양산하고 있다. 레이저 결정화 기술은 대형화에 아직 어려움이 있다. 라인빔의 확장과 단축 방향의 beam uniformity 향상에 어려움이 있어 TV와 같은 대형 애플리케이션에는 산화물 반도체 기술을 적용하려는 움직임이 있다. 최근에는 LTPS에 필적하는 전자 이동도가 확보되어 8세대 이후 backplane에 적용하기 위해 투자와 기술 개발이 활발히 진행되고 있다.

4-7 LSI 제조와 서멀 버짓

LSI는 여러 가지 재료, 특히 배선 재료를 이용하기 때문에 불순물 영역을 형성한 후 온도를 너무 급히 올리거나 과도하게 올리면 불순물 영역의 프로파일이 무너져버리는 문제가 발생한다. 요리를 할 때도 온도의 올림과 내림, 적정 온도 유지에 주의하는 것과 비슷하다.

불순물 프로파일이란?

이온 주입 공정에서 형성하는 **확산층**은 이온 주입과 열처리 조건 등을 정확하게 선정해 그 깊이를 결정한다. 특히 트랜지스터의 소스와 드레인의 확산층의 깊이(**접합의 깊이**•라고도 부른다)는 트랜지스터의 성능을 결정하는 중요한 파라미터이며, 스케일링 법칙을 따르고 있다. 따라서 온도의 높고 낮음과 시간 등에 의해 확산층의 깊이가 변하는(재확산이라고 부른다) 현상을 피해야만 한다. **불순물 프로파일**이 무너지는 현상을 그림 4-7-1에 표시했다. 열처리에 의해 확산층의 깊이가 변하고 트랜지스터의 성능을 설계한 대로 발휘하지 못한다는 것을 표시하고 있다. 따라서 전 공정

• **접합의 깊이**
스케일링 법칙의 파라미터 중 하나. 그림 2-1-1 참조.

그림 4-7-1 **확산층 프로파일의 중요성**

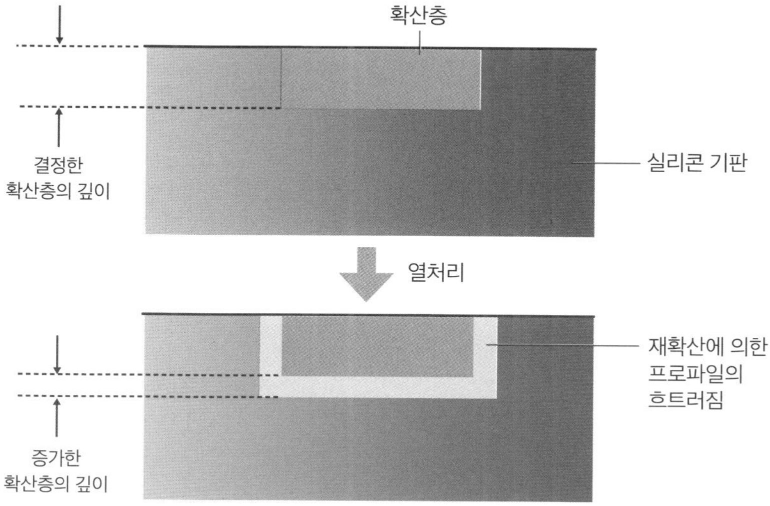

주 확산은 가로 방향으로도 진행. 확산층의 면적도 커진다.

에서의 열처리는 충분한 주의를 기울여 프로세스를 구성하고 있다.

반도체에 이용하는 재료의 내열성과 서멀 버짓

기술했듯이 전 공정에서의 열처리는 최초의 설계 값이 있으며 이 값을 초과하면 불순물의 프로파일이 무너지게 된다. 즉 어떤 값 이상의 온도 부하를 가하면 안 된다는 의미다. 재료에 대해서도 동일하게 적용된다. LSI에서는 여러 가지 재료가 이용된다. 특히 백 엔드 공정에서는 배선 재료와 층간 절연막 재료가 LSI 발전과 함께 증가하게 되었다. 예를 들어 알루미늄의 융점은 500°C 정도인데 알루미늄 배선을 이용하게 되면 백 엔드 프로세스는 500°C 이하(실제는 온도 여유를 가지고 400°C 이하로 진행한다)에서 진행해야 할 필요가 있다. 그러나 실리콘의 융점은 1000°C

그림 4-7-2 **LSI 재료와 서멀 버짓**

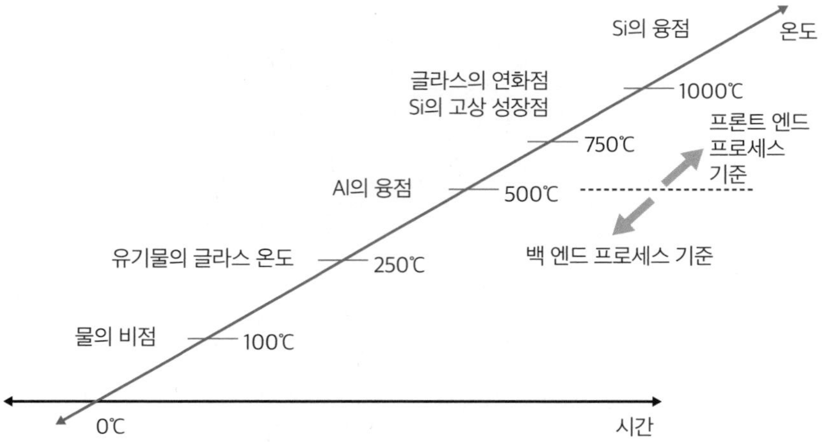

이상이고 글라스의 연화점과 실리콘의 고상 확산도 800°C 정도의 온도다. 따라서 배선 재료를 이용하지 않는 프론트 엔드 공정에서는 500°C 이상에서도 특별히 문제되지 않는다. 이것을 그림 4-7-2에 요약해 놓았다. 이처럼 전 공정에서는 온도의 이력 관리가 중요하게 된다. 이것을 **서멀 버짓(thermal budget)**이라고 한다. 통상은 온도×시간으로 생각한다. budget은 한국어로 예산이라고 번역하지만 여기서는 여유도라는 의미다.

제5장

리소그래피 프로세스

이 장에서는 반도체 미세화 기술을 이끌어 왔던 리소그래피 기술에 대해 다룬다. 리소그래피 기술의 역사적 배경에서 최근의 액침 노광(immersion lithography), 더블 패터닝, EUV 노광 기술까지 다루겠다. 물론 레지스트와 현상, 애싱 등 주변 기술에 대해서도 다룰 것이다.

5-1 밑그림을 그리는 리소그래피 프로세스

리소그래피 프로세스 자체로 LSI에 형태가 남는 것은 아니다. 그림으로 이야기한다면 데생, 밑그림을 그리는 것과 비슷하다. 이 절에서는 그 프로세스에 대해서 설명한다.

리소그래피 프로세스란?

어렸을 때 일광 사진 놀이를 한 적 있는가? 잎사귀를 인화지 위에 올려놓고 글라스로 덮어 햇빛에 노출시키면 잎사귀 형태가 인화지에 전사되는 놀이다. 리소그래피•도 이것과 비슷한 원리다. 통상 빛(가시광선에서 자외선까지)을 사용하기 때문에 빛을 표기하는 단어로 포토(photo)라는 말을 넣어 포토 리소그래피(photo lithography)라고 한다. 여기서는 포토 리소그래피를 단순히 리소그래피라고 부르겠다. 리소그래피 구성 요소는 그림 5-1-1에 표시했듯이 노광 장치, 레지스트(감광체), 마스크(원판, 이것도 빛을 의미하는 photo를 앞에 붙여 포토 마스크라 하는데 여

• **리소그래피**
lithograph로 알려져 있는 석판인쇄 기술이 어원이다.

그림 5-1-1 **일광 사진과 리소그래피의 비교**

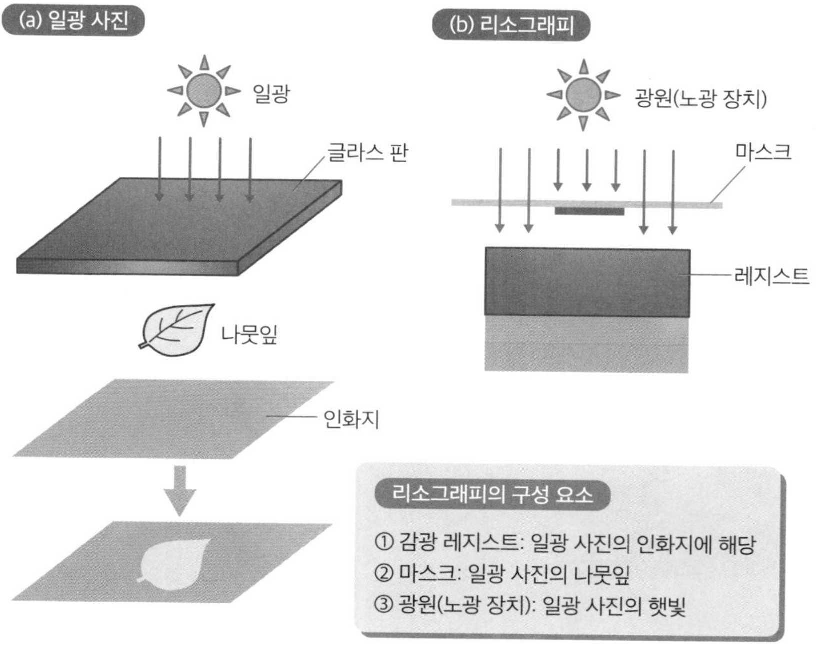

기서는 그냥 마스크라 명명하겠다)다. 물론 레지스트를 도포하거나 현상하는 등의 프로세스도 있지만 여기서는 생략한다.

리소그래피 프로세스의 흐름

그림 5-1-2에 리소그래피 프로세스의 흐름을 에칭과 애싱을 포함해 표시했다. 예전에는 에칭과 동일하게 애싱도 웨트에서 진행했기 때문에 애싱은 에칭의 후 공정이라는 이미지도 있었다(5-8에서 애싱은 드라이 프로세스로 기술했다. 현재는 드라이 프로세스로 간주하고 있다). 리소그래피와 에칭을 합해 포토 에칭이라고 부르던 시절도 있었다. 포토는 포토

그림 5-1-2 **리소그래피의 프로세스 플로**

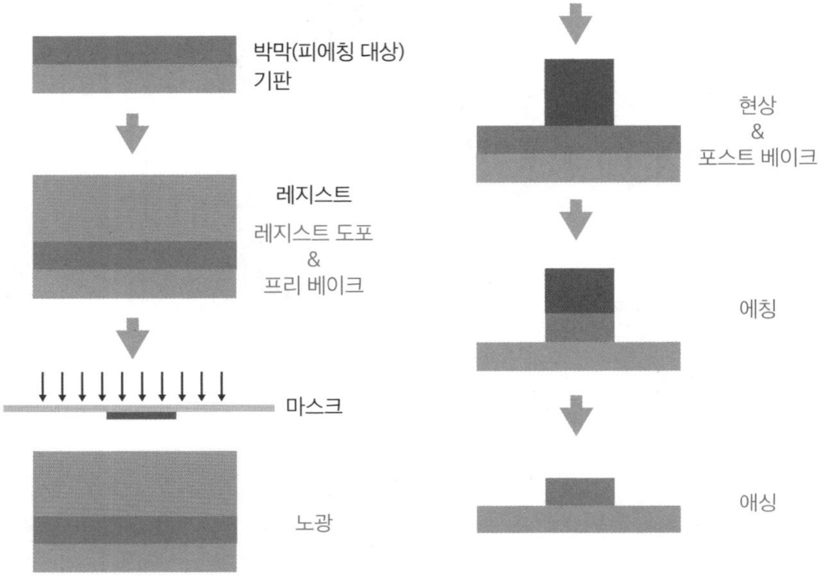

그림 5-1-3 **뺄셈과 덧셈의 프로세스**

	뺄셈 프로세스	덧셈 프로세스
방법	리소그래피 기술	잉크젯 기술
모식도	 전체에 레지스트를 도포하고 패턴화	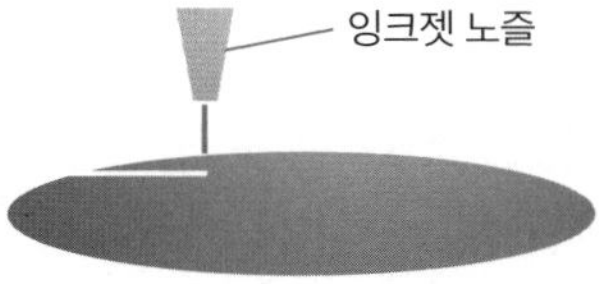 온 디맨드식 패턴화
과제	장치, 프로세스의 고비용	양산에 적합한 스루풋

리소그래피의 약자다.

플로를 설명하면 먼저 에칭 대상 위에 레지스트를 도포한다. 이것은

5-6에서 기술할 도포 장치(coater)를 사용한다. 그 후 레지스트에 포함된 용매를 제거하기 위해 프리 베이크(pre bake)를 70~90℃ 정도에서 실시한다. 그 후 마스크 패턴을 노광 장치로 레지스트에 그려 넣는다. 노광 장치에 관해서는 5-3에서 기술하겠다. 계속해서 현상을 진행하고 필요한 레지스트 막만을 남긴다. 그 후 현상액과 린스액 성분을 완전히 제거하고 에칭 대상과의 밀착성을 높이기 위해 포스트 베이크(post bake)를 100℃ 정도에서 실시한다. 여기서 프리 베이크를 소프트 베이크, 포스트 베이크를 하드 베이크라고 부르는 경우도 있다.

여기까지가 일련의 포토 리소그래피 플로다. 여기까지 기술한 리소그래피는 레지스트 상을 만드는 것뿐이다. 그런 의미에서 밑그림 또는 데생이 리소그래피에 해당한다고 설명했던 것이다. 실제의 그림을 완성하기 위해서는 에칭 & 애싱 프로세스를 거쳐야 하며, 그것에 대해서는 각각 별도의 장에서 설명하겠다.

리소그래피는 뺄셈의 프로세스

리소그래피로 대표되는 반도체 프로세스는 '뺄셈 프로세스'에 비유한다. 웨이퍼 전체에 레지스트 막을 형성하고 노광, 현상 처리로 불필요한 부분을 제거하기 때문에 '뺄셈'에 비유하는 것이다. 이것에 비해서 잉크젯과 같이 필요한 부분만을 패터닝하는 프로세스를 '덧셈' 프로세스라고 부른다. 양자 모두 일장일단이 있으며 그림 5-1-3에 비교해 놓았다. 반도체 프로세스는 대량생산이 적합한 현재의 리소그래피 프로세스를 이용하고 있다.

5-2 리소그래피 프로세스는 사진이 기본

리소그래피 프로세스의 원리는 필름 카메라의 원리와 비슷하다. 그래서 '사진 공정'이라고 불리던 시대도 있었다.

일광 사진과 동일한 콘택트 노광

앞에서 기술했듯이 리소그래피는 일광 사진과 비교하면 이해가 쉽게 되리라 생각한다. 사진에서도 베타 구이라고 칭하는 네거티브 필름과 같은 크기로 인화시킨 것과 프린트지에 네거티브 필름을 늘려서 인화시킨 것이 있다. 리소그래피도 동일하게 같은 크기로 인화하는 콘택트 노광법과 사진과는 반대로 축소해 인화하는 축소 투영 노광법이 있다.

콘택트 노광법은 그림 5-2-1에 나타낸 바와 같이 마스크를 레지스트를 도포한 웨이퍼에 직접 콘택트시켜 노광하는 방법이다. 즉 일광 사진과 같은 방법이다. 이 방법의 장점은 노광 장치의 광학계가 간단하고 저렴한 가격으로 마무리할 수 있다는 것이다. 단점으로는 마스크를 레지스트에 접촉시키기 때문에 웨이퍼 위에 존재하는 파티클이 마스크에 부착되기 쉽다. 경우에 따라서는 웨이퍼 위에 존재하는 돌기 등에 의해 마스

그림 5-2-1 **접촉식 노광의 개요**

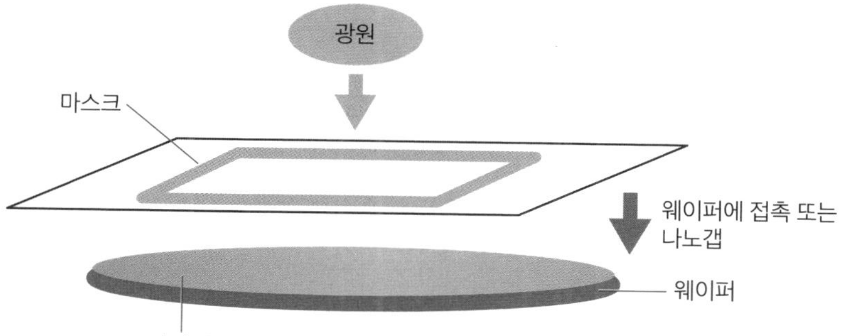

크에 흠집이 생기기도 한다. 또한 마스크는 웨이퍼를 커버하는 전 영역에 패턴을 형성할 필요가 있으며, 게다가 마스크의 최소 치수는 인화시키는 최소 치수와 동일한 기술로 만들어야만 한다. 마스크를 일단 웨이퍼에 접촉시킨 후 어느 정도의 갭(그림에는 나노갭으로 표기)을 두는 방법을 프록시미티(proximity)법이라 부른다. 본질적으로는 콘택트 노광과 다르지 않다.

축소 투영의 장점

앞서 설명한 콘택트 노광의 문제를 해결하기 위해 실용화된 기술이 축소 투영 노광법이다. 그림 5-2-2에 나타낸 바와 같이 마스크•의 패턴을 광학계를 이용해 축소시키고 웨이퍼 위에 인화시키는 방법이다. 이 방법은 마스크와 웨이퍼 사이에 일정 간격을 유지하기 때문에 파티클 부착이나

• **마스크**
축소 투영법에서는 마스크라 부르지 않고 레티클이라 부르는 경우가 많다.

그림 5-2-2 **축소 투영 노광 장치의 개요**

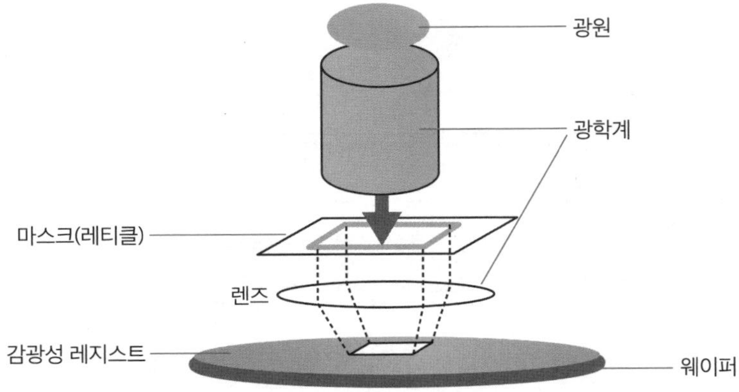

마스크 흠집이 발생하지 않는다. 통상 1/4, 1/5로 축소●하기 때문에 마스크의 최소 치수는 레지스트에 인화시키는 최소 치수보다 큰 배율로 만들어진다는 장점도 있다. 축소해서 인화시키기 때문에 콘택트 노광법처럼 단 1회로 웨이퍼에 인화시키는 것이 불가능하다. 웨이퍼와 마스크를 상대적으로 움직여 웨이퍼 전면에 인화시키는 방법을 사용한다. 마스크와 웨이퍼의 상대적 움직임에는 레티클(reticle)을 one shot만큼 노광해 가는 **스텝 & 리피트(step & repeat)법**과 전체를 스캔해 가는 **스캔법**이 있다. 현재는 후자가 주류다. 그 밖에 패턴의 화상을 데이터화해 전자선의 드로잉 장치를 이용해 직접 레지스트 위에 인화하는 전자선(EB●●) 다이렉트 드로잉법도 있지만 양산에서 사용하지 않으므로 여기서는 생략한다.

● **축소**
초기에는 1/10이 많았다.

●● **EB**
Electron Beam의 약자.

5-3 미세화를 발전시킨 노광 기술의 진화

미세화를 위해서는 단파장의 빛이 필요하다. 보다 가느다란 펜으로 정밀한 그림을 그리는 것과 비슷하다. 미세화에 따른 광학계와 레지스트의 개발도 필요하게 되었다.

해상도와 초점 깊이

리소그래피에 의한 미세화를 이야기할 때는 '해상도'라는 개념을 먼저 이해할 필요가 있다. 해상도는 우리 주변에서 사용하는 프린터나 디지털 카메라의 사양에도 나와 있지만, 어느 정도의 최소 치수를 재현할 수 있을까와 동일한 개념이다. 리소그래피 프로세스에서 사용되는 파장 영역에서의 해상도는 광학적으로 그림 5-3-1에 표시한 형태가 된다. 이것을 레일레이(Rayleigh)의 식이라고 한다. 여기에서 해상도를 향상시키려면 노광 파장의 단파장화와 렌즈계의 NA(Numerical Aperture)를 향상시켜야 함을 알 수 있다. 그 밖에 k-factor를 줄이는 것이 중요하다. k-factor는 리소그래피 프로세스에 기인하는 인자이며 사용하는 레지스트와 주변 인자의 시너지 효과로 작게 하는 것이 가능하다. 나중에 간단히 언급하는 초고해상도 기술은 바로 k-factor를 작게 하는 기술이다.

그림 5-3-1 **리소그래피의 해상도와 초점 심도**

해상도: $R = k\dfrac{\lambda}{NA}$ **(레일레이의 식)**

λ : 노광 파장
NA : 렌즈 구경
k : 프로세스에 의존하는 factor

해상도를 올리기 위해서는
① 파장의 단파장화 → 광원
② NA를 크게 함 → 렌즈계의 개량
③ k-factor 개선 → 레지스트의 개량, 그 밖의 초고해상도 기술

초점 심도: $DOF = k\dfrac{\lambda}{(NA)^2}$ → 해상도를 올리기 위해서는 파장을 작게, NA를 크게 한다.

주 DOF: Depth of Focus.

그림 5-3-2 **노광 광원의 역사**

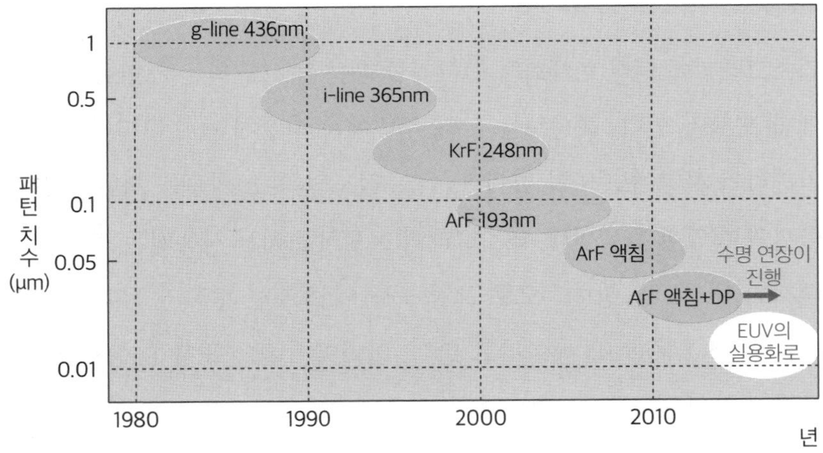

그리고 초점 깊이라는 문제를 다루어야만 한다. 이것은 렌즈의 초점이 맞는 거리 또는 깊이로 보면 된다. 초점 깊이가 크면 클수록 웨이퍼 표면에 단차가 존재하더라도 단차의 상하로 전사 패턴에 차이가 없어진다.

해상도를 올릴 경우 그림 5-3-1의 식에 의해 초점 깊이는 작아지게 되는데 이것은 문제가 된다. 이것은 제8장에서 다루는 CMP 기술의 시작이 되었다.

광원과 노광 장치의 역사

해상도를 올리기 위해서는 단파장 노광이 필요하다는 것을 이제 알았다. 해상도의 향상은 광원의 개발(그것에 따르는 레지스트도 개발), 광학계의 개발이라고 말할 수 있다. 레지스트에 관해서는 5-5에서 설명하겠다. 여기서는 그림 5-3-2에 나타낸 바와 같이 노광기의 광원에 대한 역사에 대해 기술한다. 그림에서 알 수 있듯이 1μm에서 서브 마이크로 시대까지의 광원은 고압 수은 램프의 g-line이 사용되었다. 그 후 하프 마이크로에서 서브 하프 마이크로까지는 동일한 고압 수은 램프의 i-line이 사용되었다. 그 후 0.35μm, 0.25μm 이하에서는 KrF 엑시머 레이저의 246nm, 0.1μm 이하의 90nm부터는 ArF 엑시머 레이저의 193nm가 사용되었다. 현재는 ArF immersion과 더블 패터닝 시대가 되고 있다.★ 이것에 관련해서는 뒤에서 설명하겠다. 어쨌든 KrF 시대에서 사용해 왔던 파장보다도 더욱 작은 치수의 패턴을 만들 수 있게 되었다는 것이 중요하다. 이것은 초고해상도 기술●의 진보에 의한 것이다.

● **초고해상도 기술**
다음 절에 소개되는 위상 시프트 마스크와 OPC가 대표적.

★역주

이미 액침 노광과 더블 패터닝 기술에서 EUV 기술로 이동했다고 해도 과언이 아니다. 삼성전자가 세계 최초로 파운드리 3nm 공정 초도 양산을 시작했다고 2022년 6월 30일 공식 발표했다. 삼성전자는 3nm GAA 1세대 공정이 기존 5nm 핀펫 공정과 비교해 전력을 45% 절감하면서 성능은 23% 높이고, 반도체 면적은 16% 줄일 수 있다고 설명했다. 내년에 도입될 예정인 3nm GAA 2세대 공정은 전력 50% 절감, 성능 30% 향상, 면적 35% 축소 등의 성능이 예상된다고 회사는 설명했다.

여기에 적용되는 EUV 노광기는 ASML이 독점하고 있다. 인텔이 2025년 1.8nm 공정에 이 장비를 5대 도입하는 계약을 맺었고 TSMC도 2024년 공정에 high NA EUV를 세계 최초로 도입한다고 발표했다. EUV 노광기는 대만 TSMC와 삼성전자가 향후 초미세화 기술 경쟁을 벌이는 3nm 이하 공정의 판도를 좌우할 게임체인저가 되리라 예상한다. 삼성전자는 올해 ASML이 생산 예정인 EUV 55대 가운데 18대를 확보한 것으로 알려진다. 1대당 가격을 기준으로 EUV 장비에만 4조 원 이상을 투자하는 셈이다.

삼성전자의 전 세계 파운드리 시장 점유율은 2021년 4분기 18.3%에서 2022년 1분기 16.3%로 2%포인트 하락한 반면, TSMC는 같은 기간 시장 점유율이 52.1%에서 53.6%로 올랐다.

5-4 마스크와 펠리클

감광성 레지스트에 빛을 쪼이는 공정을 노광이라고 말한다. 그때 반도체 디바이스의 역할을 하기 위해서는 마스크를 이용해 패턴을 전사시킬 필요가 있다.

마스크란?

지금까지의 이야기에서 알 수 있듯이 리소그래피는 마스크 패턴을 충실하게 레지스트에 전사하는 것이기 때문에, 마스크에 결함이 있으면 그것은 모두 레지스트에 전사되어 버린다. 그림 5-4-1과 같이 마스크는 광 투과 기판이다. 석영 위에 크롬(Cr)으로 빛 차단부를 만들어 소정의 패턴을 형성하고 있다. 그림과 같이 크롬에 결함이 있거나, 흠집이 있거나, 파티클이 있으면 패턴 불량을 일으켜 반도체 디바이스의 수율을 저하시킨다. 마스크의 제작, 검사, 관리는 전 공정 라인의 중요한 과제다. 또한 미세화에 동반해 위상 시프트 마스크(phase shift mask)•와 OPC•• 등 마스크의 구조도 복잡하게 되었다. 그런 의미에서도 마스크 제작, 관리는 중요하다. 마스크는 전문 제조업체에게 외주하는 것이 일반적이다.

펠리클이란?

펠리클은 포토 마스크 위의 파티클에 의한 패턴 결함을 막는 것이다. 그림 5-4-2와 같이 마스크 위의 수 밀리미터 부분에 프레임을 만들고 그곳에 얇은 투과성 펠리클 막을 붙이면 파티클이 있다고 해도 펠리클 위에 존재한다면 상관없다는 발상에서 시작되었다. 파티클이 있다고 해도 마스크와 펠리클이 떨어져 있기 때문에 초점을 펠리클에 일치시키지 않으면 감광성 레지스트에 전사되는 일은 없게 된다. 이 펠리클은 축소 투영 노광 방식의 리소그래피 공정에서 편리하다.

중첩 정렬

마스크에는 반도체 디바이스를 제작하기 위한 소정의 패턴이 형성되어 있다. 제1장에서도 기술했지만 전 공정에서는 패턴을 반복해서 형성해 나간다. 따라서 반도체 디바이스를 제작할 때까지 수십 장의 마스크가 필

• **phase shift mask**
마스크에 특수 가공으로 노광 장치 위상을 180°로 전환시켜 해상도를 향상시킨 마스크.

•• **OPC**
Optical Proximity Effect Correction의 약자. 마스크 위에 패턴 보정용 보조 패턴을 형성하고 광의 근접 효과를 억제해 해상도를 향상시키는 것.

그림 5-4-1 **마스크와 수율의 관계**

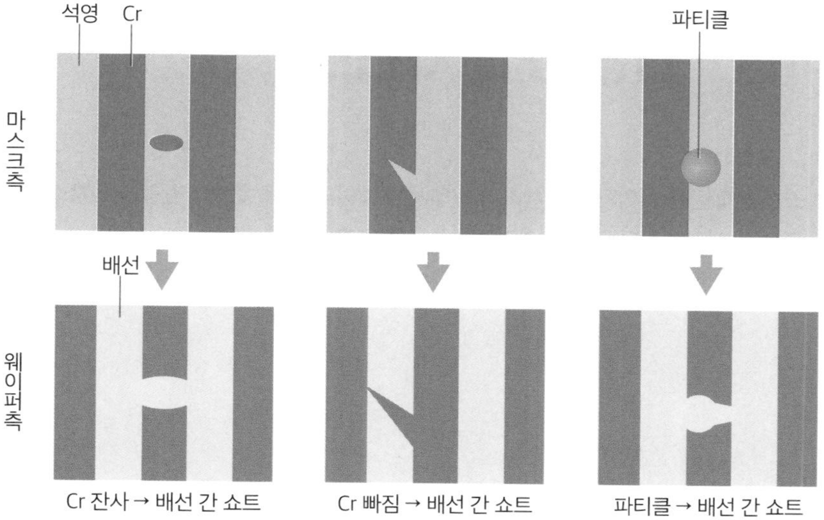

그림 5-4-2 **마스크와 펠리클의 관계**

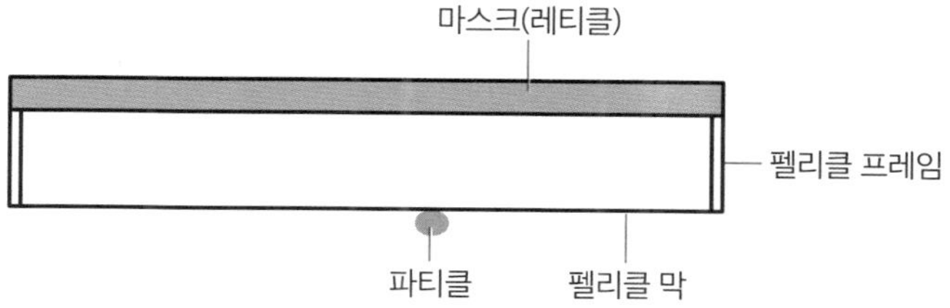

요하다. 1장의 마스크로 형성하는 패턴을 레이어라고 한다. 레이어 간 노광 장치의 중첩 정렬 기능이 중요하게 된다. 특히 양산 라인에서는 다양한 노광 장치가 사용되므로 장치가 변경되더라도 중첩 정밀도가 양호한 것이 요구된다. 이것을 믹스 앤 매치(Mix & Match)라고 한다. 그림 5-3-2에 나오는 ArF 액침과 같은 최첨단 노광 장치가 모든 레이어에 사용되는 것은 아니다. 러프한 패턴의 레이어는 아직도 i-line 노광 장치가 사용된다.

5-5 인화지에 해당하는 감광성 레지스트

마스크의 패턴을 웨이퍼에 전사하기 위해서는 웨이퍼 상에 형성한 감광성 레지스트에 노광을 해 전사시킨다. 감광성 레지스트는 사진의 인화지에 해당한다.

레지스트의 종류

스틸 카메라(은염 사진)에서도 네거티브, 포지티브라는 단어가 있으며 들어 본 분도 많이 계시리라 생각한다. 리소그래피에서 사용하는 레지스트에도 네거티브, 포지티브형이 존재한다. 그림 5-5-1에 나타낸 바와 같이 네거티브형은 빛이 닿은 곳이 상으로 남아 있고 포지티브형은 빛이 닿지 않은 곳이 상으로 남는 것이다. 따라서 마스크는 네거티브형의 레지스트를 사용하는 경우와 포지티브형의 레지스트를 사용하는 경우에는 음양이 반대가 된다.

감광 메커니즘

감광의 메커니즘은 네거티브형과 포지티브형에서는 완전히 다르다. 네거티브형의 경우는 감광체+중합체(폴리머)라고 하는 형태의 구조이

그림 5-5-1 **레지스트의 종류**

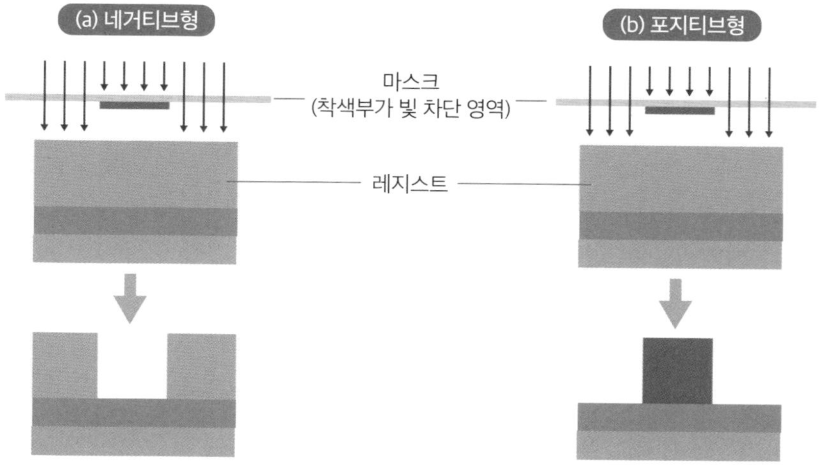

그림 5-5-2 **포지티브형 레지스트의 케미스트리**

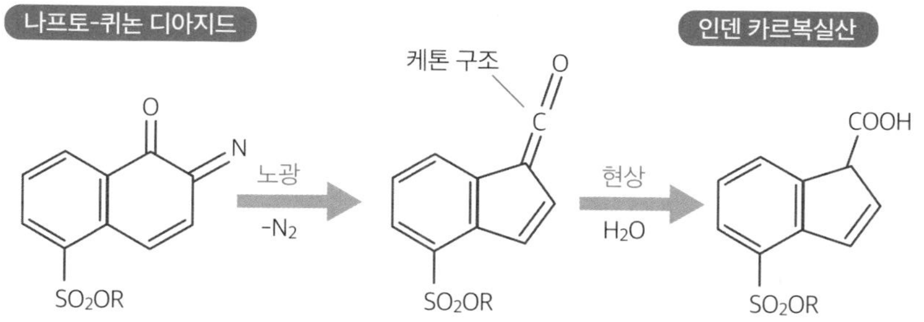

며, 빛이 닿으면 더욱 **광중합(폴리머화)**이 진행되어 현상액인 유기 용매에 불용화한다. 즉 광조사부가 상으로서 남는다는 것이다. 포지티브형의 경우는 예로서 그림 5-5-2에 나타냈다. **감광체**는 나프토-퀴논 디아지드(naphtho-quinone diazide)이며, 이것에 노볼락(novolak) 수지가 결합한 형태다(그림에서는 수지가 생략되어 있다). 이것에 빛이 조사되면 질소가 분리되어 그림의 한가운데 표시한 케톤 구조가 되어 알칼리 수용액으로 현상하면 수용성의 인덴 카르복실산(indene carboxylic acid)이 되어 제거된다. 즉 빛이 조사되지 않은 곳이 상으로 남는다.

네거티브형과 포지티브형을 비교하면 네거티브형은 중합 반응을 이용하기 때문에 해상도의 관점에서 불리하고 첨단 프로세스에서는 포지티브형이 사용되는 경우가 많다.

이 레지스트는 일반적으로 단층으로 사용된다. 개발 단계에서는 해상도를 올리기 위해 다층 레지스트를 사용한 시대도 있었지만 지금은 많이 사용되고 있지 않으므로 여기서는 생략한다.

화학 증폭형 레지스트란?

마지막으로 화학 증폭형 레지스트에 대해 언급하겠다. 그림 5-5-3에 나타낸 바와 같이 화학 증폭형 레지스트의 경우는 산 발생제(PAG●)를 이용해 노광에 의해 발생한 산(그림에서는 H+)이 베이스 수지인 PHS를 불용성 용해 억제제(t-BOC)가 화학 변화를 일으키도록 해 알칼리 수용성으로 변화시키고, 분해해서 생긴 산이 PEB●● 시에 점점 발생 빈도가 증가하는 연쇄 반응을 이용하기 때문에 고감도라는 장점이 있다. 첨단 리소그래피에서는 많이 사용되고 있다.

그림 5-5-3은 이전 KrF용의 화학 증폭형 레지스트 화학의 한 예다. 여

● PAG
Photo Acid Generator의 약자.

●● PEB
Post Exposure Bake의 약자. 노광 후에 baking으로 레지스트 형상을 개선한다.

그림 5-5-3 **화학 증폭형 레지스트의 케미스트리**

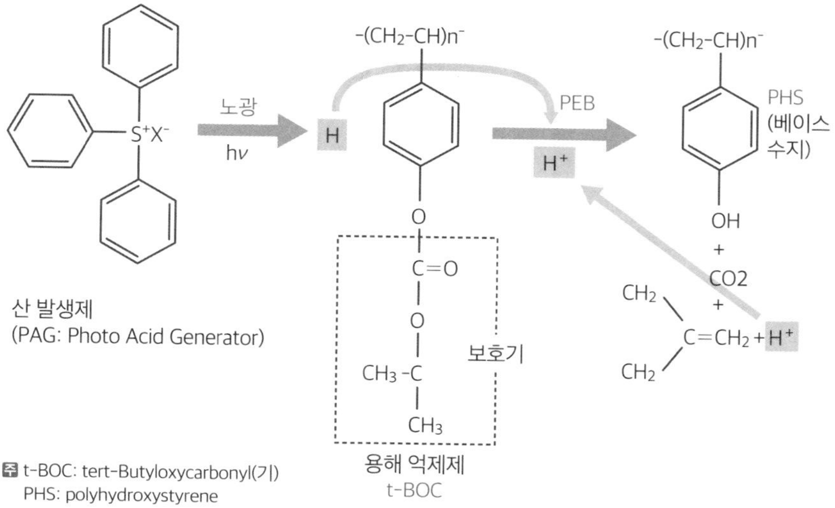

주 t-BOC: tert-Butyloxycarbonyl(기)
PHS: polyhydroxystyrene

기서 베이스 수지인 PHS에는 t-BOC라는 용해 억제제가 첨가되어 있다. ArF에서 PHS는 193nm에 강한 흡수를 가지며 광 투과성이 없도록 벤젠 환계와는 다른 메타크릴 수지의 측쇄에 치환기를 도입한 것을 사용하고 있다. 이와 같이 레지스트는 이용하는 광원에 따라 사용하는 재료가 변해 온 것이다. 5-3에서 언급했듯이 미세화를 위해 광원의 단파장화가 이루어졌지만 그 광원에 감광하는 레지스트의 개발도 진행되어 왔다.

이야기가 바뀌지만 반도체 fab. 클린룸의 시점에서 본다면 감광 레지스트는 단파장 측의 가시광에 감광하기 때문에 리소그래피의 영역에는 일반 클린룸에서 떨어져 감광 레지스트가 감광하지 않도록 조명 존으로 되어 있다. 인간의 눈에는 노란색으로 보이기 때문에 옐로룸 또는 옐로 존이라고 현장에서는 지칭한다. 또한 노광 장치는 진동을 싫어하기 때문에 방진 사양이 엄격하다.

5-6 레지스트 막을 도포하는 코터

감광성 레지스트를 웨이퍼 위에 형성하기 위해서는 어떻게 하면 좋을까? 여기서는 성막 프로세스의 도포 공정과 동일하게 스핀 코터 형성법에 대해 기술한다.

레지스트 도포 프로세스

감광성 레지스트는 웨이퍼 위에 균일한 막 두께로 형성하는 것이 요구된다. 어떻게 형성하는 것일까? 실제로는 웨이퍼를 1장씩 처리하는 매엽식 장치가 사용된다. 구체적으로는 웨이퍼 표면을 윗면으로 해서 진공척(chuck)으로 고정하고 일정 양의 레지스트를 적하한 후 고속 회전시켜 웨이퍼 상에서 균일한 막 두께를 형성시켜 주는 **스핀 코터**(회전식 도포 장치)가 사용된다. 그림 5-6-1은 그 개요를 보여 준다. 레지스트의 막 두께는 회전수와 레지스트의 **점도**로 조정한다. 물론 회전수가 높아지면 막 두께는 얇아지고 레지스트의 점도가 높으면 막 두께가 두꺼워진다. 7-8을 참조할 것.

이러한 방법으로 감광성 레지스트는 대부분이 회전 시에 튀어 없어지고 낭비라는 생각에서 가스를 재료로 사용하는 플라스마 중합과 같은

그림 5-6-1 **레지스트 스핀 코터 개념도**

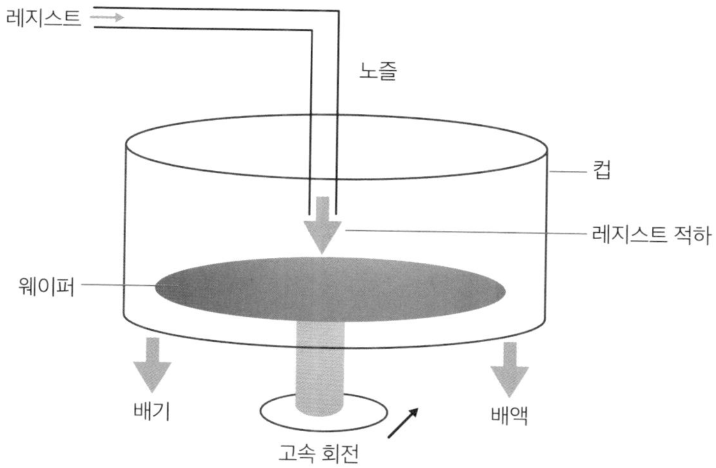

방법으로 레지스트 막을 형성할 수 없는지 모색된 시대도 있었지만 스핀 코팅법의 처리 능력이 뛰어나고 프로세스도 간편하기 때문인지 이 방법이 완전히 정착하고 있다.

레지스트 도포의 실제

레지스트는 공기 중에 방치하면 건조되어 고형물이 되기 때문에 웨이퍼 도포 전에 소량의 레지스트를 노즐로부터 분사시켜서 버리고 항상 신선한 레지스트를 적하하도록 한다.

또한 웨이퍼 상에 레지스트 막을 균일하게 도포할 필요가 있지만 웨이퍼 에지 부분 막 두께가 조금 두꺼워진다. 이것을 에지 빌드업(build-up)이라고 한다. 이것을 줄이기 위해 에지 린스 또는 웨이퍼 뒷면으로 스며들어 가는 것을 방지하는 백 린스 기능이 첨가되어 있다. 그림 5-6-2에

그림 5-6-2 **에지 린스와 백 린스**

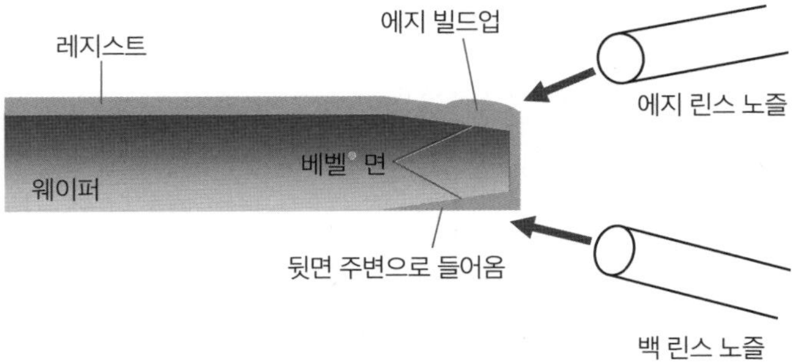

표시했다. 이러한 린스 기능은 그림 5-6-1에는 도면 사정상 기재하지 않았다. 그러나 실제 장치에는 부속되어 있다.

웨이퍼 표면은 친수성이 높은 경우가 있어 특히 포지티브형 레지스트가 잘 도포되지 않는 경우가 있다. 이때는 웨이퍼 표면을 소수성으로 만들기 위해 HMDS(hexamethyldisilazane)라는 유기용제로 처리한다. 레지스트 도포 후에는 용매를 제거하기 위해 프리 베이크 처리(소프트 베이크라고도 한다)를 한다. 이를 위한 가열 처리를 하는 베이크 시스템(hot plate)이 스핀 코터에 연속으로 인라인되어 있다.

• **bevel**
경사면이라는 의미. 기계공학 분야에서 레벨 기어를 상기해 보자. 웨이퍼의 이 부분은 러프하게 연마한다.

5-7 노광 후 필요한 현상 프로세스

감광성 레지스트를 노광한 후 불필요한 부분을 제거하고 필요한 부분만을 남기는 방법을 현상이라고 한다. 이 현상의 메커니즘은 사진의 현상과는 조금 다르다.

현상 메커니즘

현상(現象)★이라는 말은 스틸 카메라(은염 사진)에서도 사용하지만 리소그래피의 경우와 약간 다르다. 이른바 할로겐화은을 감광체로 이용하는 은염 사진의 경우는 노광에 의해 할로겐화은에 핵을 만들고 그것을 현상 공정에서 은 입자로 환원해 핵을 증폭시켜 상으로 만드는 것이다. 이와 같이 할로겐화은을 이용한 은염 사진에서는 최초로 노광으로 생긴 핵이 매우 작은 것이기 때문에 '잠상'이라고 한다. 이것에 비해서 리소그래피의 네거티브 레지스트 경우 빛으로 중합된 부분이 항상 상으로 남고, 포지티브형 레지스트의 경우는 빛을 맞는 부분이 수용성으로 되어 있어 빛이 닿지 않는 곳이 상으로 남아 있는 것처럼 현상 공정에서 증폭 처리를 하는 것이 아니다. 노광에 의해 이미 눈에 보이는 상이 만들어졌기 때문에 이것을 '현상(顯象)'이라고 한다. 리소그래피의 경우 현상은 네거티

그림 5-7-1 **현상 장치의 개념도**

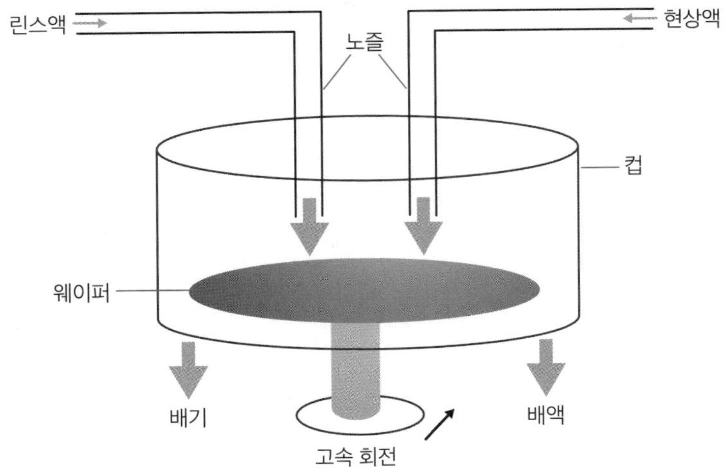

브 레지스트의 경우에는 광중합하지 않은 부분을 제거하는 역할을 하며 포지티브형 레지스트의 경우에는 빛이 닿은 부분을 용해시키는 역할•을 하는 것이다.

실제 현상 프로세스 장치

네거티브형 레지스트의 현상액은 크실렌이나 아세트산부틸, 포지티브형 레지스트의 경우는 수산화암모늄 등을 주로 사용한다. 즉 웨트 프로세스의 일종이다. 미세화에는 전술한 바와 같이 포지티브형이 적합하기 때문에 첨단 반도체 fab.에서는 포지티브형 레지스트에 대한 현상 장치가 사

• **역할**
은염 사진에서의 '정착'과 비슷하다.

그림 5-7-2 **현상 장치의 in line화**

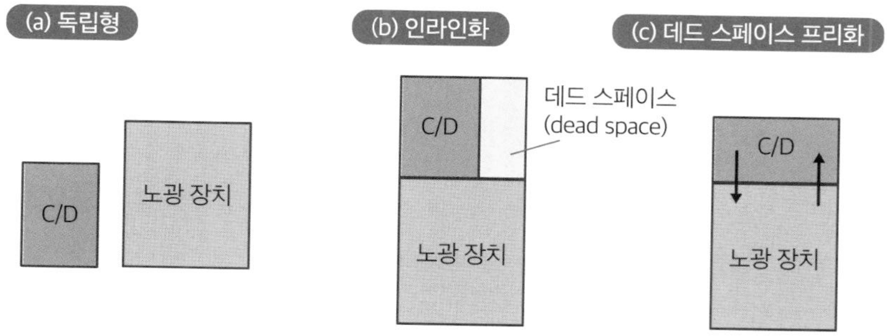

용되고 있다. 실제 현상 장치는 그림 5-7-1과 같이 스핀 코터와 비슷한 것이다. 단, 현상 후 린스가 필요하기 때문에 현상액과 린스액의 노즐이 각각 붙어 있다.

또한 5-6에서도 언급했지만 현상 장치는 독립적으로 존재하는 것이 아니다. 레지스트 도포 장치, 노광 장치, 현상 장치로 시스템화되어 구성된다. 이 순서로 프로세스가 흘러가기 때문에 **인라인화**라고도 한다. 통상적으로는 레지스트 도포 장치로부터 노광 장치에 들어가 현상 장치로 돌아오는 시스템으로 되어 있다. 레지스트 도포 장치에 들어가기 전의 웨이퍼와 현상 장치에서 나온 웨이퍼 모두 건조된 상태다. 이것을 세정과 마찬가지로 드라이 인/드라이 아웃이라고 한다. 또한 클린룸 공간을 효과적으로 활용하기 위해 그림 5-7-2 (c)와 같은 구조로 이루어져 있다. 통상 레지스트 도포 장치를 코터, 현상 장치를 디벨로퍼라고 한다. 약자로 코터/디베(C/D라고 약칭)라고 부르는 경우도 있다.

★역주

현상(現象)과 현상(顯象)

예전에 사용하였던 필름 카메라에서는 현상(現象)과 인화라는 용어를 많이 사용해 왔다. 현재의 디지털 카메라에서는 현상(現象)이라는 말이 없어졌다. 예전의 필름 카메라에서 사용하는 현상이라는 의미는 셔터를 눌러 필름을 햇빛에 노출시킨 후(통상 우리가 사진을 찍었다고 말하는 단계) 상이 눈에 보이도록 필름을 현상액에 담아 필름 상에 촬영한 상들이 눈에 보이도록 하는 것이다. 현상액에 담기 전까지는 필름 위에 아무것도 보이지 않는 잠상 상태에 있게 되는데 잠상 상태에서 우리 눈에 보이도록 작업을 하는 것이 현상 작업이라고 하는 것이다. 따라서 현상의 한자어는 現象이다.

반면 포토 리소그래피에서의 현상(顯象)은 카메라에서 사용하는 현상(現象)과는 한자가 서로 다르다. 그 이유는 포토 리소그래피에서는 빛에 노출시킨 단계(노광 공정)에서 이미 우리 눈에 상이 보이게 된다. 즉 잠상의 단계를 거치지 않는다.

5-8 불필요한 레지스트를 제거하는 애싱 프로세스

현상에서 남겨진 감광성 레지스트를 마스크로 해서 에칭이 행해진다. 에칭 후에는 레지스트가 필요 없기 때문에 애싱이라는 프로세스로 제거한다.

애싱 프로세스의 메커니즘

과거에는 에칭 후의 레지스트 제거가 웨트 공정에서 이루어졌다. 당시에는 에칭도 웨트 에칭이 주류를 이루었고, 레지스트가 에칭 시에 변질되더라도 웨트 처리에 의해 제거 가능했던 시대였다. 그 후 드라이 에칭이 주류가 되고, 에칭 시의 대미지로 웨트 처리에서는 완전히 제거하기 어려워지고 또한 폐액 처리 등의 문제로 인해 드라이 프로세스로 레지스트를 제거하는 움직임이 있었다. 1970년대 후반부터였다. 이 드라이 프로세스로 레지스트를 제거하는 것이 애싱(ashing)이다. 애싱은 '탄화'라고도 부른다. 문자 그대로 불필요해진 레지스트 자체는 유기물이므로 산소로 연소해 '재'로 만든다는 의미에서 왔다.

그림 5-8-1 **애싱이란?**

산소 플라스마로 레지스트 유기물을 태우는 것

$$CxHy + (x+\frac{y}{2})O_2 \rightarrow x\,CO_2+\frac{y}{2}H_2O$$

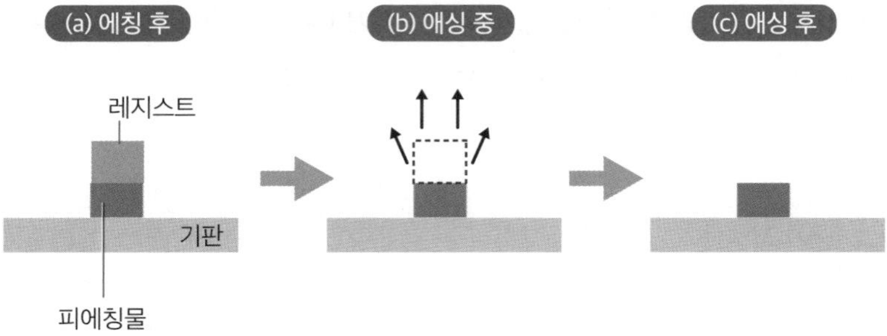

그림 5-8-2 **애싱 장치의 예(마이크로파 타입)**

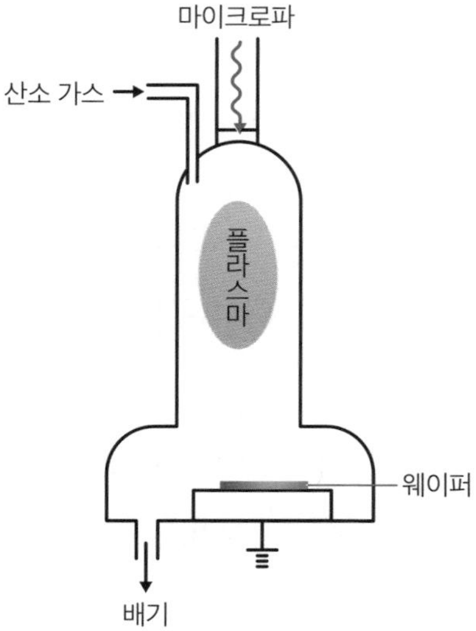

애싱 프로세스와 장치

애싱 공정은 산소 플라스마를 발생시키고 플라스마의 산소 래디컬로 레지스트의 유기 성분을 그림 5-8-1에 나타낸 바와 같이 연소시키는 것이라고 할 수 있다. 그 프로세스에 사용하는 장치는 에칭 장에서 설명하는 진공 챔버에 산소 가스를 도입하고 플라스마를 생성하도록 구성되어 있다. 하나의 예로 여기서 그림 5-8-2는 마이크로파 타입의 애싱 장치를 나타낸다. 이것은 플라스마를 마이크로파(예: 2.45GHz)를 도입해 발생시키는 타입이다. 이 기법의 장점은 플라스마 발생 챔버에 에칭 장에서 설명한 평행 평판식과 달리 전극을 설치하지 않아도 되는 것이다. 물론 평행 평판식 애싱 장치도 있다. 애싱 장치는 다른 장치에 비해 세대 교체가 심하지 않다는 것도 특징이다. 이것은 레지스트를 산소 플라스마로 제거하는 간단한 프로세스이기 때문이라고 생각할 수 있다.

5-9 액침 노광 기술의 현황

첨단 반도체에서는 최소 패턴 사이즈가 수 나노미터다. 이것들의 미세한 패턴 형성에는 액침 노광 기술이 필요하게 되었다.

왜 액침일까?

어린 시절 찻잔에 젓가락을 넣거나 컵에 빨대를 넣었을 때 구부러져 보이는 것이 이상하다고 느낀 적이 있을 것이다. 빛의 굴절이라는 현상 때문이다. 이것은 공기와 물의 굴절률이 다르고 수중에서의 굴절률이 크기 때문에 발생하는 현상이다.

다시 한 번 해상도를 언급한 5-3으로 돌아가 보자. 노광 광원의 단파장화는 ArF(193nm)로 한계치에 오고 있다. 포스트 ArF로서 F_2 레이저(157nm)의 실용화가 검토되었지만 투과 광학계의 렌즈 유리를 어떻게 하면 좋은지 등의 과제가 있어 실용화가 어려웠다. 그 때문에 액침의 실용화가 진행되었다는 것이 배경이다.

그림 5-9-1 **액침 노광 원리의 개요**

통상 노광(d-ArF)	액침 노광(i-ArF)
노광 파장 ArF(193nm)	노광 파장 ArF(193nm)
매질: 공기(n=1.00)	매질: 증류수(n=1.44)

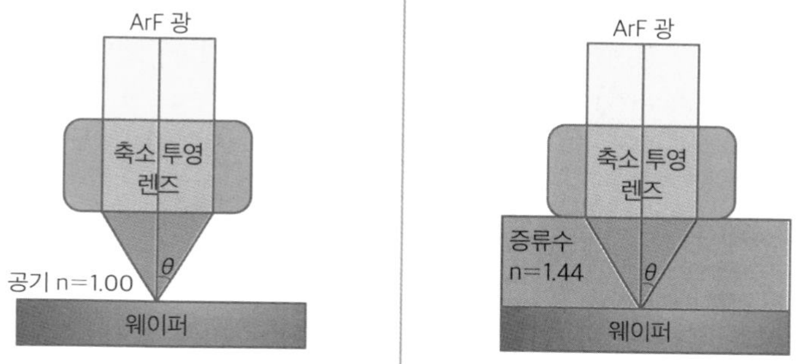

액침 노광 기술의 원리와 과제

액침 노광은 전술한 바와 같이 노광 광원의 단파장화가 한계에 왔기 때문에 실질적으로 NA를 올리려는 생각이었다. NA에 대해서는 5-3을 참조할 것. 그림 5-9-1에 기존의 방법과 비교해 보여 주듯이 웨이퍼와 렌즈 사이에 증류수를 채워 두면 빛은 증류수의 굴절률을 따를 것이므로

$$NA = n\sin\theta$$

가 된다.

증류수의 n은 193nm에서 약 1.44이므로 θ의 값은 약 70° 이상이 되면 NA는 실효적으로 1 이상이 된다는 것이다. 이 아이디어는 광학 현미경으로 이미 실용화되어 있으며 액침 현미경이라고 한다. 미세한 반도체 프로세스에 응용하기에는 매우 용기가 필요하다고 생각된다.

실제의 액침 노광 장치는 그림 5-9-2에 나타낸 바와 같이 증류수의

그림 5-9-2 **액침 노광 장치의 개요**

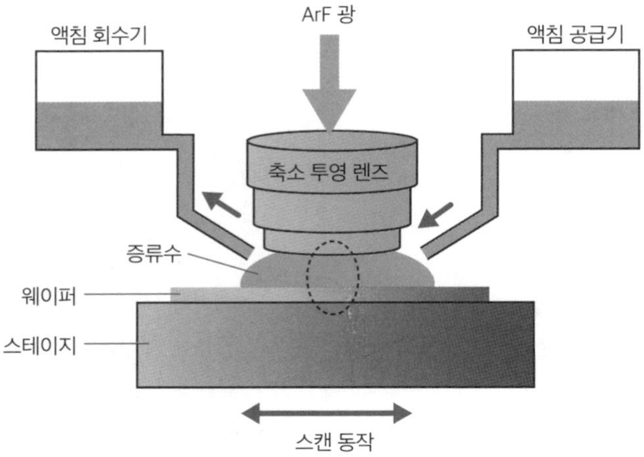

주 점선 동그라미 부분은 그림 5-9-1에 해당하는 부분임.

공급, 회수 기구를 통상의 ArF 노광 장치에 설치한 것 같은 모습이 된다. 액침의 안정된 공급과 회수, 웨이퍼 표면의 노광 후의 완전 드라이화, 액중에서의 버블 발생 방지 등 다양한 과제가 있었지만 첨단 반도체 fab.에 도입이 진행되고 있었다. 또한 액침의 ArF 노광 장치를 액침을 나타내는 영어 immersion으로부터 **i-ArF**로 표기하고 종래의 액침을 이용하지 않는 ArF 노광을 **드라이 ArF(d-ArF)** 등으로 표기하는 경우가 있다.

또한 증류수보다 굴절률이 높은 이른바 '**고굴절률 액**'의 개발도 행해지고 있었지만 어느 때인가부터 열기가 식게 되었다. 그만큼 다음 절의 더블 패터닝으로 움직이고 있는 것 같다.

5-10 더블 패터닝이란?

첨단 반도체에서는 패턴의 미세화가 멈추지 않는다. 그 때문에 액침 노광 기술로도 형성할 수 없는 패턴 대응을 생각하게 되었다. 그것이 더블 패터닝이다.

액침의 한계는?

앞 절의 마지막에서 설명한 바와 같이 해상도를 더욱 높이기 위해 증류수를 사용한 액침보다 굴절률이 큰 액체를 사용하는 방법이 검토되었다. 또한 굴절률이 큰 액체를 사용하면 실질적인 NA의 증대를 도모할 수 있다고 생각했다. 다만 미세화에 대한 현장 쪽의 요구는 급속 추진한다 해도 우선 더블 패터닝의 실용화가 먼저다.

더블 패터닝이란 미세한 패턴을 그리는 데 2회의 노광을 실시해 실현하려는 생각이다. 즉 한 번의 노광에서 두 번의 노광으로 해상도를 향상시키려는 생각이었다. 대표적인 더블 패터닝 프로세스를 그림 5-10-1에 나타냈다. 그림에서 일반적인 리소그래피 방법(그림 왼쪽)과 비교해 알

그림 5-10-1 **더블 패터닝의 예(1)**

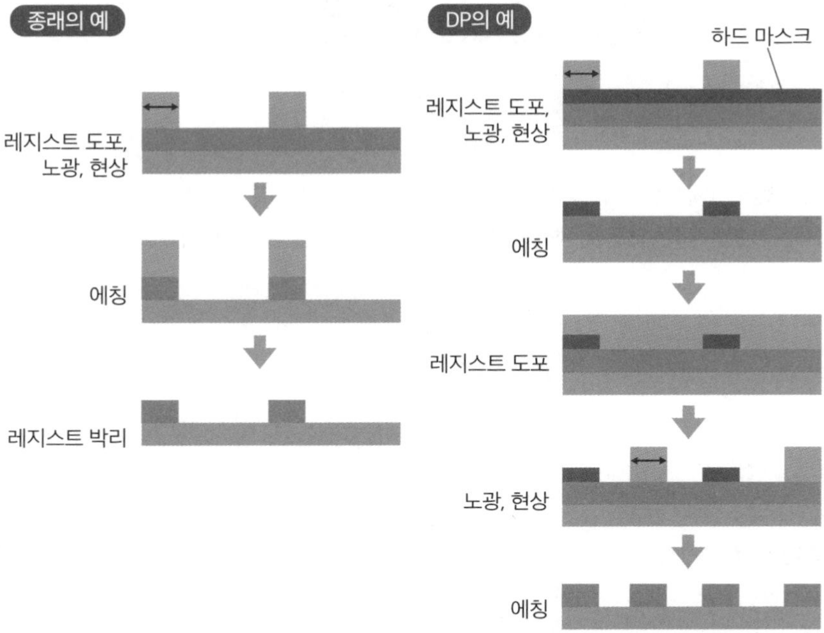

주 그림 중에 ⟷로 표시한 폭이 본 노광 장치에서 그릴 수 있는 최소 선폭이다.

수 있듯이 첫 번째 노광으로 **하드 마스크**•에, 두 번째 노광으로 레지스트에 각각 최소 선폭의 패턴을 그리는 것으로 같은 피치에 2배 수의 패턴을 형성할 수 있는 방법이다. 주요 과제로는 프로세스가 분명히 복잡해지고 라인이 일정한 피치로 반복된다는 점, 라인이 일정한 간격을 가지고 반복되는 것과 같은 패턴에서 이러한 방법이 활용된다는 점이다.

• **hard mask**
실리콘 산화막이나 질화막이 사용된다. 물론 패터닝은 리소그래피와 에칭을 이용한다. 레지스트가 내열성이 없을 때 사용한다.

그림 5-10-2 **더블 패터닝의 예(2)**

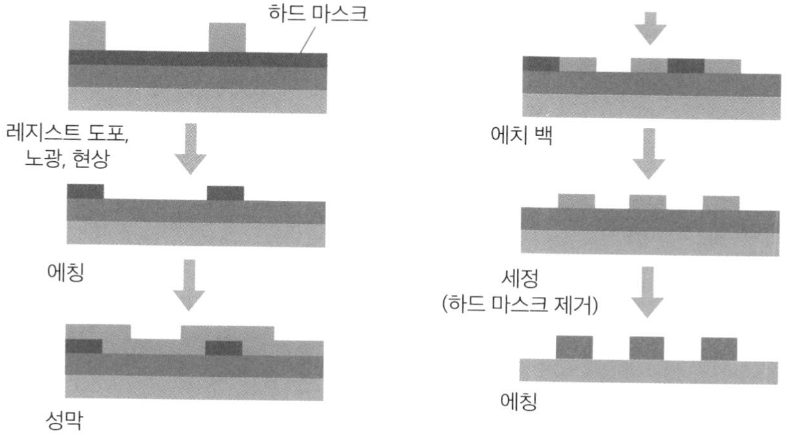

여러 가지 기법이 존재하는 더블 패터닝

이 방법은 비용이 많이 드는 노광 장치를 두 번 사용하며 공정 비용의 상승에 따라 1회 노광 방법이 제안되었다. 그림 5-10-2는 그중 하나의 예다. 이것은 성막법과 에치 백(etch back)법을 이용해 하드 마스크에 사이드 월을 형성함으로써 노광 장치가 갖는 해상도 이상의 밀도의 패턴을 얻는 것으로 SADP(Self Aligned Double Patterning)라고 한다.

종래 미세화의 세대에서 말하면 하프 피치(HP) 45nm가 ArF 액침, 32nm 이후가 더블 패터닝, 16nm 이후는 EUV로 어디까지나 더블 패터닝은 '연결 기술'이라는 인식과 32nm 이후 더블 패터닝이라는 (최종 목표가 아닌 잠정적) 인식이 있었다. 일본의 반도체 제조업체는 어느 정도 더블 패터닝이 존속하리라는 생각이 많았다. 현재의 EUV 실용화가 계획보다 지연되어 액침 ArF와 멀티 더블 패터닝(더블 패터닝의 진화형)의 수명이 연장되고 있는 것 같다. 이 부분은 제12장에서 다시 언급한다.

5-11 더욱 미세화를 추구하는 EUV 기술

첨단 반도체에서는 패턴 미세화의 요구에 대응해야 하며 궁극의 노광 기술로서 EUV 기술이 개발되었다.

EUV 노광 기술이란?

EUV●(극 자외선)는 기존의 노광 기술에서 크게 비약한 광원을 사용한다는 특징이 있다. 사용하는 파장은 13.5nm라는 현재의 ArF 광원의 파장 193nm의 1/10 이하 파장이다. 따라서 노광 장치, 마스크, 레지스트 등이 종래의 것과 크게 다르다.

우선 큰 차이는 이 파장 영역에서는 투과형 렌즈에서의 축소 광학계를 사용할 수 없다는 것이다. 따라서 그림 5-11-1과 같이 미러를 이용해 축소 광학계를 구축한다. 광원의 EUV 광을 마스크에 반사시키고 그것을 여러 개의 비구면 미러를 이용한 **반사 광학계**로 웨이퍼 위에 패턴을

● **EUV**
Extreme Ultra Violet의 약자.

그림 5-11-1　**EUV 노광 장치의 개요**

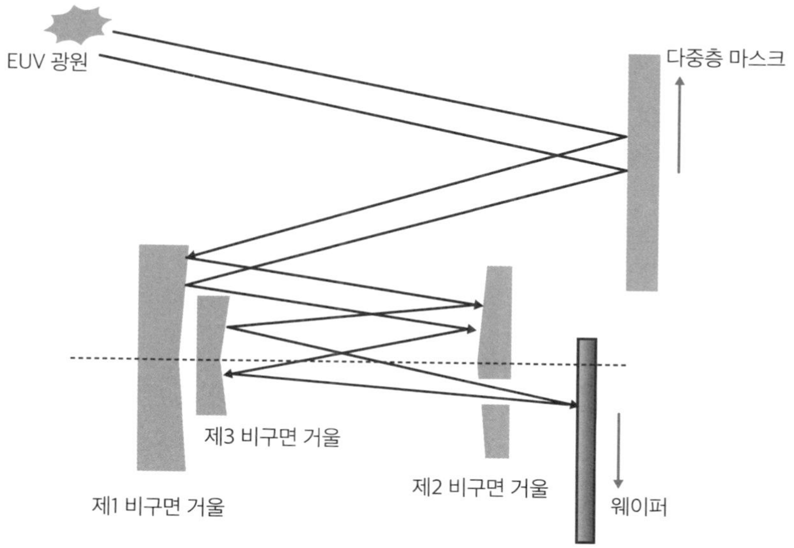

그린다. 마스크도 반사형 마스크가 되므로 그림 5-11-2에 나타낸 EUV 광을 반사하는 Si/Mo의 적층형 마스크가 된다. 패턴은 그 위에 EUV 광을 흡수하는 흡수 물질을 에칭에 의해 형성시킨다.

에칭 스토퍼라는 것은 그때에 Si/Mo 적층막이 에칭되지 않도록 설계한 것이다.

EUV 기술의 과제와 전망

EUV 노광 기술은 서양에서는 컨소시엄 중심으로 실용화가 진행되어 왔다. 일본에서도 MIRAI, Selete, EUVA 등의 컨소시엄에서 실용화가 진행되어 왔다. 2011년에는 기존 활동을 통합하는 형태로 주식회사 EUVL 기반 기술개발센터(EIDEC)가 설립되어 활동의 중심이 되었지만 2019년

그림 5-11-2 **EUV 노광 마스크의 구조**

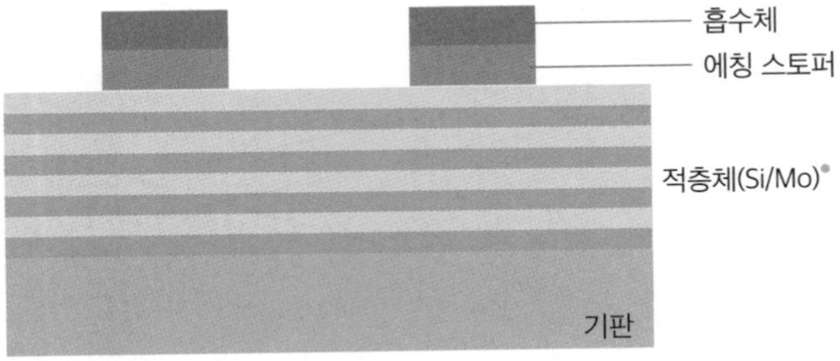

주 그림의 복잡함을 피하기 위해 간단히 그린 것임. 각주 참조.

에 해산했다. 실제로 EUV 노광 장치는 ASML 등 해외세가 주도하고 있다. 기존의 노광 기술과 완전히 다르기 때문에 노광 광원 및 광학계 개발뿐만 아니라 마스크와 레지스트의 개발도 진행되어 왔다. 2011년에는 ASML의 장비가 선행 반도체 메이커나 연구 개발 기관 등에 도입되어 평가가 시작된 경위가 있다. EUV의 현상이나 과제에 대해서는 12-4에서 언급하겠다.

● **적층체(Si/Mo)**
무거운 원소(Mo)와 가벼운 원소(Si)를 EUV 광 파장의 절반 두께로 번갈아 40층 이상 적층하면 유사 격자가 형성되고, X-선 브래그 반사와 동일한 원리로 반사한다.

5-12 스탬프 방식의 나노 임프린트 기술

광학에서 상을 맺히게 하는 시스템을 이용하지 않는 미세 패턴 형성법으로 나노 임프린트법이 있다. 이 방법은 반도체에 아직 응용되지 않고 있지만 패턴드 미디어에 응용을 생각하고 있는 것 같다. 약자로 NIP라고 표기하는 경우도 있다.

나노 임프린트 기술이란?

나노 임프린트 기술이라는 단어가 들리지만 이것은 지금까지 말한 노광 기술과는 확연히 구별되는 기술이다. 나노 임프린트 기술은 몰드라고 불리는 일종의 주형을 수지 등에 압착시켜 패턴을 형성하는 방법이다. 나노 스케일을 고집하지 않는 경우는 이를 엠보스 프로세스라고도 한다. 이러한 방식으로부터 스탬퍼라고도 불린다. 나중에 다루는 패턴드 미디어(patterned media) 등에서는 스탬프라고 부르는 경우가 많다. 나노 임프린트라 불리는 경우는 나노 스케일 가공의 경우로 인식하면 좋을 것이다. 그림 5-12-1은 프로세스 흐름을 보여 준다. 보면 이해가 가겠지만 매우 단순한 원리의 가공 기술이다. 첨단 반도체에 이용하는 미세 패턴을 드로잉하는 장치는 액침형의 ArF 노광 장치이며 100억 원 이상, 또 EUV 장비는 1000억 원 이상이 된다. 이러한 것을 보면 '프로세스 원리가 간단

그림 5-12-1 **나노 임프린트 기술의 기본 프로세스 플로**

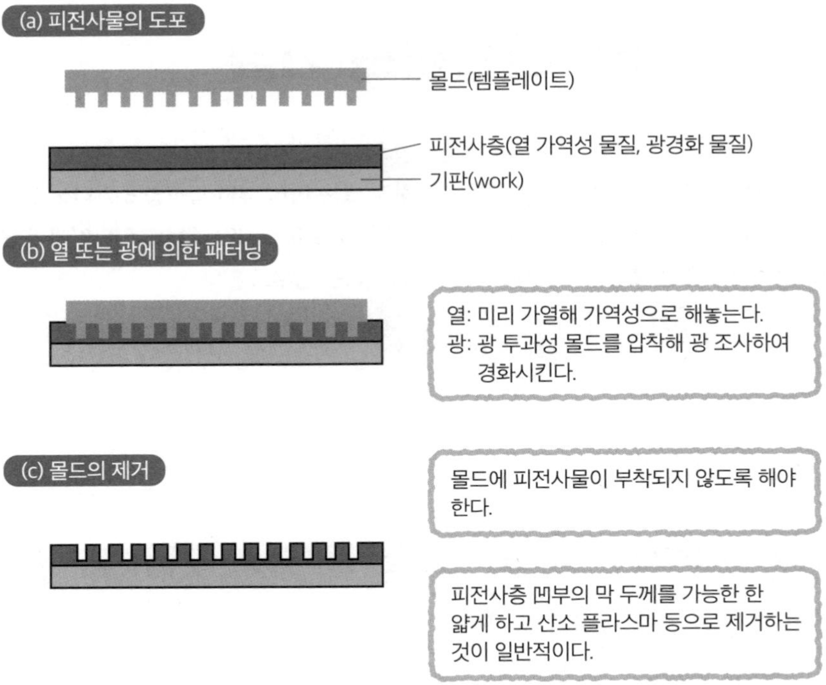

한 나노 임프린트 기술로 저가격 가공 장치의 공급이 가능하지 않을까?' 라고 생각해 보는 것은 어쩌면 당연할 것이다. 첨단 반도체 제조 프로세스에서는 CMP와 도금이라고 하는 진공 기술을 사용하지 않고 단순한 원리로 되돌아가려는 움직임도 있다. 나노 임프린트 기술은 그러한 움직임의 하나라고 말할 수 있겠다.

리소그래피와 비교

앞서 언급했듯이 광학 드로잉 프로세스가 아닌 마스크 대신 몰드(템플레이트라고도 한다)라고 불리는 주형을 수지 등의 소성 변형 재료에 스탬

그림 5-12-2 **리소그래피와 나노 임프린트의 비교**

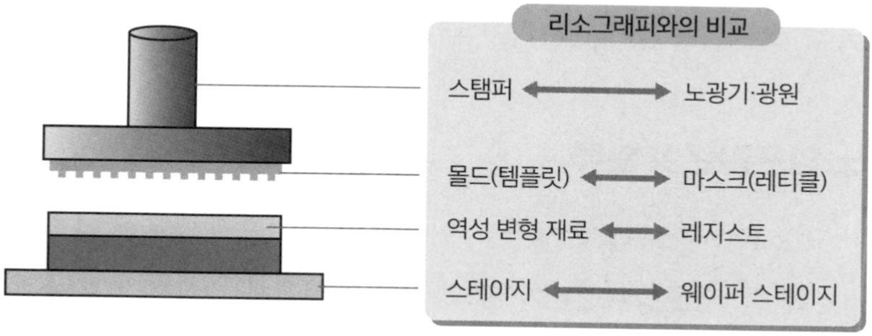

프로 눌러 붙이는 방법이므로 동일 크기의 패턴 전사가 된다. 그림 5-12-2에 리소그래피와 비교를 했지만 이 몰드가 마스크(레티클)에 해당한다. 수지 등의 소성 변형 재료가 레지스트에 해당하고, 대담한 시각이지만 스탬퍼가 노광기와 광원에 해당하는 것일까? 5-2에서 기술한 콘택트 방식의 노광기와 비슷하다고 말할 수 있다. 콘택트 노광기 마스크의 경우는 접촉할 뿐이지만 몰드의 경우는 수지에 눌러 붙이는 것이기 때문에 수지와 몰드 사이의 박리성은 리소그래피에는 없는 중요한 과제다. 그림에는 표시하지 않았지만 피전사층 요철 부분의 잔막을 산소 플라스마로 제거하는 것이 광원 노광법의 현상에 해당하는 것일까?

이상으로 알 수 있듯이 해상도는 거의 몰드의 가공 정밀도로 결정된다. 바꿔 말하면 금형의 제작을 동일 크기로 만드는 점과 그 내구성(몇 번이고 피전사층과 하드 콘택트한다)이 과제가 되는 것이다. 단 광학식 노광 장치가 불필요하고 기계적인 스탬퍼가 그것의 대체품이 될 것이다. 스탬퍼와 스테이지의 기계적 정밀도는 당연히 필요하다.

이와 같이 몰드는 항상 내구성이 과제가 되기 때문에 나노 임프린트의 경우는 몰드의 원반이 중요해진다. 따라서 원반에서 여러 장의 복제본을 만들어 그것을 실제 프로세스에 사용한다. 여담이지만 원반을 mother, 복제품을 daughter라고 부르는 경우도 있다.

나노 임프린트의 분류

그림 5-12-1에서도 언급했지만, 나노 임프린트는 크게 나누어 열 나노 임프린트와 빛 나노 임프린트가 있다. 전자는 피전사 재료를 열로 소성 변형시켜 몰드의 형태를 전사하는 것이며, 후자는 빛으로 경화하는 재료를 피전사 재료로 선택해 전사하는 것이다. 따라서 몰드도 광 투과성 재료가 되고 패턴 맞춤이 가능하기 때문에 반도체와 같이 아래층과 패턴을 겹쳐서 가공하는 방법에 사용할 수 있다.

나노 임프린트의 가능성

반복 패턴에는 적합하므로 이미 구현되어 있는 광 디스크 등의 패턴드 미디어에 응용이 더욱 기대된다. 읽기 전용 광 디스크는 금속 금형(스탬퍼라고 부른다)을 이용해 수지에 도트를 전사하는 것인데 치수 정밀도는 아직 나노 레벨이 아니지만 CD에서는 2.1μm, DVD에서는 1.3μm, 차세대 DVD의 블루 레이 디스크●에서는 0.5μm 정도의 도트가 형성되어 있다.

첨단 반도체의 경우는 다양한 패턴이 혼재하고 중첩도 중요하기 때

● **blue lay disk**
파장 405nm의 청보라색 영역의 레이저 광을 이용해 디스크에 조각된 도트를 읽는 것으로 CD와 동일한 사이즈에서 약 20GByte 정도의 용량을 메모리하는 것이 가능하다고 알려졌다.

문에 특히 광학계로 형성한 패턴과 기계적인 모듈의 패턴과의 미묘한 믹스 앤 매치가 우려되므로 전반적으로 반도체에 사용할 가능성이 적을 것이라 생각하지만 향후 주시해 가야 한다고 생각한다.

제6장

에칭 프로세스

이 장에서는 리소그래피 공정에서 형성한 레지스트를 마스크로 해 에칭을 실시하는 프로세스에 대해 기술하겠다. 전반에는 에칭에 필수 불가결한 플라스마와 RF 방전에 대해서 기술하겠다. 후반에는 이방성 메커니즘과 최근의 에칭 기술 동향에 대해서 다루겠다.

6-1 에칭 프로세스 플로와 치수 변환차

에칭에서 가장 중요한 것은 리소그래피로 형성한 레지스트의 치수에서 에칭 후 어느 정도 치수가 변화되었는가라고 말할 수 있다. 이것을 치수 변환차라고 한다.

에칭 프로세스란?

지금부터 드라이 에칭을 에칭이라 총칭하고 이야기를 해나가겠다. 웨트 에칭에 대해서는 3-9에서 간단히 언급했다.

우선은 에칭 프로세스 플로부터 설명한다. 그림 6-1-1은 플로를 보여준다. 먼저 레지스트 패턴을 리소그래피 공정으로 피에칭물 위에 형성한다. 이 레지스트는 에칭 마스크가 되기도 하므로 **레지스트 마스크** 또는 간단히 마스크라고 부르는 경우도 있다. 경우에 따라 레지스트가 아닌 **하드 마스크**•라고 불리는 것을 마스크로 해서 에칭하는 경우도 있다. LSI 프로세스 플로 중에서는 거의 이루어지지 않는다. 그런 다음 건식 에칭 장치

• **하드 마스크**
실리콘의 산화막과 질화막이 사용된다. 물론 패터닝은 리소그래피와 에칭을 사용한다. 레지스트가 내열성이 부족한 경우에 사용한다.

그림 6-1-1 **드라이 에칭 프로세스 플로**

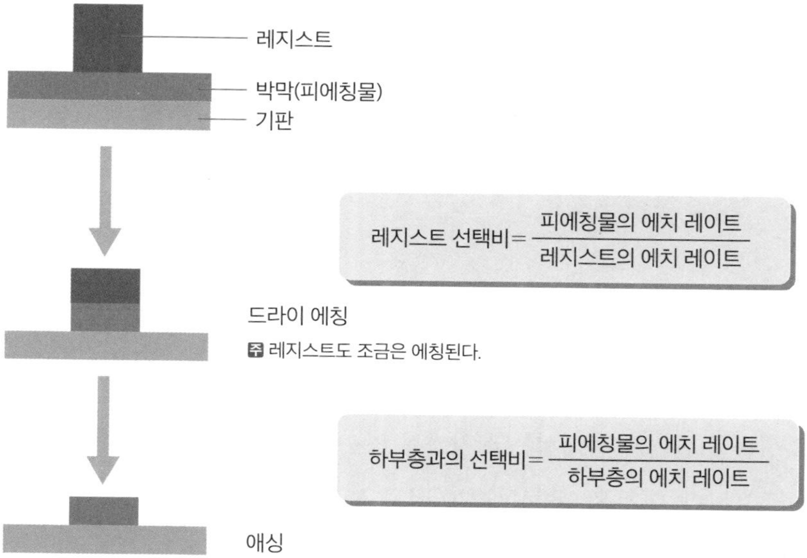

에 넣고 레지스트를 마스크로 해서 에칭한다. 파라미터가 되는 것은 가스나 그 조성비, 에칭 시의 압력, 웨이퍼 스테이지의 온도 등이다. 이때 그림에도 표시했지만 레지스트도 다소 에칭된다. 레지스트의 에칭 속도와 피에칭물의 에칭 속도의 비를 **레지스트 선택비**라고 한다. 또한 웨이퍼 내에서도 에칭 속도의 균일성을 고려해 일부 하부층이 보일 때까지 에칭이 진행되어 이른바 '**오버 에칭**'을 수행한다. 그때 하부층도 에칭된다. 레지스트의 경우와 마찬가지로 하부층과 피에칭물의 에칭 속도의 비를 **하지(下地) 선택비**라고 한다. 둘 다 큰 수치가 바람직한 것은 말할 필요도 없다. 덧붙여 에칭 속도는 **에칭 레이트** 혹은 **에치 레이트**라고 한다.

그림 6-1-2 **에칭에 있어서의 치수 변환차**

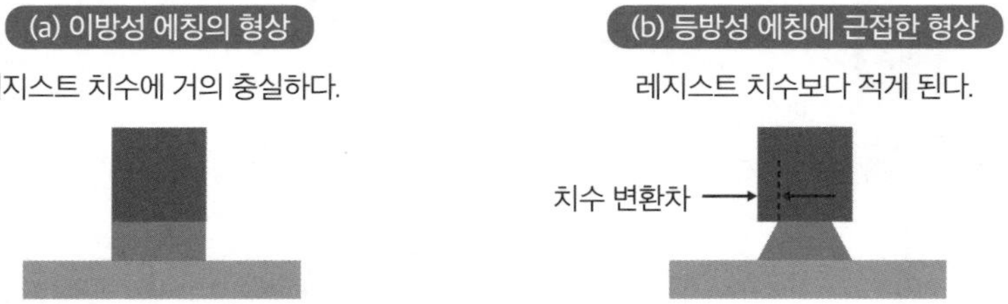

치수 변환차란?

제5장에서 다루었듯이 최첨단 리소그래피 장치는 매우 고가다. 따라서 그 성능을 살리기 위해서는 레지스트 치수대로 에칭이 진행되는 것이 매우 중요하다. 이것을 **이방성 에칭**이라고 하는데 이 에칭 전후 치수의 변화를 **치수 변환차**라고 하며 그림 6-1-2에 나타냈다.

또한 약액을 사용하는 웨트 에칭은 **등방성 에칭**이다. 그러나 실제로는 레지스트 바로 밑층으로 에칭액이 스며들어 치수 변환 차이가 크게 발생한다. 그것을 **사이드 에칭**이 들어갔다고 표현하는 경우도 있다.

6-2 여러 기법이 존재하는 에칭 프로세스

에칭도 여러 가지 재료, 패턴 등에 따라 다양하게 존재하며 얻고자 하는 결과도 다양할 것이다. 따라서 각각에 맞는 에칭 프로세스를 이용한다.

여러 가지 재료에 대응

반도체 공정에서는 에칭하는 재료에 반도체 및 반도체막, 절연막, 금속(메탈)막 등이 있으며 그 재료도 여러 가지가 있으므로 각각에 대응하는 에칭 프로세스가 필요하다.

건식 에칭에서는 가스를 이용해 에칭을 실시한다. 에칭 반응이란 간단히 말해 피에칭물과 휘발성 물질을 만드는 가스를 사용하는 것이며 어느 것에나 사용할 수 있는 가스가 있다는 것은 아니다. 또한 에칭 가스는 안정한 가스 상태에 있는 것이 바람직하며 액화 가스를 사용하기 위해 기화시키는 장소의 배치나 배관을 적당한 온도로 하는 등 나름의 대응이 필요하다. 그림 6-2-1은 다양한 재료에 대응하는 가스의 예를 보여 준다.

그림 6-2-1 **주요 재료와 드라이 에칭 가스 예**

재료		에칭 가스
반도체	Si(트렌치)	SF_6+프레온계 or Cl_2,$SiCl_4$+N_2
	poly-Si polycide	HBr계 Cl_2+O_2, HBr
절연막	SiO_2	CF_4, CHF_3, C_5F_8 등
	doped-SiO_2	CF_4 등
	Si_3N_4	CF_4 등
메탈막	Al+배리어 메탈	BCl_3+Cl_2
	W+글루 레이어	SF_6, NF_3+Cl_2

그림 6-2-2 **여러 가지 에칭**

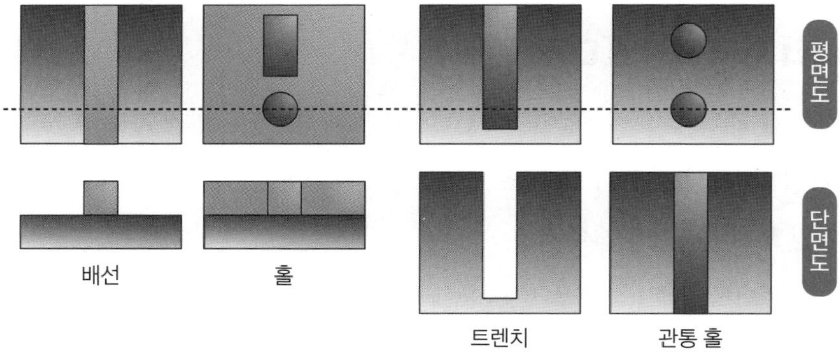

여러 가지 형상에 대응

반도체 디바이스에서는 다양한 형상을 에칭으로 남겨 둘 필요가 있다. 그것은 배선 패턴이거나 배선과 배선을 전기적으로 접속하는 비아홀(via hole)이거나 소자 사이의 분리를 실시하는 트렌치(홈) 등 다양하다. 그림 6-2-2에 반도체 프로세스에서 필요한 다양한 형상을 나타냈다.

그림 6-2-3 **사이드 월 형성**

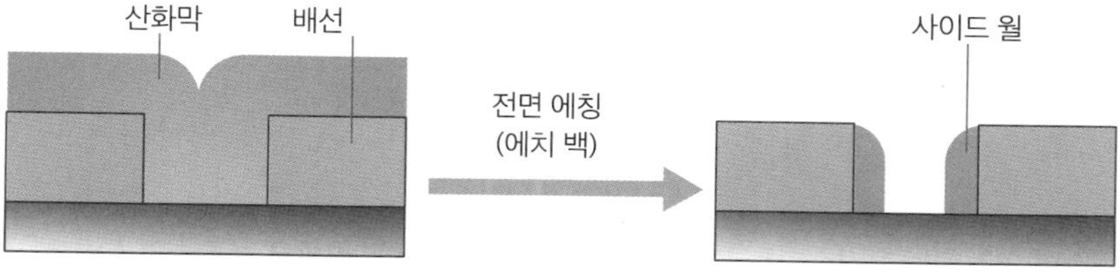

레지스트 마스크를 사용하지 않고 이방성 에칭 특성을 활용하는 법
이하의 장에서도 다양한 예(7-9)가 나온다.

또한 에칭은 레지스트 마스크를 형성한 후 이방성 에칭을 이용한다. 치수 변환차가 없는 미세 가공 외에도 이방성 에칭을 이용해 여러 가지가 가능하다. 예를 들어 **에치 백, 사이드 월 형성** 등이 그것이다. 이 중 에치 백은 제8장에서 설명하는 평탄화 기술의 진보에 의해 이제 사용하는 경우가 드물어졌다. 사이드 월 형성은 게이트 주변에서 지금도 사용되고 있다. 그림 6-2-3은 이를 설명한다. 그림 5-10-2에도 설명해 놓았다.

6-3 에칭 프로세스에 필수적인 플라스마란?

드라이 에칭에는 플라스마의 형성이 빠질 수 없다. 이것은 성막용 플라스마 CVD에서도 이용된다. 여기서는 플라스마의 생성과 역할에 대해 설명한다.

플라스마 발생 메커니즘

플라스마란 기체, 액체, 고체에 이어 제4의 물질의 상태라는 표현도 있지만 대략적으로 표현하면 전리 가스이며 전체 전하는 중성이라고 생각해도 무방할 것이다. 그렇다면 어떻게 발생시키는 것일까? 일반적으로 반도체 공정에서 사용하는 것은 저온 플라스마라고 하며, 핵융합 등에 사용되는 고온 플라스마와는 다르다. 그림 6-3-1은 플라스마의 발생을 표시한다. 진공으로 만든 다음 원하는 가스를 도입하고 방전이 일어나는 압력으로 설정해 전극에 고주파를 인가해 방전시켜 발생한 전자가 가스 분자에 충돌해 간다. 이것에 의해 이온과 중성의 활성종인 래디컬이 형성된다. 이것을 계속해서 반복해 가면 플라스마가 발생한다. 따라서 에칭은 진공 공정이 된다.

그림 6-3-1 **플라스마 발생 메커니즘**

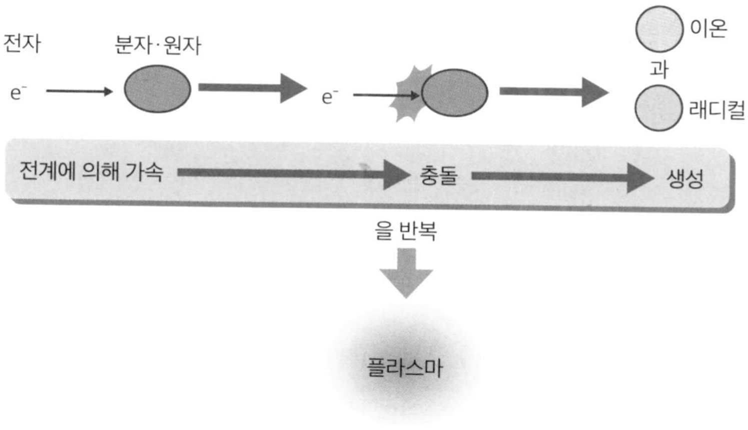

그림 6-3-2 **플라스마 중의 전위**

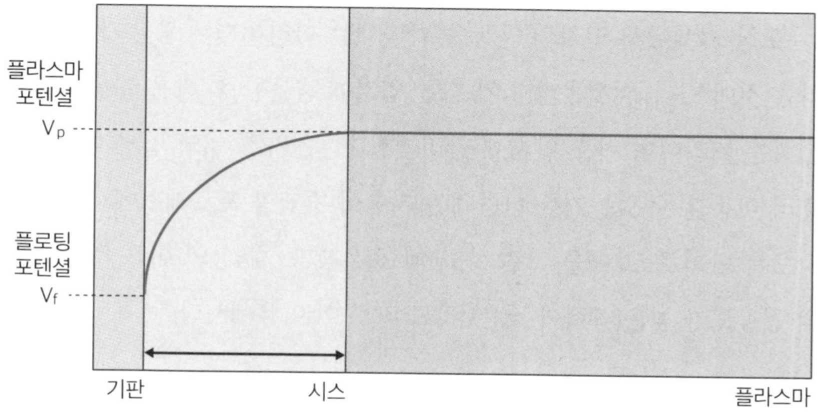

플라스마의 전위란?

일반적으로 2개의 전극이 평행하게 마주 보는 평행 평판형 전극으로 플라스마를 발생시킨다. 그러면 플라스마 자체(벌크 플라스마라고 한다)와 전극 근처의 플라스마에는 전자와 이온의 이동도 차이에 의해 전위차

그림 6-3-3 **기체의 평균 자유행정**

압력	평균 자유행정
10000Pa	1.1μm
1000Pa	11μm
100Pa	110μm
10Pa	1.1mm
1Pa	11mm

가 생긴다. 이것을 플라스마 포텐셜(플라스마 전위라고도 한다)이라고 한다. 벌크 플라스마와 기판 사이에서 발생한 전위가 바뀌는 부분을 시스(sheath)라고 한다. 이 시스가 성막이나 에칭에서 중요한 기능을 한다. 이것들은 그림 6-3-2에 표시했다.

또한 기체에서 입자의 운동을 나타내는 파라미터에 **평균 자유행정**이라는 것이 있다. 이것은 입자가 다른 입자에 충돌한 후 다음 충돌까지 비행하는 거리이며 가스 압력에 반비례한다. 즉 가스 내의 입자가 얼마나 멀리 이동할 수 있는지를 나타내는 지표이며 진공 프로세스에서는 자주 나오는 단어로 그 예를 그림 6-3-3에 표시했다. 제4장의 이온 주입 장치의 진공도가 높은(압력이 낮은) 것도 바로 이 이유에서다.

6-4 RF(고주파) 인가 방식에 의한 차이점

실리콘 웨이퍼를 놓는 쪽의 전극에 고주파를 인가할 것인가 아니면 접지 상태로 할 것인가에 따라 에칭 결과가 달라진다. 여기서는 그 메커니즘에 대해 기술한다.

드라이 에칭 장치란?

건식 에칭 장치는 그림 6-4-1과 같이 평행하게 배치된 2개의 전극의 한 쪽을 그라운드로 하고 다른 쪽에 고주파●를 인가할 수 있도록 한 것이다. 물론 매칭을 취하기 위한 매칭 박스나 챔버를 진공으로 만들기 위한 진공 펌프계, 에칭 가스를 도입하는 가스계 등이 부가되어 있다. 또한 그림에서는 접지 측의 전극에서 샤워 형태로 가스를 분출시킨다(샤워헤드 전극이라고도 한다). 고주파를 인가하는 전극 측에 웨이퍼를 놓게(서셉터 또는 스테이지라고 부른다) 되어 있다. 이것을 캐소드(음극) 커플이라고 말한다.

● 고주파
그림에서는 RF로 서술했고 Radio Frequency의 약자다. 전파법에서 사용 가능한 파장이 정해져 있으며, 일반적으로 13.56MHz가 사용된다.

그림 6-4-1 **드라이 에칭 장치: 평행 평판식 RIE의 예**

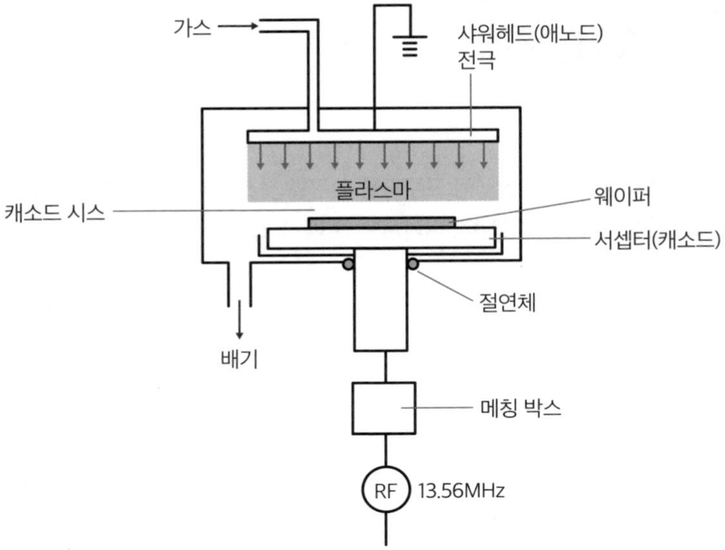

이러한 방식으로 챔버를 일정한 진공으로 만들고 가스를 도입한 후 전극 사이에 전계를 걸면 방전한다. 진공으로 하지 않더라도, 예를 들어 낙뢰 또는 겨울의 건조한 날씨에서 발생하는 정전기에 의한 방전과 동일하게 방전은 일어나지만 순간적이다. 반도체 프로세스에서 사용하는 플라스마에서는 방전을 지속시켜야 한다. 따라서 진공 환경을 만들고 전계를 인가하게 되는 것이다. 이 방식으로 반응성 에칭 가스를 사용해 행하는 방식을 반응성 이온 에칭(RIE, Reactive Ion Etching)이라고 한다.

캐소드 커플의 장점

어느 쪽 전극에 고주파를 인가할지에 따라 결과는 완전히 달라진다. 일반적으로 그림 6-4-2에 나타낸 바와 같이 캐소드 측, 다시 말해 고주파를

그림 6-4-2 **양 전극에서의 시스 전위**

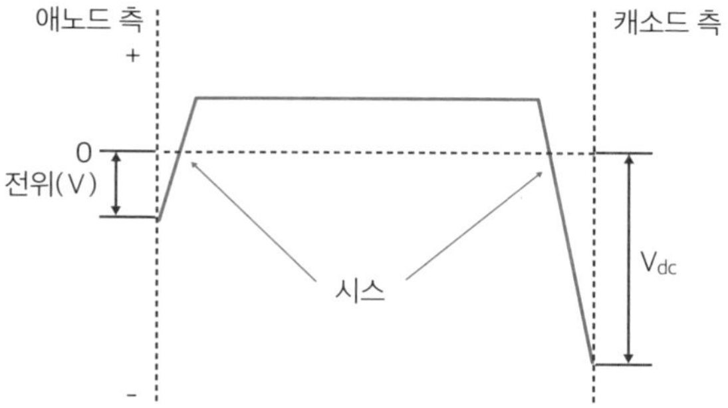

주 캐소드 시스를 그림에 표기한 것처럼 일반적으로 V_{dc}로 표기. 마이너스 전위가 된다.

인가하는 쪽 시스의 전위가 커지게 된다. 이것을 자세히 이야기하는 것은 이 책의 취지와 다르므로 생략하겠지만 고주파(RF) 방전의 성질에 의한 것이다. 캐소드 측의 시스를 그림 6-4-1에 기재한 바와 같이 **캐소드 시스**라고 한다. 따라서 이쪽에 웨이퍼를 놓고 에칭하면 캐소드 시스의 전계 효과로 인해 보다 이방성 에칭이 가능하다. 다음 절을 참조하면서 읽어 보길 바란다.

6-5

이방성 메커니즘

6-1에서 다루었지만 치수 변환차가 없는 에칭이 이방성 에칭이다. 여기서는 이방성 에칭의 메커니즘에 대해 기술하겠다.

에칭 반응이란?

에칭을 각각의 과정으로 분해해 생각해 보자. 그림 6-5-1에 그것을 표시해 보았다. 첫째, 플라스마에서 에칭 가스가 해리되어 이온, 래디컬 등 에칭종이 형성된다. 이것을 '에천트(etchant)'라고 한다. 이것이 첫 번째 단계다. 다음에 이러한 에천트가 웨이퍼 표면까지 도달하는 과정이 있다. 이때 6-3에서 설명한 평균 자유행정이 관련되어 있다. 다르게 표현하면 깊은 모양의 형상을 에칭하려면 압력이 낮은 편이 유리하다는 것이다. 단지 압력이 너무 낮으면 이번에는 방전이 잘 되지 않고 플라스마가 생성되기 어렵다는 문제도 생긴다.

다음 단계는 웨이퍼 표면에 도달한 에천트가 피에칭물과 반응하고 에칭 반응이 진행되는 단계다. 이것뿐만 아니라 에칭 과정에서 발생한 반응성 물질을 신속하게 이탈하고 배기시키는 것이 필요하다. 그렇지 않

그림 6-5-1 **드라이 에칭 메커니즘**

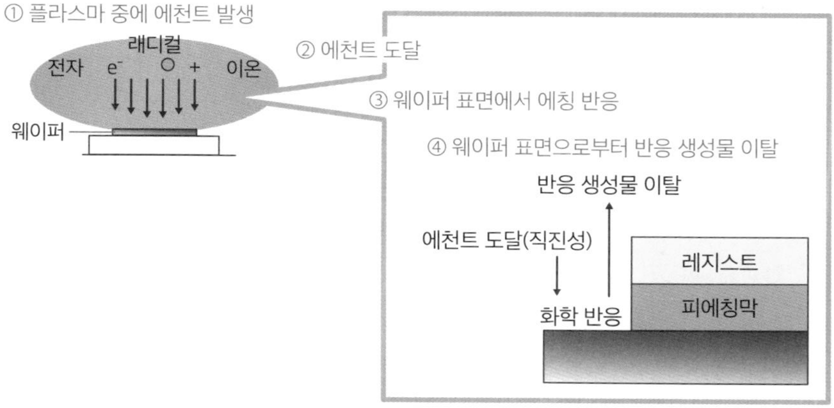

으면 반응성 물질이 표면에 부착해 본래의 에칭 반응이 잘 일어나지 않게 되기 때문이다. 예를 들어 실리콘을 에칭하는 경우를 생각해 보자. 실리콘의 염화물인 사염화규소와 불화물인 사염화불소의 증기압은 후자 쪽이 높기 때문에 실리콘을 불소계의 가스로 에칭하면 반응 생성물의 이탈도 빠르다고 생각된다. 이러한 생각은 어떠한 에칭 가스를 이용해 에칭하면 좋을까에 대한 판단 기준이 된다.

측벽 보호 효과를 이용

이방성의 정의를 수식적으로 표현한다고 하면 그림 6-5-2의 왼쪽 위와 같다. 요점은 세로(수직) 방향의 에칭을 추진하고 가로 방향의 에칭을 어떻게 억제할 것인가가 된다. 즉 두 가지 효과에 의해 이방성 형태를 달성한다고 생각한다.

하나는 이온의 직진성 효과다. 그림 6-5-2에 나타낸 바와 같이 이것으로 피에칭 물체 표면에서 래디컬의 반응을 가속화하고 수직 식각을 촉

그림 6-5-2 **이방성 메커니즘**

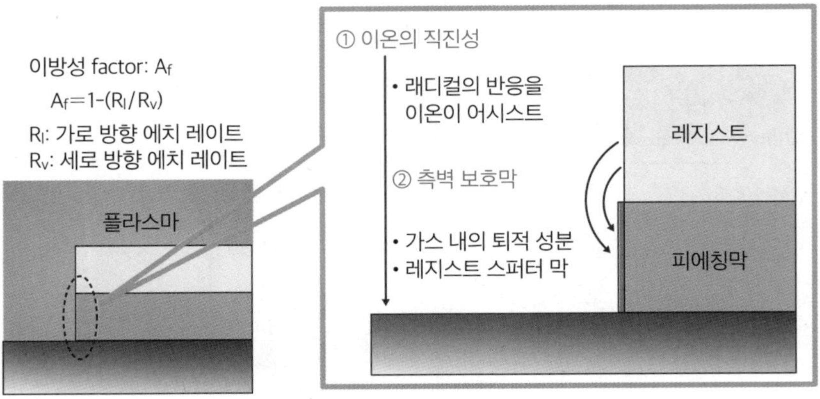

진한다. 물론 이온 자체의 에칭 반응에 대한 기여도 있을 것이다. 이 이온의 직진성은 6-4에서 언급한 시스 전위에 의한 이온 가속 효과로 생각한다.

또 하나가 **측벽 보호 효과**다. 이것은 그림 6-5-2와 같이 레지스트의 스퍼터링●에 의해 발생하는 탄소와 의식적으로 퇴적 성분의 가스를 에칭 가스에 첨가해 실현시킬 수 있다. 이것에 의해 가로 방향의 에칭을 억제시키는 것이다. 이방성 형상은 이 두 가지로 달성한다고 알려져 있다.

● **스퍼터링**
이온이 레지스트의 분자, 원자 결합을 끊어서 날려버리는 것.

6-6 드라이 에칭 프로세스의 과제

첨단 로직 LSI에서는 여러 가지 재료를 사용한다. 또한 특수한 구조도 존재한다. 여기서는 그러한 프로세스를 일부 소개한다.

신규 재료에 대응하는 에칭 프로세스

성막에서 설명하겠지만 최첨단 트랜지스터에서는 게이트 주변에 high-k 게이트 스택 기술, 다층 배선계에서는 Cu/low-k 구조 등 다양한 테크놀로지 부스터• 기술이 개발되었다. 에칭 기술도 그 재료와 구조에 대응해야 한다. 최근의 동향을 보면 high-k 게이트 스택의 경우 HfSiON이나 HfAIO 등이, Cu/low-k 구조의 경우 다공성 low-k 막이 주류가 된다. 또한 미래의 이야기지만 트랜지스터 구조를 3차원화하는 생각도 있다.

또한 에칭과 리소그래피 기술은 끊으려야 끊을 수 없는 관계다. 항상 새로운 리소그래피 기술과의 관계에도 주목할 필요가 있다. 예를 들어

• **technology booster**
미세화 기술에 의존하지 않고 다음 세대의 디바이스를 제작할 수 있는 신규 재료와 구조를 이용하는 기술. 변형된 실리콘 등이 그 예다. 11-2 참조.

그림 6-6-1 **향후 재료, 구조 등에 대한 에칭의 과제(1)**

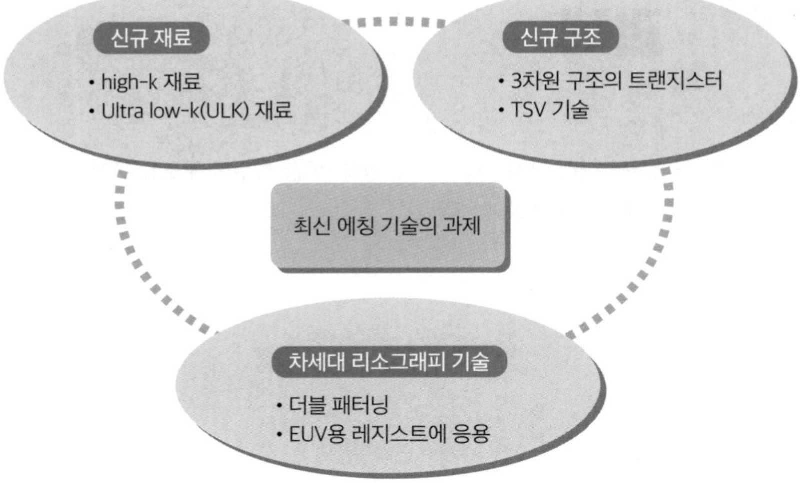

제5장에서 설명한 EUV 노광 기술이 실용화되면 레지스트 재료가 기존의 것과 달라지기 때문에 레지스트와의 선택비가 유지되는지 등 주의해야 할 점(12-4 참조)이 있다. 이러한 향후 에칭 기술의 과제를 그림 6-6-1에 정리했다.

딥 트렌치 에칭이란?

또 다른 새로운 흐름이 **딥 트렌치 에칭**이다. 이것은 평범한 에칭과 달리 실리콘 웨이퍼를 관통할 정도의 깊은 홀을 파는 에칭 기술이다. 첨단 반도체의 전 공정이라기보다는 후 공정의 새로운 실장법이나 MEMS 등의 요청에서 왔다. 이전에 DRAM이 1Mbit의 집적도일 무렵 커패시터를 트렌치 내에 형성하고 3차원화하는 것으로 커패시터의 면적을 얻기 위해

그림 6-6-2 **향후 재료, 구조 등에 대한 에칭의 과제(2)**

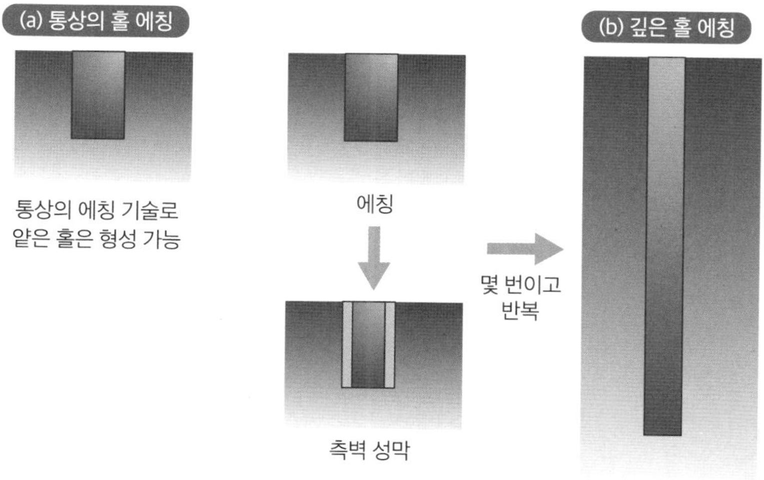

트렌치 에칭●이 실용화된 시대가 있었다. 그때는 겨우 수 마이크로미터 깊이였는데 TSV●●의 경우 아무리 실리콘 웨이퍼를 박막화해도 수십 마이크로미터에서 수백 마이크로미터 정도 깊이를 에칭해야만 한다. 이를 위해서는 비아의 측벽을 보호해야 한다. 에칭과 증착을 교대로 반복하는 보쉬 프로세스와 웨이퍼를 저온으로 냉각해서 래디컬의 사이드 어택을 억제하는 저온 에칭과 같은 방법이 수행되어 왔다. 보쉬 프로세스로 TSV용의 깊은 홀 에칭의 예를 그림 6-6-2에 표시했다.

● **트렌치 에칭**
트렌치(홈)라고 하지만 실제로는 홀 형상이다.

●● **TSV**
Through Silicon Via의 약자. 실리콘의 관통 구멍.

제7장

성막 프로세스

이 장에서는 실리콘 기판 위에 배선과 절연막을 제작해 나가는 성막 프로세스에 대해서 다룬다. 성막법은 여러 가지가 있기 때문에 기본적인 산화법부터 각각 기술한다. 마지막으로 high-k 게이트 스택 기술과 Cu/low-k 기술에 관해서도 다룰 것이다.

7-1 LSI의 기능에 필수적인 성막 프로세스

LSI 프로세스는 기본적으로 실리콘 기판 위에 불순물 영역, 배선, 절연막을 제작해 나가는 프로세스로부터 성립된다. 그 역할을 하는 것이 성막 기술이다.

LSI와 구성

LSI는 기본적으로 반도체막(실리콘 웨이퍼도 포함)과 전기를 흘리기 위한 배선막, 그 전기적 절연을 도모하는 절연막으로 이루어진다. 이 중 반도체막(실제로 확산층 포함)은 반도체 장치의 기본이 되는 스위칭 역할을 하는 트랜지스터 부분에서 가장 중요한 영역이 된다. 이러한 소자를 전기적으로 연결하는 것이 배선이다. 배선도 수평 방향으로 2차원적으로 퍼져 있는 것뿐만 아니라 수직 방향으로 연결되는 플러그와 같은 것도 있다. 또한 이러한 배선이나 소자를 전기적으로 절연하는 절연막이 있다. 그 막의 재료와 요구되는 기능은 그림 7-1-1에 나와 있다. 이 표에 표시된 각각의 막에 관해서는 순서대로 설명하겠다. 프로세스 플로는 9-7에서 다시 다룰 것이다.

그림 7-1-1 **LSI의 각종 박막 일람**

종류	재료	기능
반도체막	Si 기판, Si 에피택셜 막, 다결정 실리콘 막(poly-Si)	확산층(웰, 소스/드레인) 저항막, 게이트 전극, 배선, 플러그
금속막	Al/배리어 메탈 Cu/배리어 메탈 W	배선, 전극 배선, 플러그 플러그
절연막	SiO_2, SiN, LK(ULK) SiO_2(SiON) SiO_2 SiO_2	PMD, IMD(ILD), STI 게이트 절연막 STI 매립막 사이드 월 막

주 LK(ULK)는 7-10 참조.

그림 7-1-2 **시스템 LSI의 단면과 각종 박막의 모식도**

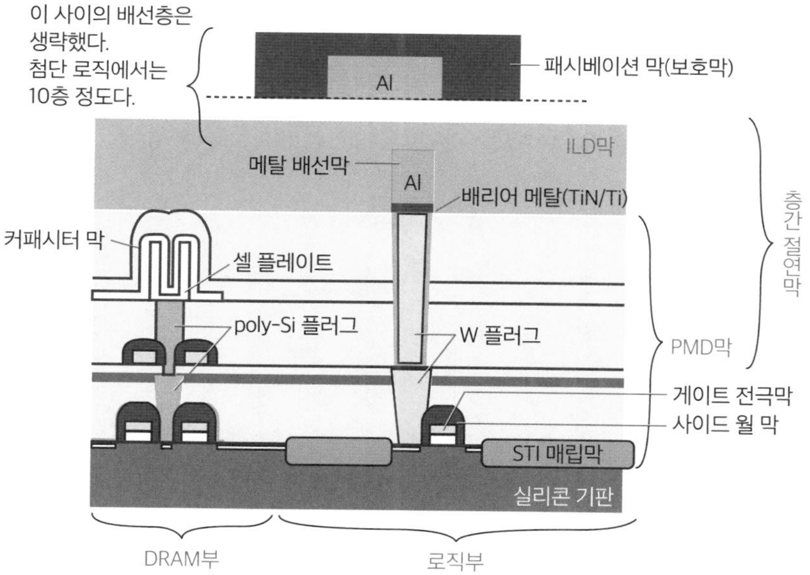

주 실제 LSI에서는 DRAM부 바로 옆에 로직부가 오는 일이 없다. 그림은 편의상 나타낸 것이다.

영어 약칭

ILD: Interlayer Dielectrics, PMD: Pre-Metal Dielectrics, STI: Shallow Trench Isolation

LSI 단면으로 보는 성막의 예

그림 7-1-1에서는 문자만으로 표현해 이해하기 어렵다고 생각하므로 DRAM을 혼재시킨 시스템 LSI를 상정해서 단면도를 그림 7-1-2에 나타냈다. 이 그림에 표시된 개별 막에 대해서도 다음 절 이후로 순서에 따라 설명해 가겠다.

이것을 보면 LSI에서는 다양한 막이 사용되고 있음을 알 수 있다. 예를 들어 배선 및 전극에 사용되는 금속(메탈)막은 Al, Cu, W 등 다양한 재료가 사용되고 W는 플러그라는 특수한 구조에 사용된다. 절연막도 STI•와 같이 매립막이나 층간 절연막도 형성하는 위치에서 여러 가지 불리는 방법이 있다. 그 예는 그림 7-1-2에 나와 있다. 또한 게이트 절연막과 같이 트랜지스터의 성능을 결정하는 막도 있다.

이들 막을 다양하게 성막하기 위해서는 사용하는 원료 가스나 성막법도 다종다양함을 알 수 있을 것이다.

• **STI**
Shallow Trench Isolation의 약자. 트랜지스터 등을 전기적으로 절연시키기 위한 매립막이다. 9-3 참조.

7-2 다양한 기법이 있는 성막 프로세스

앞 절에서 기술했듯이 LSI에는 반도체막, 배선막, 절연막 등 여러 가지 막이 존재한다. 또한 성막하는 실리콘 기판의 하부 형상도 다르다. 따라서 여러 가지 성막 프로세스가 있다.

여러 가지 성막 수단

반도체 공정에서 사용되는 막은 일반적으로 기상으로 성막된다. 액상에서 실시하는 도포나 도금도 물론 있지만 그것은 별도로 다루겠다. 일반적으로는 기상에서의 성막이다. 기상에서의 성막의 특징은

① 화학 반응을 이용해 막 두께와 막질을 정밀하게 제어 가능

② 건조한 분위기에서 반응을 제어 가능

③ 깨끗한 환경 유지 가능(재료, 분위기)

④ 넓은 면적에도 균일하게 성장 가능

⑤ 하나의 로트에서 대량의 웨이퍼를 처리할 수 있음

등이다. 기상에서 화학 반응을 사용하는 것이 큰 특징이며, 그 때문에 상기 기술한 것과 같은 장점이 있다고 말하는 것이 좋을지도 모르겠다. 주

그림 7-2-1 **성막법의 주요 분류(1)**

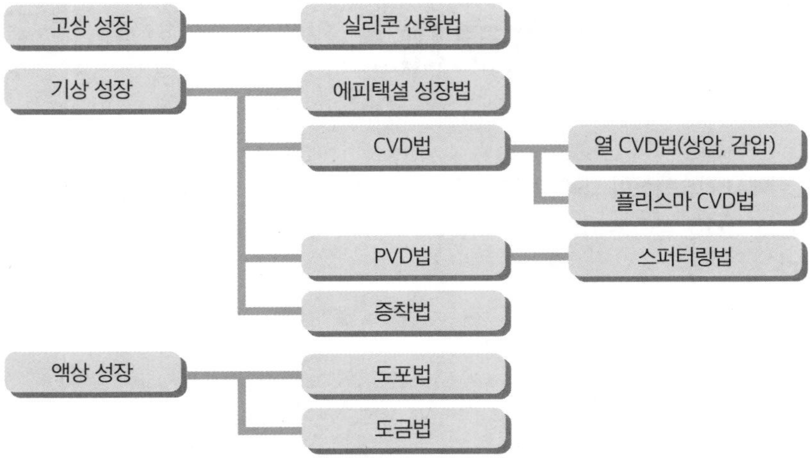

요 성막법은 그림 7-2-1에 정리했다. 이 중 CVD라고 하는 것은 Chemical Vapor Deposition의 약자로 화학적 기상 성장법 등으로 번역되고 있다. PVD는 Physical Vapor Deposition의 약자로 물리적 기상 성장법 등으로 번역되고 있다. 7-4에서 각각의 기술을 설명하겠다.

성막의 파라미터

주로 온도, 압력, 플라스마의 유무다. 플라스마에 대해서는 에칭에서도 사용하며 6-3에서 언급했으니 관련 내용을 참조하기 바란다. 성막의 경우 플라스마는 성막 시의 온도를 저하시키는 역할을 한다. 그러므로 그림 7-2-2와 같이 플라스마는 성막 온도가 낮은 경우에 사용된다. 액상 성막법도 마찬가지다.

한편 프론트 엔드와 백 엔드 온도의 경계 기준(4-7 참조)이 되는 500℃ 이상의 온도에서 성막하는 것은 감압 CVD나 에피택시법이다. 후자는

그림 7-2-2 **성막법의 주요 분류(2)**

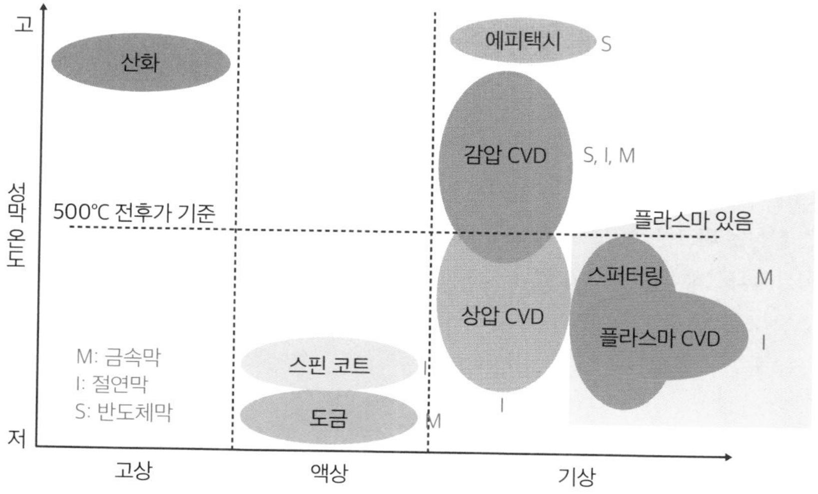

실리콘 단결정 위에 동일한 방위의 단결정 실리콘 막을 적층하는 경우에 사용하지만 LSI에서 사용되는 것은 적기 때문에 이 책에서는 언급하지 않는다.

7-3 하부층 형상에 영향을 미치는 성막 프로세스

LSI는 여러 가지 기능 소자를 실리콘 기판 위에 제작해 가기 때문에 실리콘 기판의 표면 형상은 미크론 레벨로 보게 되면 매크로 세계와는 확연히 다르다. 따라서 여러 가지 형상에 대응해 나갈 필요가 있다.

어떠한 형상에 대응인가?

7-1에서 보여 주었던 시스템 LSI의 단면을 봐도 알 수 있듯이 성막은 다양한 하부층의 형상에 대응할 필요가 있다. 그 예가 그림 7-3-1에 나와 있다. 이 중 배선 패턴이 있는 경우는 볼록한 형상 위에 성막할 필요가 있다. 배선 패턴 위에 층간 절연막을 형성하는 경우 배선 형상과 일치하게 잘 트레이스한 형상으로 막이 형성되는 것이 바람직하다고 할 수 있다. 그림 7-3-2의 (a)에 나타낸 예다.

예를 들면 (b)에 나타낸 바와 같이 배선 형상을 잘 트레이스할 수 없는 성막이 되었을 경우 이 위에 추가 배선을 형성하게 되면 점점 형상의 악화가 증폭될 수 있어 이 상부에 배선 패턴을 형성할 때 리소그래피와 에칭이 순탄하게 진행되기 어려운 경우가 있게 된다. 또한 층간 절연막이 얇은 곳에서는 내압(전압에 견디는 힘)이 부족해 누설 전류가 발생할

그림 7-3-1 **다양한 하부 형상의 차이**

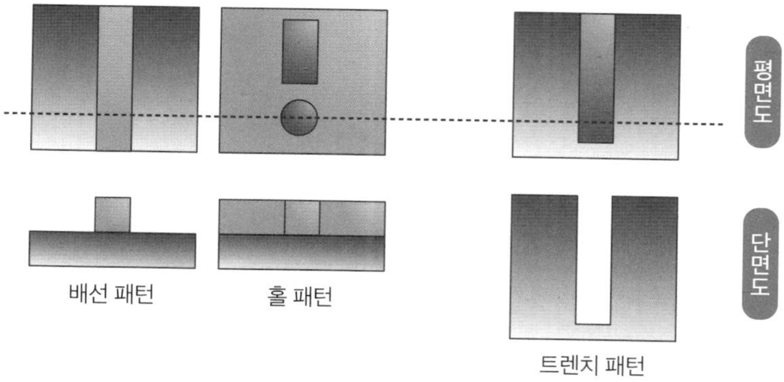

그림 7-3-2 **다양한 하부 형상의 차이가 성막에 미치는 예. 그림 7-3-1의 배선 패턴의 예**

수 있다는 것을 예측할 수 있다. 여기서는 배선상의 성막의 예를 설명했지만 그림 7-3-1과 같은 홀과 트렌치의 경우는 성막이 잘 되지 않으면 홀이나 트렌치 안에 보이드(void, 공동)가 생기기도 한다.

성막 메커니즘

지금까지 말한 것을 바꿔 말한다면 LSI에서는 다양한 하부층의 형상이 나타나므로, 기본적으로 이러한 형상에 피복성 좋게 성막하는 것이 바람직하다. 이것을 step coverage(단순히 커버리지라고 하거나 단차 피복성으로 번역되기도 한다)가 양호하다고 말한다. 이러한 커버리지는 성막 메커니즘과 연결해서 설명되어 있다.

그림 7-3-3 **성막 반응의 메커니즘 개념도**

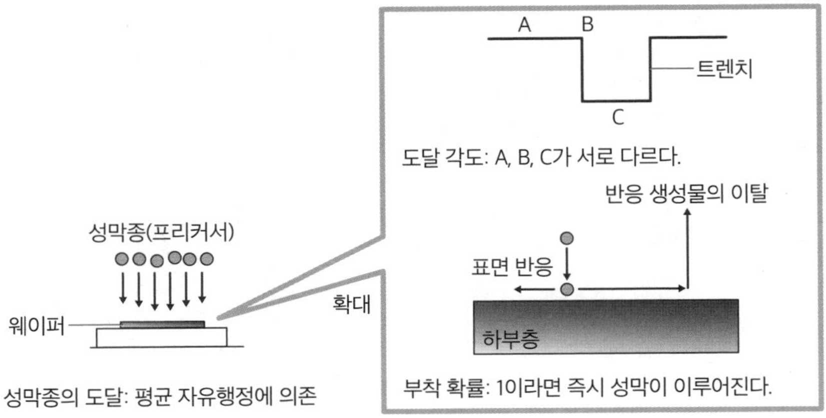

그림 7-3-3은 그 예를 보여 준다. 한 마디로 말할 수 있는 간단한 것이 아니지만 여러 가지 요인이 형상의 원인이 되고 있다. 첫 번째는 성막종(프리커서, precursor)의 평균 자유행정이다. 평균 자유행정은 에칭 편인 6-3을 참조하기 바란다. 어느 정도의 성막종이 웨이퍼에 도달할지가 기준이 된다. 두 번째는 웨이퍼에 도달한 성막종이 즉시 성막에 기여하는지의 기준이 되는 부착 확률이다. 그림 오른쪽 하단에 표시했다. 부착 확률이 1이라고 한다면 도달한 그 자리에서 성막이 되는 것이다. 다음으로 그림의 오른쪽 상단에 표시된 것과 같은 도달 각도다. 홀과 트렌치의 경우는 이것이 효과가 있다. 성막 조건과 이러한 결과를 잘 연결시켜 최적의 성막 조건을 찾아야 한다.

7-4 웨이퍼를 직접 산화하는 산화 프로세스

프론트 엔드 공정의 트랜지스터 형성 프로세스에서는 실리콘의 열산화막을 이용한다. 제일 안정한 산화막은 실리콘을 직접 산화시키는 실리콘 열산화막이다.

왜 실리콘 산화막이 필요한가?

반도체 디바이스 초기에는 실리콘이 아닌 동일한 IV족 게르마늄을 이용했다. 그러나 곧 실리콘에게 주인공 자리를 양보하게 되었다. 이것은 1-3에서도 다루었듯이 지표상에 실리콘 함량이 많기 때문에 재료가 풍부하다는 장점이 있었고, 게르마늄의 열산화막이 불안정한 것도 그 이유다. 한편 실리콘의 열산화막은 안정하게 만들 수 있다. 이것이 MOS 트랜지스터의 발전으로 이어졌다. 또한 어려운 이야기가 되겠지만 게르마늄에 비해 실리콘의 밴드갭●이 크기 때문에 내열성이나 내압에서도 유리하다.

● band gap
고체 결정의 가전자대와 전도대의 에너지 차이. 반도체 성질을 결정하는 물성 중 하나다.

그림 7-4-1 **실리콘 산화로의 예**

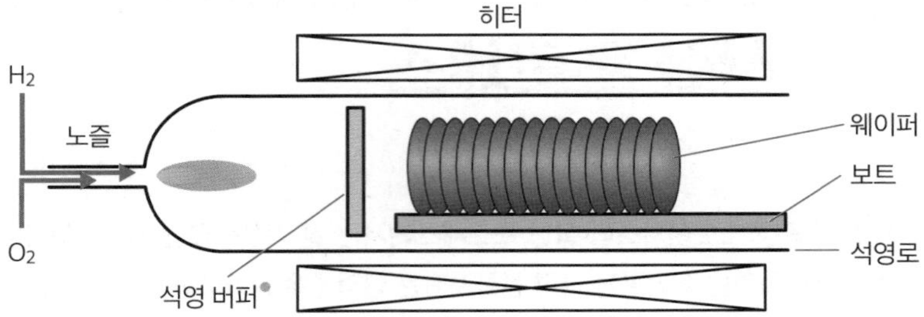

실리콘의 열산화 메커니즘

실리콘의 열산화는 온도를 고온(900°C 이상)으로 만들고 거기에 수소 가스와 산소 가스를 보내 연소시킴으로써 산화제를 발생시켜 실시한다. 이 산화제는 실리콘을 직접 산화시킨다. 화학식으로

$$Si+O_2 \rightarrow SiO_2$$

라는 형태다. 이 산화를 실시하는 장치를 **산화로**라고 한다. 퍼니스라고 불리는 이유는 고온으로 웨이퍼를 가열하기 때문이다. 그림 7-4-1과 같이 석영 재료로 된 퍼니스에 웨이퍼를 올려놓는 보트마다 50장 또는 100장의 단위로 복수의 웨이퍼를 넣도록 되어 있다. 가열은 석영로의 외부에서부터 실시한다.

열산화 메커니즘은 두 가지의 과정이 산화 속도를 제어하게 된다. 실리콘은 산화제와 바로 반응하기 때문에 산화 반응의 병목이 되지 않는다. 즉 산화 속도를 제어하지 않는다는 의미다. 최초의 과정은 산화제(그

● **석영 버퍼**
수소의 연소열에 의해 웨이퍼 면 내에 온도 분포가 생기는 현상을 방지하기 위해 설치한다.

그림 7-4-2 **실리콘 산화 메커니즘**

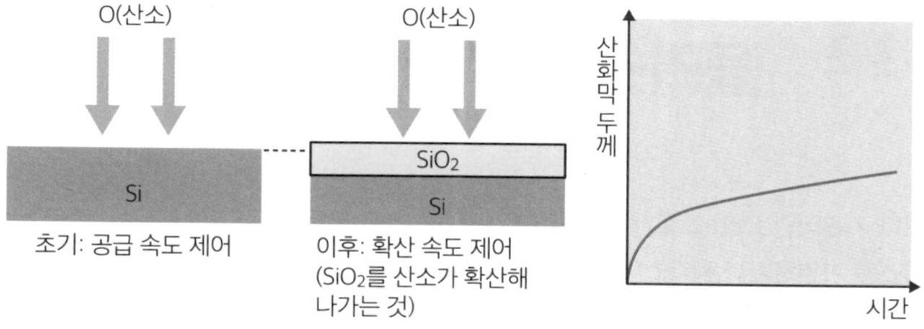

림에서는 O로 표시했다)가 실리콘의 표면까지 도달하는 '공급 속도 제어 과정'이다. 그 후 열산화막이 성장해 나가고 열산화막을 산화제가 통과해 나가고 실리콘과 실리콘 산화막의 계면에 도달하는 과정인 '확산 속도 제어 과정'이다. 바로 이 두 과정이 산화 속도를 제어한다. 이것을 그림 7-4-2에 표시했다. 따라서 세로축은 열산화막 두께, 가로축은 산화 시간으로 해서 그래프를 그리면 포물선 형상이 된다. 공급 속도 제어 과정에서 성장하는 실리콘 산화막의 두께는 2nm 정도로 알려져 있다. 첨단 LSI의 게이트 산화막(gate oxide)●의 두께는 바로 이 정도다. 실용적으로는 산화 속도를 낮추어 막 두께를 제어하고 있다. 여기서 더 두꺼운 산화막 형성이 필요한 경우는 확산 속도 제어 과정이 관여하게 된다.

● **게이트 산화막**
트랜지스터의 성능을 결정하는 막으로 게이트 전극 밑에 존재한다.

7-5 열 CVD와 플라스마 CVD

보다 기본적인 CVD 프로세스는 열 CVD 프로세스와 플라스마 CVD 프로세스다. 원료 가스를 가열하거나 플라스마로 분해해 성막종으로 하는 것이다.

열 CVD 프로세스의 메커니즘

열 CVD란 원료 가스를 열로 분해해 성막종을 만들고, 웨이퍼 표면까지 수송해 성막하는 것으로 가장 기본적인 CVD법이다. 온도를 가하는 방법은 그림 7-5-1에 나타냈듯이 두 가지 방법이 있다. 하나는 웨이퍼를 반응로(일반적으로 내열성을 고려해 석영이 사용된다)의 외측부터 가열하는 타입으로 핫 월(hot wall) 방식이라고 불리는 것이다.

앞 절에서 설명한 산화로도 바로 이 타입이다. 그림에 나와 있듯이 대량의 웨이퍼 처리가 가능하지만 급격하게 온도를 올릴 수 없기 때문에 처리 시간이 길어진다. 또 반응로에도 막이 부착되는 것이 과제다. 또한 가스가 웨이퍼와 수직 방향으로 흐르기 때문에 가스는 상류 측에서 소비되고 반응로의 길이 방향으로 온도 분포를 조정해야 한다. 대량 처리가 필요한 프로세스에서는 유용하다. 압력은 감압으로 성막되는 경우가 대

그림 7-5-1 **열 CVD 장치 개념도**

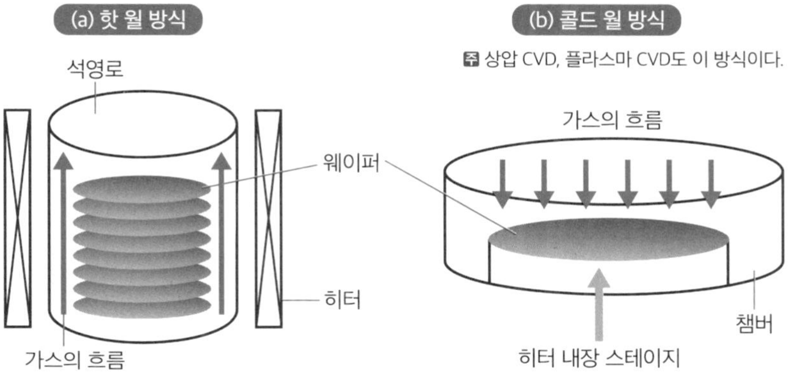

부분으로 감압 CVD라고 한다.

한편 콜드 월(cold wall) 방식은 그림과 같이 매엽식 장치에 많고, 웨이퍼를 탑재하는 스테이지•를 가열해 웨이퍼의 온도를 올린다.

이 때문에 반응 챔버에 막의 부착은 적지만 스테이지 재료의 내열성에서 히터 온도에 제한이 있으며 500°C 이하의 저온 성막에 사용된다. 위의 핫 월 방식은 500°C 이상의 고온 성막에 사용된다. 매엽식 처리이므로 처리 시간은 짧지만 매수가 많으면 그만큼 시간이 걸린다. 상압 CVD 및 플라스마 CVD도 이 방식이다. 물론 감압으로 성막되는 경우도 있다.

플라스마 CVD법이란?

플라스마에 관해서는 에칭 편 6-3, 6-4에서 설명했으므로 참조하기 바란

• **스테이지**
서셉터(susceptor)라고 부르는 경우도 있다.

그림 7-5-2 **플라스마 CVD 장치: 평행 평판식의 예**

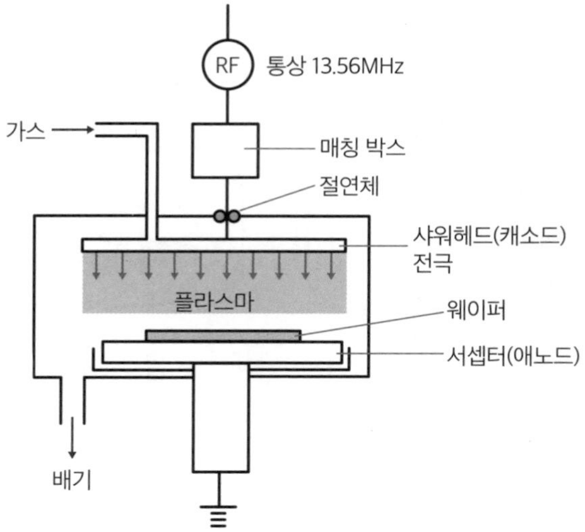

다. **플라스마 CVD**의 장점은 플라스마에 의한 원료 가스의 분해를 시도하기 때문에 성막 온도가 낮다는 점이다. 웨이퍼는 그림 7-5-2와 같이 애노드 측에 놓는 **애노드 커플**이다. 당초는 알루미늄 배선 위의 **보호막(passivation)** 형성에 검토되었지만 현재는 여러 가지 성막에 사용되고 있다. 나중에 언급할 low-k 막도 플라스마 CVD로 진행하는 경우도 있다.

플라스마 발생 방법은 그림에 표기한 것처럼 평행 평판의 용량 결합형뿐만 아니라 고밀도 플라스마를 발생하는 ECR(Electron Cyclotron Resonance) 방전을 이용한 것도 있다.

7-6 금속막에 필요한 스퍼터링 프로세스

LSI의 백 엔드 프로세스에서는 여러 가지 배선을 이용하며 그 역할에 맞는 재료도 서로 달라진다. 배선용 금속은 CVD 등으로 성막하는 것이 곤란하므로 스퍼터링이라는 방법을 이용한다.

스퍼터링법의 원리

스퍼터링은 그림 7-6-1에 나타낸 바와 같이 Ar(아르곤)의 플라스마를 발생시키고 아르곤 이온을 타깃이라고 불리는 금속의 잉곳에 충돌시켜 금속 원자를 튀어 나오게 해 웨이퍼 위에 성막하는 것이다. 에칭 편의 설명을 빌리면 타깃을 아르곤 이온으로 에칭하고 있는 형태가 된다. 플라스마를 발생시키기 위해서는 물론 진공으로 할 필요가 있다. 스퍼터링의 Ar 플라스마의 진공도는 플라스마 CVD보다 두 자리 정도 높은 진공도로 되어 있고, 그만큼 추가적인 진공 시스템이 필요해 장비도 고가다. 이렇게 플라스마를 사용하면 다양한 재료를 성막할 수 있다.

한편 스퍼터링법을 이용하지 않는 증착이라는 기술도 있다. 이것은 금속의 원료를 보트라고 불리는 통에 넣고 히터로 직접 가열하거나 전자선으로 가열해 금속 원료를 증발시켜 웨이퍼 상에 퇴적시키는 방법이다.

그림 7-6-1 **스퍼터링 장치 개념도**

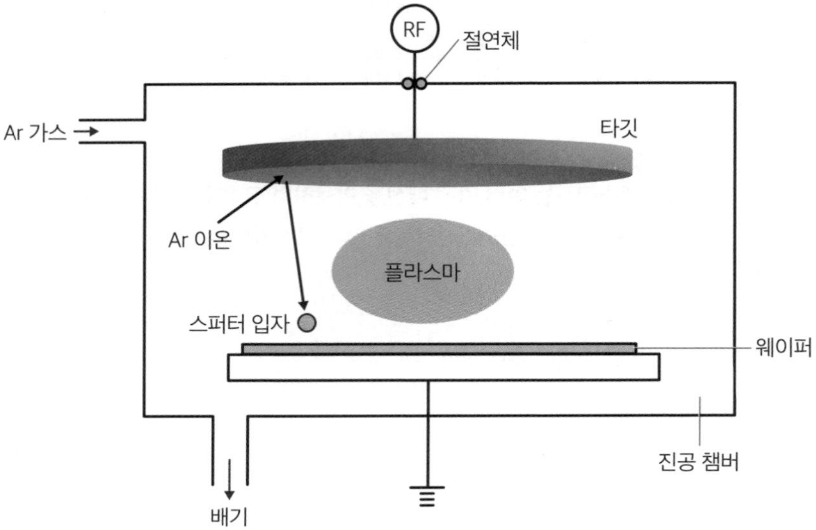

그러나 융점이 높은 금속은 증착이 곤란하다는 점과 증착원이 점원(면적이 작다는 의미)이 되기 때문에 웨이퍼가 대구경화된 현재는 웨이퍼 내에서의 균일성의 관점에서 사용하지 않게 되었다.

스퍼터링법의 장점과 단점

스퍼터 입자는 특정 방향성을 가지고 웨이퍼 상에 날아오기 때문에 스퍼터링법에서는 커버리지가 과제가 된다. 커버리지 향상을 목표로 여러 가지 기법이 고안되었고 콜리메이터 & 롱 스로(collimator & long throw)법이 있는데 전자는 스퍼터 입자의 방향을 정렬시키기 위한 격자(콜리메이터)를 두는 것, 후자는 타깃과 웨이퍼의 거리를 떨어뜨려 놓는 것이다. 이와 같이 스퍼터링법도 다양한 개선이 추가되어 7-10의 Cu/low-k

그림 7-6-2 **Cu 싱글 다마신에서의 스퍼터링 프로세스**

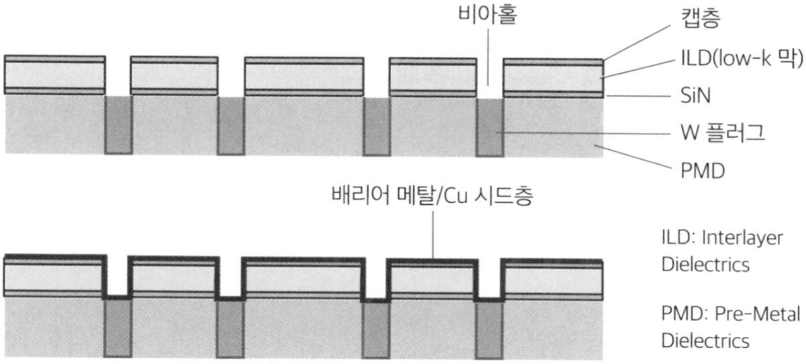

배리어 메탈(Ti/TiON)/Cu 시드층(Cu) 형성을 스퍼터링법으로 진행.
그 후 다음 절의 그림 7-7-2와 같이 비아홀 내에 Cu를 도금하고 비아홀 이외의 Cu를 CMP로 제거한다. 이것을 싱글 다마신이라 한다.

구조의 배리어 메탈과 Cu 시드 레이어의 형성에도 스퍼터링법을 활용한다. 그림 7-6-2는 그 플로를 표시했다. 7-7 참조. 이러한 적층 막 구조는 멀티 챔버의 스퍼터링 장치를 이용한다.

또한 전자의 배리어 메탈은 TiN, TiON 등의 티타늄 질화물, 질산화물이 사용된다. 이것은 Ar 가스에 질소나 산소를 첨가하고 타깃에서 나온 Ti 원자와 질소와 산소를 반응시켜 형성하는 것으로 반응성 스퍼터링법이라고 부른다.

7-7 Cu 배선에 필수적인 도금 프로세스

7-10에서 설명하는 Cu/low-k 프로세스에도 사용되고 있는 것이 도금 프로세스다. Cu는 CVD 등으로 성막이 어려우며 또한 에칭도 어려운 재료●이기 때문에 도금을 이용한다.

왜 도금일까?

Cu의 필요성에 관해서는 7-10에서 설명한다. Cu 도금 공정은 전해 반응을 이용하는 것으로 학교에서 배우는 Cu 도금 실험과 원리는 동일하다. 전해액은 황산동이 주체이고 다양한 첨가제가 노하우다. Cu 도금액의 형태로 재료사가 제조해 판매하고 있다. 원리는 동일하더라도 300mm 웨이퍼 위에 균일하게 도금하려면 공업적 제어가 필요하며 반도체 공정 전용 Cu 도금 장치가 있다. 그림 7-7-1은 개요를 보여 준다. 도금액의 거품 발생을 방지하거나 웨이퍼 내 성막의 균일성을 유지하기 위해 웨이퍼는 회전하게 되어 있다.

● **에칭도 어려운 재료**
이 때문에 소위 Cu 다마신 프로세스가 이용된다. 8-6 참조.

그림 7-7-1 **Cu 도금 장치의 개요**

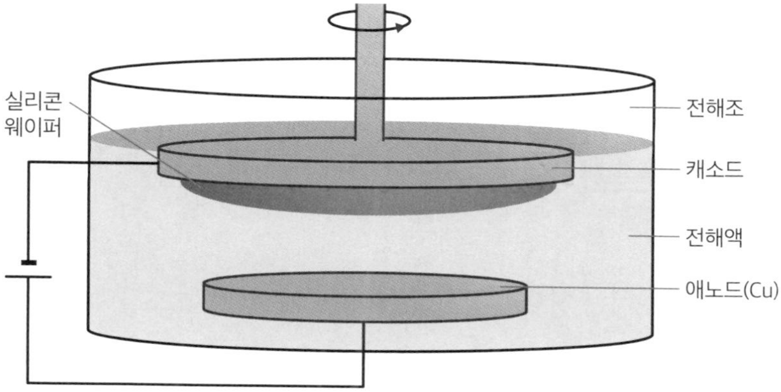

그림 7-7-2 **Cu 도금 프로세스 플로**

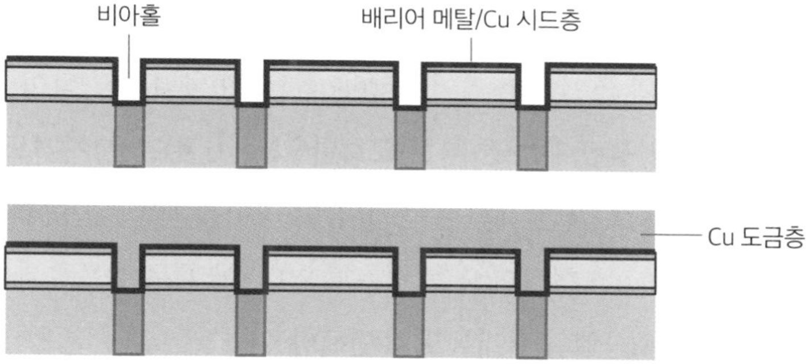

주 Cu 도금 후 여분의 Cu 막을 CMP로 제거하는 싱글 다마신법.

도금 프로세스의 과제

실제 Cu 도금 공정의 플로는 어떻게 되어 있을까? 그림 7-7-2를 사용해 설명하겠다. 그림 위에는 그림 7-6-2에 나타낸 비아홀 내에 배리어층과 Cu 시드층이 형성된 것을 보여 주고 있다. Cu 시드층은 Cu 도금이 균일하고 형상도 좋게 잘 형성되도록 Cu를 앞 절에서 설명한 스퍼터링법

그림 7-7-3 **Cu 도금 후의 매립 형상 불량**

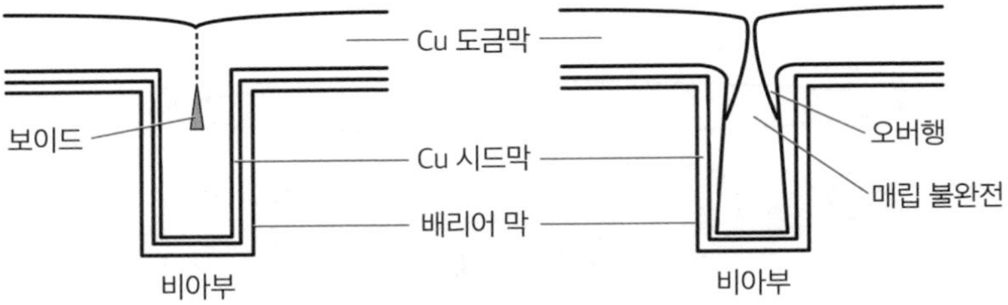

으로 수십 나노미터 정도 형성시킨 것이다. 이 위에 Cu 도금막을 형성한다. 그때 비아홀 안에도 Cu가 형성되어 다음 그림과 같이 된다. 물론 비아홀 안에도 Cu 시드층이 형성되어 있다. 후에는 여분의 Cu를 CMP로 제거하는 흐름이 된다. 다만 이 비아홀은 100nm 이하의 미세한 홀이므로 그림 7-7-3에 표시된 것과 같은 매립 불량이 나타날 수도 있다. 이것은 도금 공정의 스텝 커버리지(step coverage)가 나빠서 막이 비아홀의 양측에서부터 성장해 중간 부분에 **보이드(void, 틈)**가 생기기도 하고 그것이 극단적으로 되면 그림 우측과 같이 비아홀 내부에 성막되지 않은 오버행(overhang) 형상이 되는 경우도 있다. 이 때문에 프로세스 조건의 관리는 물론 도금액의 관리에도 유념해야 한다.

7-8

low-k 막에도 사용하는 도포 프로세스

막의 재료를 유기용제에 용해시키고 그것을 도포해 성막시키는 기술도 경우에 따라서는 필요하게 된다. 이것이 도포 프로세스다. 이 프로세스는 7-10에서 설명하는 Cu/low-k 프로세스에도 사용하고 있다.

왜 도포 프로세스인가?

반도체 전 공정에서는 도포 공정, 즉 스핀 코팅 프로세스가 사용된다. 예를 들어 5-6에서 언급한 리소그래피의 레지스트 도포 등이다. 이것도 어떤 의미에서 성막의 일종이다. 따라서 반도체용 박막을 도포 공정으로 행하려는 생각은 자연스러운 것이라고 할 수 있다. 장치 구성이 간단해지기 때문에 프로세스 비용의 절감으로 이어진다는 장점도 있다.

그러나 한편으로 열산화나 열 CVD 등에 비교하면 막의 안정성 면에서는 다소 떨어진다. 또한 도포 공정은 액상 공정이므로 원재료를 용매에 녹일 필요가 있으며 재료의 제한이 있다. 현재 실용화되고 있는 것은 거의 절연막이며 그중 실리콘 산화막이 주류를 이루고 있다. 이것을

그림 7-8-1 **도포 장치 개념도**

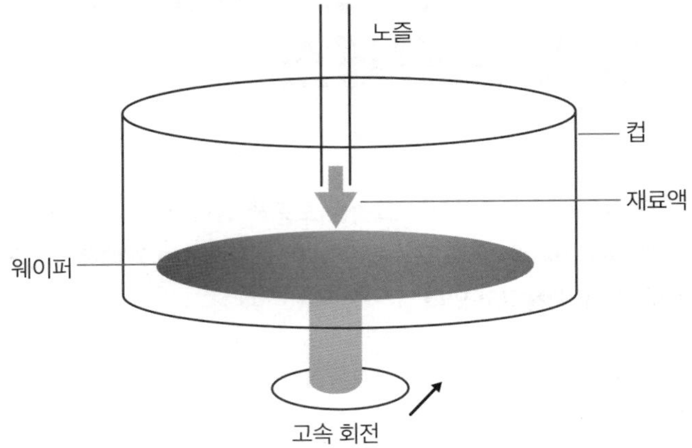

SOD●(Spin On Dielectrics)라고 한다. 또한 최근 low-k 막의 도포도 이루어지게 되었다.

레지스트와 마찬가지로 웨이퍼 상에 균일한 막 두께로 성막하기 위해서 웨이퍼를 1장씩 처리하는 매엽식 장치가 사용된다. 웨이퍼 표면을 위쪽으로 한 뒤 진공 척으로 고정하고 일정 양의 재료를 적하한 다음 고속으로 회전시켜 웨이퍼 상에서 균일한 막 두께로 만드는 **스핀 코터(회전식 도포 장치)**가 사용된다. 그림 7-8-1은 그 개요를 보여 주고 있다. 편의상 그림에는 그려져 있지 않지만 레지스트와 동일하게 에지 린스나 백 린스 기능도 붙어 있다. 이것에 대해서는 5-6을 참조하기 바란다. 막 두께는 회전수와 액체 재료의 점도로 조정한다. 물론 회전수가 높으면 막

● **SOD**
절연막은 주로 실리콘 산화막이기 때문에 SOG(G는 Glass의 약자)라고 부르는 방법이 일반적으로 되어 있다.

그림 7-8-2 **도포막 두께 제어**

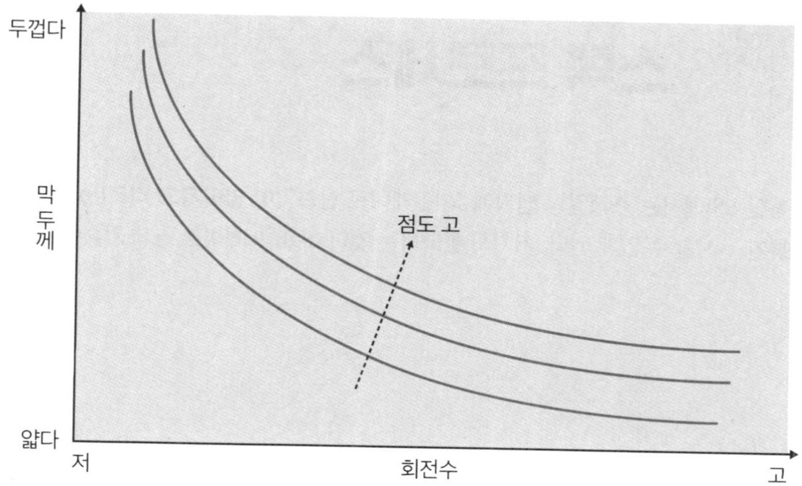

두께가 얇고 액체 재료의 점도가 높으면 막 두께가 두꺼워진다. 이 관계는 그림 7-8-2에 나와 있다. 이후 용매를 완전히 제거하고 막을 안정화시키기 위해 300~400°C 정도에서 열처리를 수행한다. 이 열처리는 도포 장치에 인라인되어 있다.

도포 프로세스의 과제

레지스트와 마찬가지로 재료의 사용 효율에 문제가 있기 때문에 복수의 노즐을 가지고 웨이퍼 위에 스캔하면서 재료액을 적하·도포하는 스캔 도포 장치도 생각할 수 있지만 그래도 주류는 스핀 코터다. SOD의 경우 층간 절연막으로서 디바이스에 남아 있기 때문에 막 두께 관리는 엄밀하게 실시한다. 컵 내부의 분위기(온도, 가스 분압) 제어도 중요하다.

7-9 high-k 게이트 스택 프로세스

최첨단 LSI에서는 스케일링 법칙에 의해 게이트 산화막이 얇아지고 리크(leak, 누설) 전류가 무시할 수 없게 된다. 거기서 활약하는 것이 high-k 게이트 스택 기술이다.

게이트 재료의 역사

성막 이야기와는 직접 관련이 없을지도 모르지만, MOS 트랜지스터의 게이트 기술은 반도체 공정에 있어 기본 중의 기본이기 때문에 역사를 포함해 성막과의 관계에 대해 언급해 두고 싶다. 그림 7-9-1에 나타낸 바와 같이 처음에는 (a)의 Al 게이트였다. 다만 이 구조는 Al의 내열성 문제(4-7 참조), 게이트를 소스·드레인보다 나중에 제작하기 때문에 얼라인 마진을 여유 있게 설계한 구조, 이러한 이유 때문에 미세화에는 불리했다.

그래서 다음에 생각한 것은 (b)와 같이 게이트를 소스·드레인보다 먼저 제작해 자기정합적(셀프 얼라인이라고도 한다)으로 확산층을 형성하는 방법이다. 이것은 폴리실리콘의 내열성이 소스·드레인 형성 후의 열처리에 견디는 것이 가능하기 때문이었다. 이것을 폴리실리콘 게이트라고

그림 7-9-1 **게이트 전극 구조의 변이**

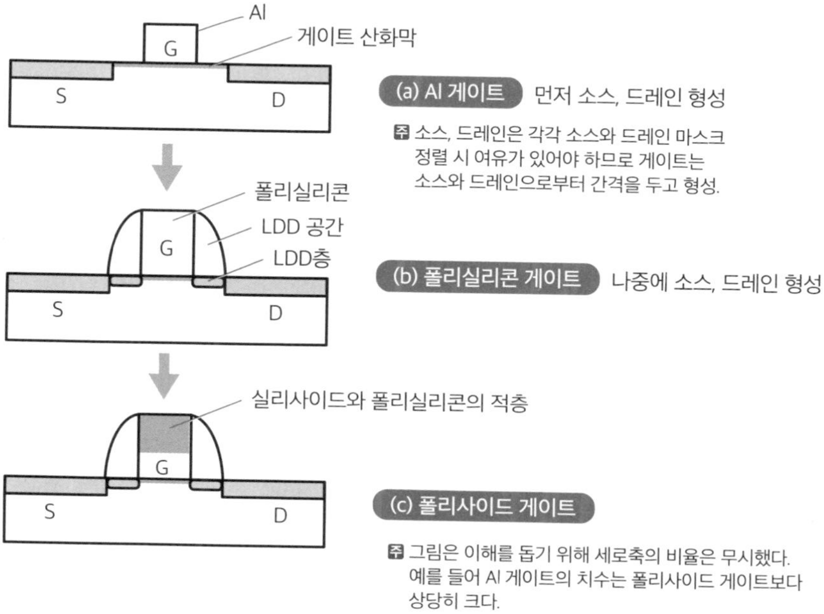

한다. 그림에서는 LDD● 공간을 설계한 후 소스·드레인을 형성한다. 현재는 폴리실리콘 게이트라고 불리며 (c)와 같이 게이트가 실리사이드, 폴리실리콘의 적층 구조로 되어 있는 것 외에는 (b)와 기본적으로 같다. 실리사이드와 폴리실리콘의 적층 구조를 폴리사이드라고 하기 때문에 폴리사이드(polycide) 게이트라고 한다. 다음에 말하는 high-k 막 게이트 스택도 기본적으로 이 구조다.

● **LDD**
Lightly Doped Drain의 약자. 드레인 부근에서의 전계 집중을 완화시키기 위한 소스나 드레인보다 불순물 농도가 낮은 영역을 마련한 구조. 9-5의 플로에서도 언급한다.

그림 7-9-2 **high-k 절연막의 필요성**

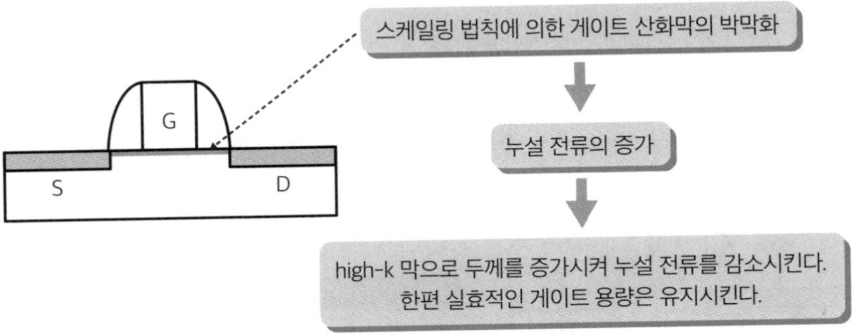

high-k 게이트 스택 기술

그림 7-9-2에 나타낸 바와 같이 스케일링 법칙에 따라 게이트 산화막의 박막화에 의해 게이트의 **누설 전류** 증대를 초래하는 결과가 되었다. 따라서 high-k 막으로 막 두께를 두껍게 해 누설 전류를 최소화하고 한편 실효적인 게이트 용량을 유지하는 high-k 게이트 절연막이 필요하게 되었다. high-k는 low-k의 반대로 고유전율막을 말한다. 일반적으로 실리콘 산화막의 유전율은 4 정도지만 high-k 막은 10 이상이 기준이 된다. 다만 실리콘 단결정과의 계면은 안정한 실리콘 산화막이 더 바람직하기 때문에 얇은 산화막과의 적층 구조가 되어 HfSiO(N)/SiO_2, HfAlO(N)/SiO_2 등의 실용화가 생각되었다. 이러한 막은 감압 열 CVD법이 주류를 이루고 있다. 이것에 비해서 한 층마다 조성을 제어하면서 성막하는 ALD(Atomic Layer Deposition)법이 검토되고 있다.

그림 7-9-3 **ALD 성막 프로세스의 모식도**

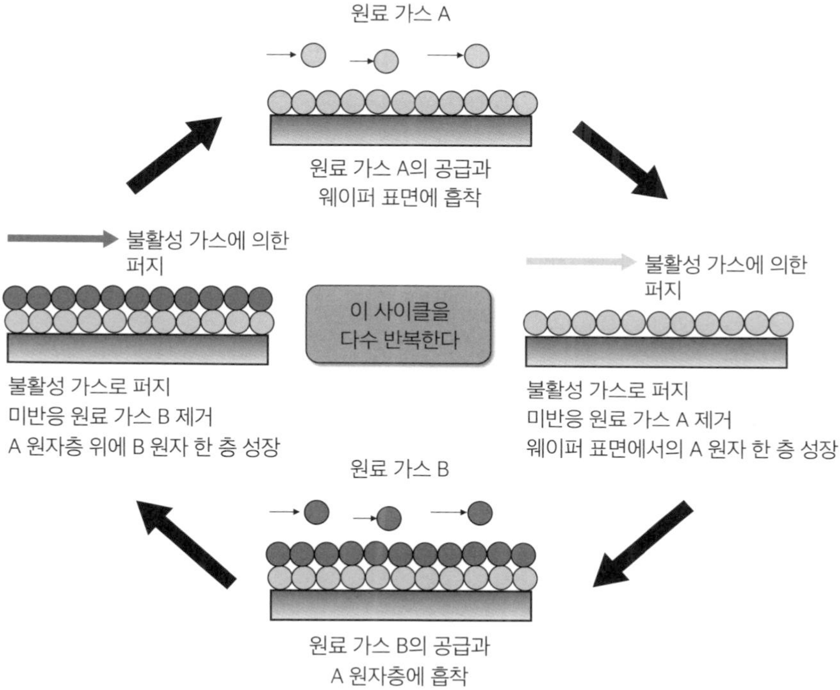

ALD 프로세스의 기본

그림 7-9-3에 나타낸 바와 같이 ALD 공정은 기본적으로 성막과 퍼지(purge)를 반복해 막을 성장시켜 가는 것이다. 지금까지 언급한 성막 방법과 크게 다른 점은 가스 공급에 어떤 고안이 필요한 것이다. 왜냐하면 1회의 원료 가스 공급량에 편차가 있으면 ALD 프로세스가 순조롭게 진행될 수 없기 때문이다.

여기에서는 high-k 막에 대한 응용을 예로 들었지만 차세대 메모리의 후보인 MRAM● 및 FeRAM●● 등에 사용되는 재료의 성막에 응용도 제안되어 있다. 그 양산 대응 장치도 시장에 나와 있다. 따라서 성막은 지금까지 반도체 프로세스에 없었던 신규 재료를 제공하는 잠재력을 가지고 있다.

● **MRAM**
플래시 메모리와 유사한 비휘발성 메모리의 일종으로 강자성체 막을 사용한다.

●● **FeRAM**
플래시 메모리와 유사한 비휘발성 메모리의 일종으로 강유전체 막을 사용한다.

7-10 Cu/low-k 프로세스

첨단 로직 LSI에서는 배선 지연의 문제로 배선에는 구리(Cu), 층간 절연막에는 저유전율막(low-k)이 사용된다. 이것을 Cu/low-k 프로세스라고 한다.

왜 Cu/low-k인가?

첨단 CMOS 로직을 중심으로 Cu/low-k 프로세스가 사용된다. 왜 Cu/low-k를 사용하는 것일까? 그것은 미세화와 관련이 있다. 그림 7-10-1을 참조하기 바란다. 미세화에 따라 배선 폭이 점점 작아지고 배선 피치가 좁아지기 때문에 배선 간 층간 절연막의 폭도 작아진다. 따라서 배선의 저항 값이 커지고 배선 간의 갭이 작아지므로 배선 간의 기생 용량●을 무시할 수 없게 되었다. 이 때문에 기생 용량 C와 배선 저항 R에 의해 배선 지연의 시정수 CR이 발생한다. 배선 지연이 있으면 LSI가 성능대로 작동

● 기생 용량
본래는 용량을 설계에 넣지 않았다. 그러나 반도체에는 배선과 확산층이 있기 때문에 구조적으로 예측하지 않은 용량이 발생하는 것을 기생 용량이라고 한다. 미세화에 의해 문제가 나타나고 있다.

그림 7-10-1 **Cu/low-k 구조가 필요한 이유에 대한 개념도**

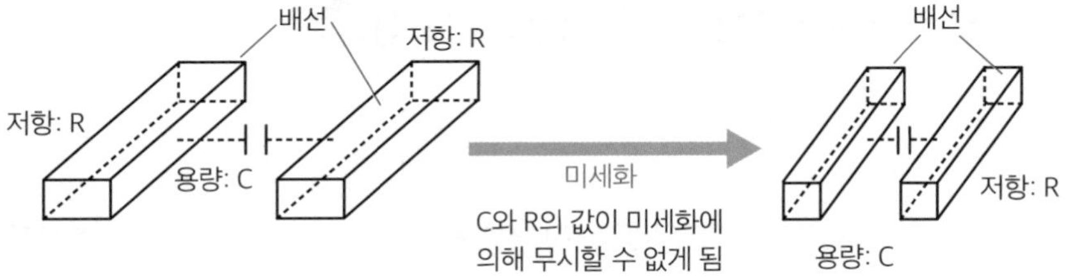

하지 않는다. 이 배선 지연의 감소에는 시정수 CR의 절감이 필요하고, C는 SiO_2를 low-k(저유전율) 막으로 교환, R은 Al을 Cu로 교환하는 것이 요구된다. 즉 Cu/low-k가 필요하게 되는 것이다. Cu 막은 전술한 바와 같이 도금으로, low-k 막은 플라스마 CVD나 도포 프로세스로 수행한다.

성막 관점에서 본 Cu/low-k 과제

도포 공정 외에 성막 관점에서의 Cu/low-k의 과제는 Cu/low-k 막의 성막을 어떻게 할까 하는 것이 된다. 이 low-k 막의 구조는 그림 7-6-2에 나타낸 바와 같이 SiN 막, low-k 막, 캡막이라고 하는 적층막이 된다. SiN 막이나 캡막은 Cu의 확산을 방지하는 역할을 한다. SiN 막이나 캡막의 유전율은 low-k 막보다 높기 때문에 전체 유전율은 이 적층 구조를 고려한 값으로 설계되어야 한다. 45nm 노드 이후에서는 그림 7-10-2에 나타내는 바와 같이 k 값이 2.5 이하인 막이 요구되고 있고, 그림과 같이 다공성(porous) 막으로 달성할 수 있다. 이 때문에 **다공성의 low-k 막**(울트라 low-k 막이라고 하며, ULK 막이라고 하는 경우도 있다)을 안정적으로 형성하는 기술이 필요하다. 성막 후 전자선이나 UV 광으로 어닐링해 k 값의 감소나 기능적 강도를 향상시키는 기법이 생각되고 있다.

그림 7-10-2 **다공성 low-k 막의 필요성**

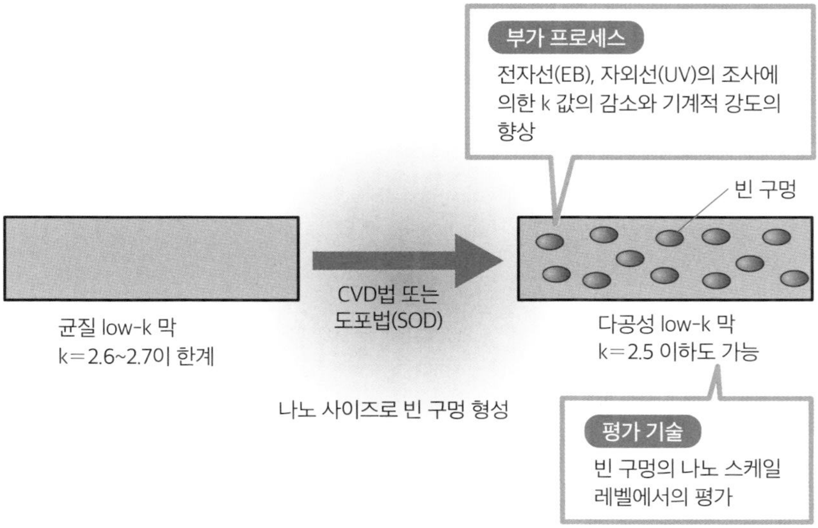

CMP 공정을 이용한 Cu/low-k 다층 배선의 형성 방법이나 과제는 8-6에서 다루겠다. 그림 7-10-2의 우측에 표시된 다공성 low-k 막의 유전율은

$$k=k_b/\{1+p(k_b-1)\}$$

로 표시된다. 여기서 k_b는 벌크 부분의 유전율이고, p는 다공성 부분의 부피 비율이다. 공기의 유전율은 1이다.

또한 울트라 low-k 막을 사용하기 시작한 후 Cu/ULK라는 표기가 널리 사용되고 있다.

제8장

평탄화(CMP) 프로세스

이 장에서는 LSI의 다층 배선화가 진행됨에 따라 필수가 된 CMP 프로세스를 장치나 소모 부재도 포함해 설명한다. 또한 CMP의 메커니즘을 다루고 CMP 프로세스를 다용하는 Cu 듀얼 다마신(dual damascene) 기술과 CMP 프로세스의 과제에 대해서도 다루겠다.

8-1 다층 배선에 필수적인 CMP 프로세스

LSI가 아직 2층 배선의 시대에는 평탄화 기술(일부는 평활화의 레벨)은 에칭이나 성막의 조합으로 실시할 수 있었다. 그러나 다층화가 진행됨에 따라 CMP 프로세스라고 하는 웨이퍼 표면을 평탄하게 만드는 기술이 필요해졌다.

왜 CMP 프로세스인가?

여기에서는 CMP 프로세스가 태어난 역사적인 배경을 설명하겠다. CMP 프로세스가 필요한 것은 시스템 LSI나 첨단 CMOS 로직이 발전하는 가운데 다층 배선화가 진행되었기 때문이다. 메모리에서 메모리 셀은 비트 라인과 워드 라인의 최소 2층 배선으로 끝나므로 CMP는 사용되지 않는 경우가 있다. 다층 배선이 필요한 이유는 2-4에서도 언급했지만 첨단 로직 LSI에서는 이미 회로 검증이 완료된 IP를 결합해 로직 LSI 설계가 이루어지고 있다. 새로운 회로 검증에는 방대한 시간이 걸리기 때문이라고 알려져 있다. 따라서 다양한 회로 블록을 배선으로 연결해 LSI로 완성한다. 이것을 빌딩 블록 방식이라고 한다. 이와 같은 방법으로 제작하므로 필연적으로 배선이 계단 구조가 되어 다층 배선이 필요하게 되었다. 3층 이상의 다층 배선을 형성하기 위해서는 완전 평탄화가 필요하고

그림 8-1-1 **갭필 기술**

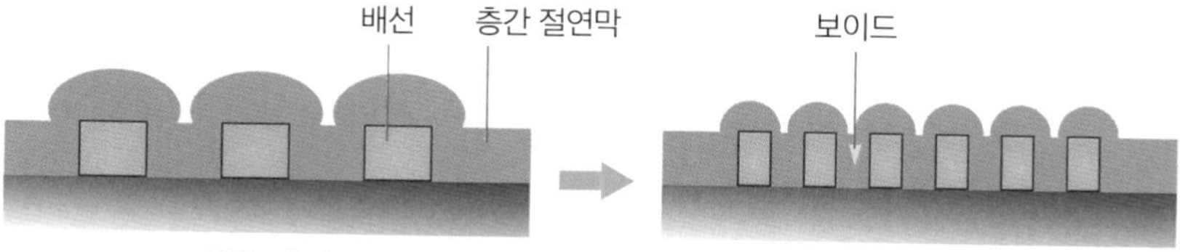

갭필: 배선(M) 사이의 틈새에 층간 절연막(ILD)을 매립하는 기술

그림 8-1-2 **평탄화의 예-레지스트/에치 백의 예**

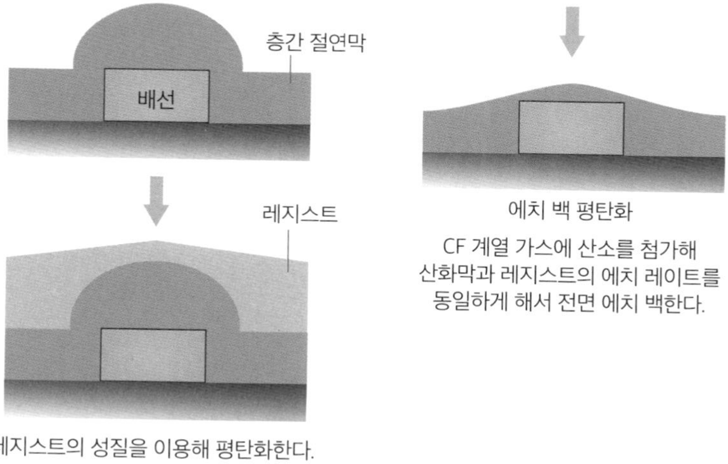

그 때문에 1990년대 초반부터 CMP의 실용화가 진행되었다.

CMP 프로세스까지의 흐름

CMP가 실용화되기 전까지도 평탄화에 대한 요구는 있었다. 1980~1990년대에 있어서의 평탄화 배선 형성 기술의 과제는 두 가지가 있었다. 하나는 배선의 폭과 피치가 미세화에 의해 더욱 작아지고 배선상에 형성하는 층간 절연막이 배선 사이에 채워지지 않게 되어 그림 8-1-1에 나타내는 바와 같이 **보이드**●(void)가 발생해 신뢰성에 문제가 생긴다. 이 배선 사이의 갭에 층간 절연막을 보이드 없이 채워 넣는 기술을 **갭필(gap fill)**이라고 한다. 제7장 성막에서 언급한 스텝 커버리지의 향상이 중요하고 다양한 CVD 방법이 고안되었다(9-3 참조).

다른 한 가지는 층간 절연막 형성 후 배선 위의 단차를 어떻게 평탄화하는가 하는 문제다. 평탄화라기보다는 평활화라고 표현하는 편이 좋을지도 모르겠다. 당시는 도포형의 층간 절연막으로 평활화하기도 하고 레지스트 에치 백이라고 불리는 기술을 이용했다. 후자의 예를 그림 8-1-2에 표시했다. 다만 이 방법에서는 완전 평탄화가 되지 않았다.

● **void**
7-7 참조.

8-2 첨단 리소그래피를 활용한 CMP 프로세스

리소그래피 편에서 기술한 첨단 노광 장치도 노광면이 평탄하지 않으면 해상도의 특성이 나오지 않는다. 그 때문에도 CMP에 의한 평탄화는 빠질 수 없다.

초점 심도 저하를 완화해 주는 CMP

8-1에서 설명한 불완전한 평탄화(평활화) 과정에서 그림 8-2-1의 왼쪽 그림과 같이 그 위에 배선층을 형성하면 배선이 평탄해지지 않는다는 문제가 발생한다. 따라서 오른쪽 그림과 같이 완벽한 평탄화가 요구된다. 그것은 리소그래피에서 문제가 발생하기 때문이다. 제5장의 리소그래피에서도 언급했지만 노광 장치의 해상도를 높일수록 초점 심도(DOF)가 떨어진다. 따라서 미세화가 진행되면 될수록 특히 고해상도 노광 장치를 사용할 때 노광하는 면의 평탄화가 필요하다. 이것은 CMP에 의한 완전 평탄화밖에 답이 없었다고 하는 것이다. 그래서 CMP는 리소그래피 기술의 초고해상도 기술 중 하나라는 인식도 있다.

그림 8-2-1 **불완전 평탄화 vs. 완전 평탄화의 차이**

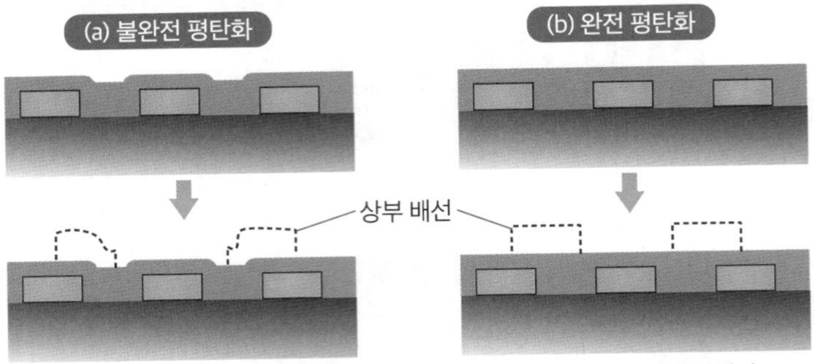

완전 평탄화를 해두지 않으면 상부에 배선을 형성한다 해도 리소그래피 장치의 DOF 문제로 패턴 폭이 불안정해지고 형상도 단차의 영향을 받아 불안정하게 된다.

CMP가 필요한 공정

첨단 CMOS 로직에서는 CMP 없이 디바이스 제작은 불가능하다고 말해도 과언이 아닐 것이다. 그림 8-2-2에 그 단면도를 모식적으로 나타냈다. 아래에서 STI(Shallow Trench Isolation, 소자 간 분리), W 플러그 전의 층간 절연막(그림에서 PMD라고 언급. PMD는 Pre Metal Dielectrics의 약자), W 플러그, 그 위에 형성된 Cu의 배선 등 CMP 공정이 필요한 곳은 많이 있다. 이 중 Cu 배선을 만드는 Cu 듀얼 다마신 기술은 8-6에서 설명한다. 매우 복잡하고 비용이 많이 드는 프로세스다. 또한 그림에서 알 수 있듯이 Cu의 CMP 프로세스는 배선층이 늘어나면 늘어나는 만큼 필요한 것을 알 수 있다. 이것은 LSI 칩의 비용 상승을 초래하므로 하층의 배선만을 Cu 듀얼 다마신으로 형성하고 상부 배선은 Al로 형성한다는 생각도 있었다. 이렇게 많은 공정에서 CMP 프로세스를 필요로 하기 때문에 첨단 CMOS 로직의 라인에는 CMP 장치가 즐비하게 배치되어 있다.

그림 8-2-2 **첨단 CMOS 로직과 CMP의 사용 예**

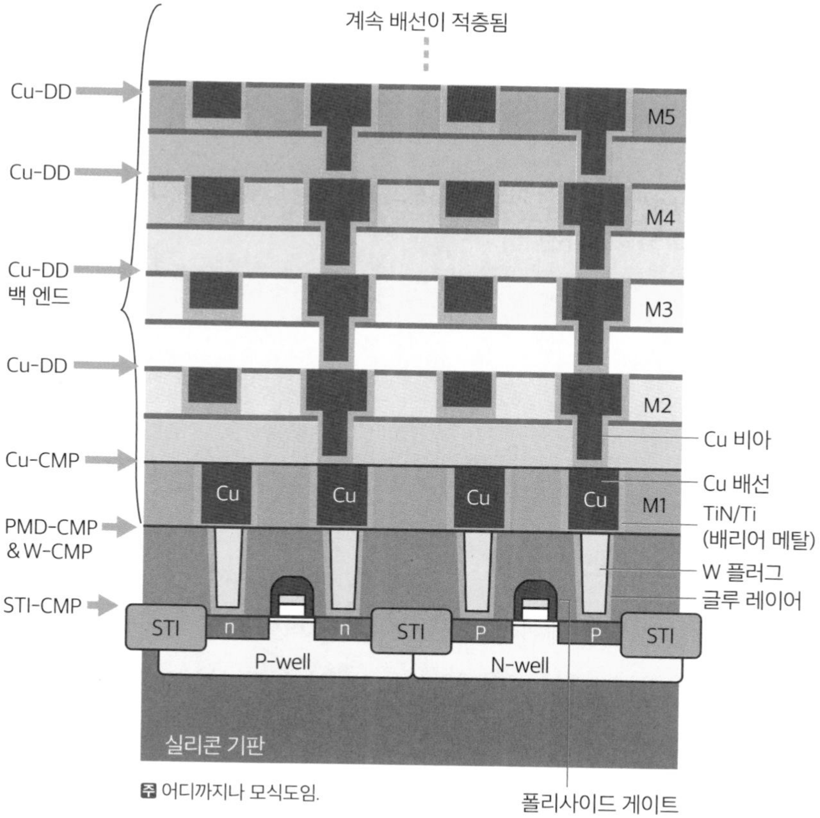

주 어디까지나 모식도임.

8-3 웨트 프로세스로 회귀하는 CMP 장치

CMP 장치는 지금까지 설명한 기타 전 공정의 장치와는 다르게 기계적인 가공 장치다. 프로세스에도 그 영향이 나온다.

CMP 장치는 어떤 것일까?

CMP 장치는 반도체 웨이퍼 표면을 미러 폴리싱할 때 사용되고 있었던 폴리셔와 제9장 9-2에서 설명하는 백 그라인더(웨이퍼 뒷면을 연마하는 장치)와 비슷하다. 모두 기계 가공 장치이며 구동부가 많고, 소위 진공 프로세스가 아니다. 특히 폴리셔에서는 연마제를 사용하는 곳이나 물도 대량으로 사용하는 것이 공통점이다.

일반적인 CMP 장치를 그림 8-3-1에 표시했다. 한 마디로 기술한다면 웨이퍼 뒷면을 압반(platen)이라고 불리는 지그에 흡착시켜 웨이퍼 표면을 연마 패드(그냥 패드라고 약칭하는 경우가 있다)에 가압(연마 패드와 압반을 모두 가압하는 모양)하고 연마 패드 위에는 슬러리(slurry)라고 불리는 연마 입자와 약액을 포함하는 용매에 연탁(suspension)시킨 용액을 흘리면서 웨이퍼 표면을 연마하는 것이다. 연마 패드에 슬러리가 막

그림 8-3-1 **CMP 장치의 모식도**

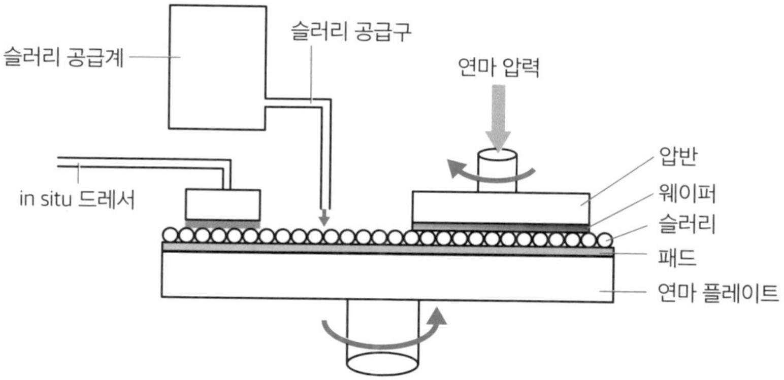

히는 것을 방지하기 위해 드레서(dresser, 컨디셔너라고도 한다)로 in situ로 리프레시한다. 1980년대부터 클린룸에는 드라이 프로세스(에칭)가 점차 도입되어 왔지만 CMP는 슬러리라고 불리는 용액을 사용하기 때문에 드라이 프로세스에서 웨트 프로세스로의 회귀라고 불리고 있다. 또한 클린룸에 슬러리라는 미립자를 포함한 용액을 도입할 때는 큰 저항이 있었다. 단지 사견이지만 상기와 같이 실리콘 웨이퍼 제조에서 폴리셔로 사용된 경위가 있으며 반도체 제조업체에서는 실리콘 웨이퍼도 자체에서 제작했던 시대도 있었기 때문에 그 저항도 강한 것은 아니었다. 오히려 앞 절에서 언급했듯이 CMP를 사용해 완전히 평탄화하는 것이 시급했었다.

슬러리를 제거하려면 빌트인● 세척 장치가 필요하다. 또한 CMP 장

● **built in**
여기에서는 CMP 장치와 일체화했다는 의미. CMP 장치에 부속된다. CMP 장치 메이커는 토털 솔루션을 추구하고 있다.

그림 8-3-2 **드라이 에칭 장치에 비교한 CMP 장치**

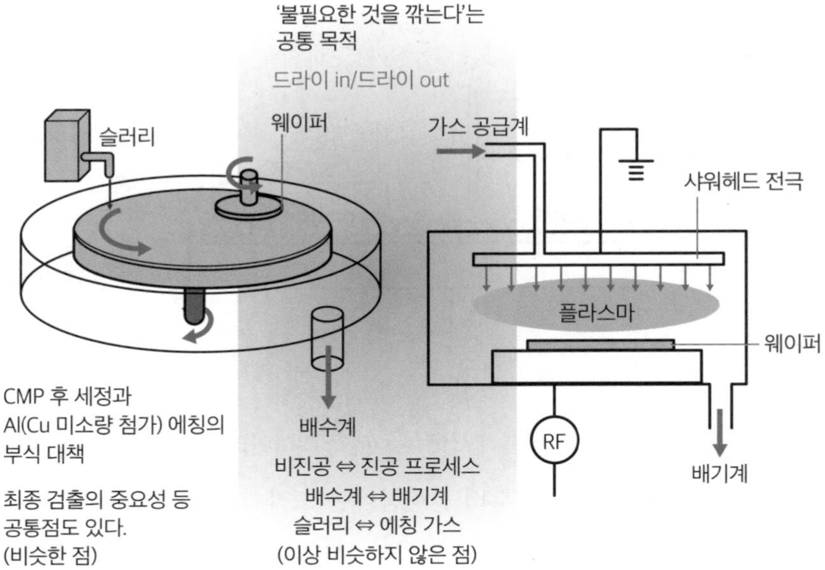

치에는 당초 30개 사 정도가 참가를 계획하고 있었지만 지금은 소수의 회사에 의해 지배되고 있다.

기타 반도체 프로세스 장치와 비교해 본 CMP 장치

CMP 장치는 원리가 간단하지만 그만큼 복잡한 곳도 있다. 특히 장비와 장비 주변의 유지 보수가 어렵고 소모품과 같은 주변 기술 시장이 장비와 동일한 수준의 규모다. 제조 현장에서의 기술 개량이 여러 가지 필요하다고 생각된다. 한편 드라이 에칭과 같이 전형적인 진공 공정과 비슷한 측면도 있다. 그림 8-3-2를 보자. 전 공정 프로세스 장치는 이런 점에 착안해서 보면 공통점이 많을지도 모르겠다.

8-4 소모재가 많은 CMP 프로세스

CMP 프로세스는 슬러리, 패드, 리테이너 링, 컨디셔너 등 소모 부재가 많은 프로세스다. 그런 의미에서 프로세스와 장비 관리가 중요하다.

어떤 소모품이 있을까?

앞 절에서 언급했듯이 CMP 장치의 원리는 간단하지만 장치와 장치 주변의 보수와 유지가 힘들고 소모품 등 주변 기술 시장이 장비만큼이나 큰 규모인 것이 특징이다. CMP 장치에 사용되는 소모품은 슬러리, 패드, 드레서(컨디셔너), 리테이너 링● 등 다양하다. 이러한 소모품은 CMP 프로세스의 결과에 크게 기여하고 있다. 역사적으로 CMP 프로세스는 IBM에서 시작했기 때문에 소모품도 미국의 부품, 재료업체가 시장을 지배했으며 여러 가지 문제도 있었다. 현재는 일본 제조업체가 꽤 반격하고 있는 상황이다. 패드, 슬러리 등도 일본의 대기업 화학 메이커까지 참가하

● **retainer ring**
CMP 장치에서 웨이퍼 주변에 배치되어 웨이퍼 중심과 주변에서 웨이퍼와 연마 패드의 접착을 균일하게 한다. 그림 8-3-1에서는 편의상 생략했다.

그림 8-4-1　**패드 경도의 일반적 비교**

		연질 패드	경질 패드
CMP 속도		일정	서서히 저하
웨이퍼 간 균일성		양호	제어 곤란
평탄화 범위		짧다	길다
결함	디싱	있다	적다
	스크래치	적다	있다

주 디싱과 스크래치는 8-6, 8-7 참조.

그림 8-4-2　**슬러리 분류의 예**

① 슬러리 재료의 분류

슬러리 재료	피 CMP 재료
실리카 계열(SiO_2)	Si, 층간 절연막, poly-Si
세리아 계열(CeO_2)	층간 절연막, STI
알루미나 계열(Al_2O_3)	층간 절연막, 배리어 메탈, Al, Cu, W
지르코니아 계열(ZrO_2)	Si, ILD, low-k 막
망간 계열(MnO_2)	층간 절연막, 배리어 메탈, Al, Cu, W

② 피 CMP 재료로부터 본 약제

피 CMP 재료	약제
SiO_2	KOH, NH_4OH
W	KIO_3, $FeCN_3$, H_2O_2
Cu	상표화된 약제 등

고 있는 격전지가 되어 가고 있다. 이어서 연마 패드와 슬러리의 현황에 대해 기술하겠다.

요구되는 성질이란?

연마 패드에는 **경질 패드**와 **연질 패드**가 있다. 양쪽 조합으로 사용하는 경우도 있다. 그림 8-4-1에서 이를 비교했다. 연마 패드의 경우 최대 과제는 수명이다. 일반적으로 수백 장 정도 CMP를 수행하면 교체해야 한다. 교환의 번거로움과 교환 후 최적 조건 확보에 시간이 걸리는 문제가 있다. 연마 패드는 슬러리 보존을 위해 홈이 새겨져 있다. 반도체 제조업체에 따라 그 홈의 모양이 노하우가 되어 있는 것 같다. 또한 연마 패드와 슬러리, 드레서와의 궁합 등도 과제다.

슬러리는 실리카 계열뿐만 아니라 다양한 것이 시장에 나와 있다. 슬러리 메이커는 CMP를 실시하는 재료에 따라 다양한 라인업을 갖추고 있다. 그림 8-4-2에 각 슬러리를 비교해 놓았다. 슬러리의 경우 중요한 과제는 비용이라 생각된다. 8-6에서 잠시 다루겠지만 CMP에는 선택비가 요구된다. 화학적·물리적 작용의 밸런스를 고려할 필요가 있다.

슬러리는 대량으로 사용하고 전 공정의 라인에는 전술한 바와 같이 CMP 장치가 일렬로 배치되어 있다. 그래서 슬러리를 요구에 맞춰 브랜드도 포함해 신선한 상태로 공급할 수 있는 토털 시스템이 일반적으로 되어 있다. 이것은 슬러리의 장수명화에 필요하다. 또 그러한 시스템을 취급하는 메이커도 나오게 되었다.

8-5

CMP의 평탄화 메커니즘

CMP 프로세스의 평탄화 메커니즘은 물리적인 작용과 화학적 작용의 융합으로 일어나고 있다고 설명할 수 있다.

Preston의 식

CMP 가공량은 Preston의 공식으로 주어진다(그림 8-5-1). 이것은 CMP 속도가 연마의 압력, 연마의 상대 속도(패드와 플래튼은 역방향으로 회전하므로 상대 속도는 빨라진다), 연마 시간에 비례한다는 것이다. 비례 상수 η는 가공 조건에 따라 변하지만 Preston 계수라고 한다. 그러나 무턱대고 연마 압력과 연마 속도를 높일 수는 없기 때문에 preston 계수는 자연스럽게 정해진 범위가 된다.

이것을 CMP 프로세스의 결과를 향상시킨다는 관점에서 보면 웨이퍼 면 내에서의 가압이나 웨이퍼와 패드의 연마 속도의 균일성을 어떻게 도모하는가가 열쇠가 된다. 물론 CMP 조건, CMP 장치의 구성이나 구조, 연마 패드나 슬러리 등 소모품의 적합성 등도 파라미터다. CMP의 파라미터를 제어하는 것도 꽤 힘든 것이 현실이다.

그림 8-5-1 **Preston의 식**

Preston의 식

$$M=\eta \cdot p \cdot v \cdot t$$

M은 가공량, p는 가공 압력, v는 상대 속도, t는 가공 시간,
η는 가공 조건에 의해 결정되는 preston 계수

그림 8-5-2 **CMP 메커니즘**

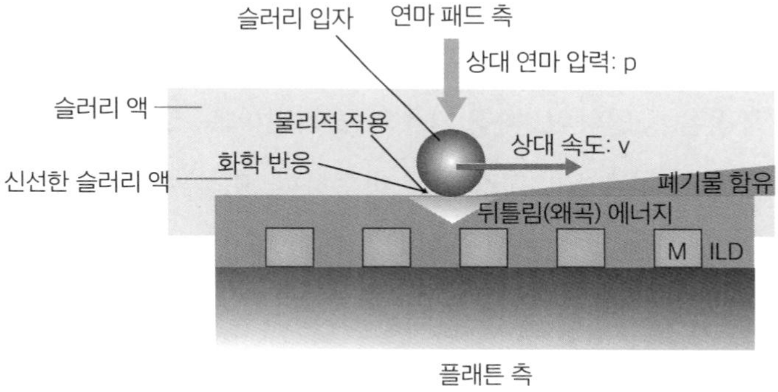

주 그림 중 M은 메탈 배선, ILD는 층간 절연막(Interlayer Dielectrics)의 약자다.

실제의 CMP 메커니즘

실제 CMP에서 일어나는 일을 그림 8-5-2에 나타냈다. 이것은 앞서 언급한 Preston의 식을 실제 CMP의 모습과 겹쳐 그린 것이다. 그림은 편의상 8-3-1과 달리 플래튼 측을 그림의 아래쪽에 그려 넣었다. p는 패드와 플래튼의 상대적인 압력으로 Preston 공식의 연마 압력에 해당한다. v는 연마 패드와 플래튼의 상대 속도다. 슬러리는 그림의 왼쪽에서 오른쪽으로 공급(웨이퍼가 연마 패드 위에서 우측에서 좌측으로 이동)하며, 연마 압력에 의해 슬러리 바로 아래에서는 왜곡 에너지가 발생하고 이것에 의

해 물리적인 CMP 반응이 일어난다. 또한 슬러리 액에 포함되는 약액 성분에서 화학적 CMP 반응이 일어나 CMP 반응의 폐기물이 그림의 오른쪽에서 제거되어 간다. 이처럼 CMP 폐기물의 신속한 제거도 중요하다. 이것은 에칭에서 반응 생성물의 신속한 제거가 필요한 것과 같다. 그림에서는 편의상 단일 슬러리로 그렸지만 실제로는 셀 수 없는 슬러리가 실제 CMP 프로세스에서 실재하고 있는 것은 말할 필요도 없다.

그림 8-3-2에 드라이 에칭과 CMP를 비교한 그림을 예로 들었는데 이 메커니즘의 그림을 보더라도 에칭과 CMP는 불필요한 부분을 제거한다는 목적은 동일하며, 에칭 가스와 슬러리(액도 포함한다)에서는 사용하는 재료는 다르지만 그 역할은 비슷하다. 또한 반응 생성물을 제거하는 것이 중요하며 폐가스나 폐액의 처리가 필요하게 되는 것도 비슷하다. 실제 프로세스에서도 종점 검출(층간 절연막이나 금속막 연마 후 연마 과잉이나 연마제 잔존 등을 막기 위해 마지막 단계에서 검출하는 공정)이 과제라는 것도 비슷하다.

8-6 Cu/low-k에 응용하는 CMP 프로세스

성막에서 언급한 Cu/low-k 구조에는 CMP 공정이 필수적이다. 그중 듀얼 다마신 기술에 대해 설명한다.

듀얼 다마신 기술의 배경

Cu/low-k가 필요한 이유는 제7장 성막에서 설명했다. 아래에서 기술하는 듀얼 다마신 기술은 CMP의 특징을 잘 활용한 기술로 Cu의 드라이 에칭이 곤란하다는 약점도 훌륭하게 커버하고 있다. LSI 배선에 사용되어 왔으며 지금도 중시되고 있는 Al(알루미늄)은 신뢰성의 관점에서 Cu로 대체해야만 한다는 의견은 이전부터 있었다. 한때는 Cu를 조금 첨가한 Al 배선이 사용되는 경우도 있었다. 그러나 Cu의 가장 큰 걸림돌은 건식 에칭이 매우 어렵다는 것이다. 거기서 생각한 것이 다마신 기술이라고 하는 것이다. 이것은 미리 비아홀이나 배선의 공간을 층간 절연막 내에 형성해 두고 거기에 Cu를 매립하고 여분의 Cu를 CMP로 제거한다는 '역전의 발상'이라고 하는 것이다. 그 예로 싱글 다마신 기술을 7-6과 7-7에서 설명했다.

그림 8-6-1 **Cu 듀얼 다마신 프로세스(비아 퍼스트의 예)**

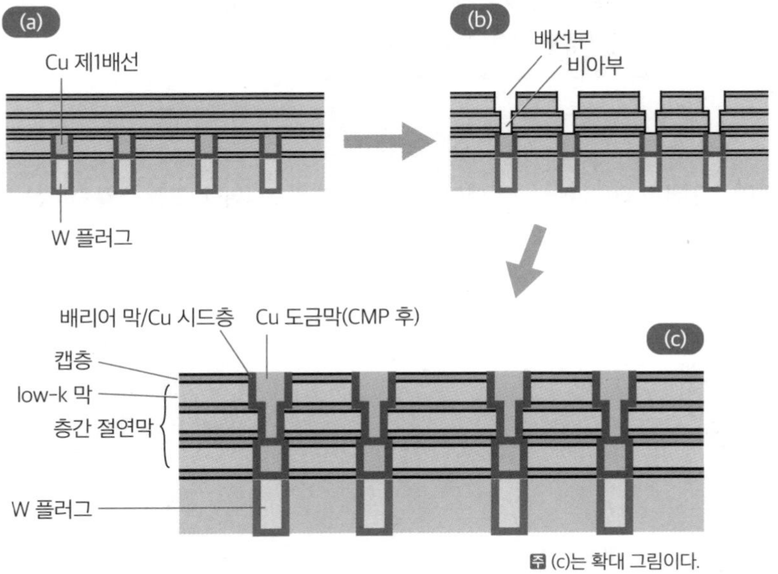

듀얼 다마신 플로란?

실제 듀얼 다마신 플로에 대해 설명하겠다. 사실 이 프로세스 플로는 제9장 프로세스 플로에서 기술하는 다층 배선 기술의 플로에 앞서 미리 다루는 것이다. 다소 복잡하기 때문에 나중에 설명하는 것보다 여기에서 언급하는 것이 좋을 것 같다. 제9장에서 복습하길 바란다. 그림 8-6-1 (a)에서 표시하듯이 W 플러그 위에 싱글 다마신 공법으로 형성한 Cu의 제1배선층 위에 캡층 low-k 층을 이 순서로 2층 적층하고 또 그 위에 캡층을 형성한다. 캡층은 low-k 막을 보호하는 역할을 한다. 그 후 (b)에

그림 8-6-2 **Cu/low-k 구조의 CMP 과제(1)**

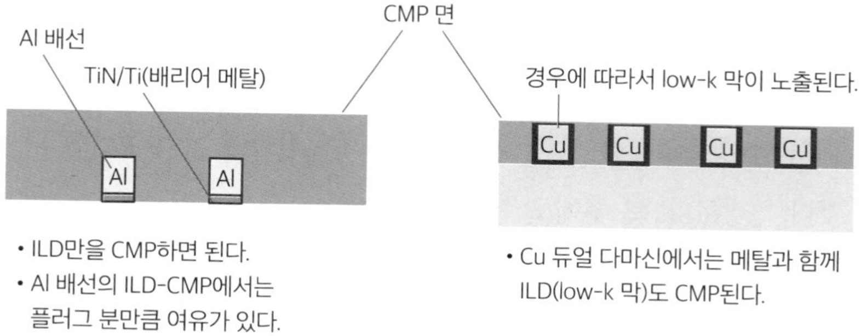

그림 8-6-3 **Cu/low-k 구조의 CMP 과제(2)**

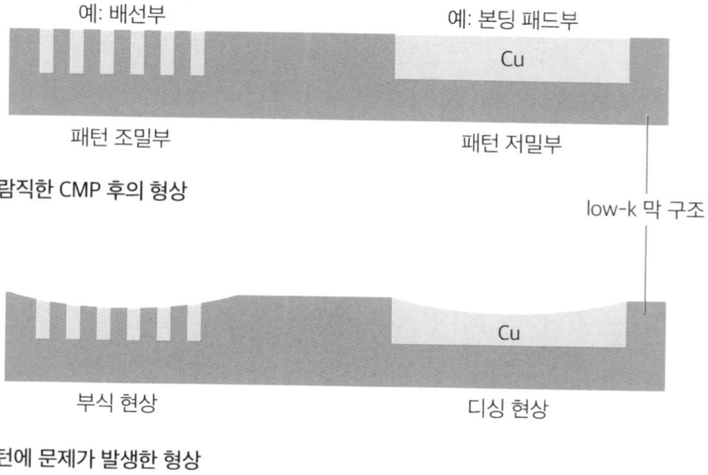

서 기술하듯이 2회의 리소그래피와 에칭으로 적층막에 비아홀•과 배선(Cu의 제2배선에 해당)의 패턴을 형성한다. (c)에 나타내듯이 배리어층과

• **via hole**
상하의 배선층을 접속하는 메탈을 매립한 홀부.

Cu 시드층●을 형성하고 Cu를 도금한다. 마지막으로 여분의 Cu를 CMP 한다. 이 방법에서는 비아홀을 먼저 형성하기 때문에 비아 퍼스트(via first)라고 부른다.

이와 같이 듀얼 다마신 기술은 비아홀과 배선을 동시에 형성할 수 있는 것이 특징이다. 그 후에도 이 듀얼 다마신 기술을 사용해 상층 Cu 배선을 형성해 나간다. 이와 같이 듀얼 다마신 기술은 첨단 CMOS 로직의 다층 배선 기술에 빠질 수 없는 프로세스가 되었다. 듀얼 다마신 기술이 통상의 Al 배선 공정과 다른 것은 그림 8-6-2에 나타낸 바와 같이 CMP 면은 층간 절연막이나 Cu 막이 혼재하는 면이 되어 Al 배선의 경우의 층간 절연막만의 CMP와는 다른 정밀한 CMP 프로세스가 요구된다. 게다가 다마신(damascene)의 어원은 다마스커스 지방의 상감(inlaid) 세공에 의한 장식 패턴에서 유래한 것으로 보인다.

실용화가 진행된 현재의 상황에서도 8-7에서 말하는 것과 같이 패턴 의존성의 문제가 있다. 이 가운데 부식은 패턴의 밀도가 높은 곳에서 일어나는 것이며 CMP를 원하지 않는 부분(그림의 회색 부분)까지도 CMP되어버리는 현상이다. 디싱(dishing)은 패턴이 넓은 부분에서 발생하며 CMP 후의 형상이 dish처럼 되기에 이름이 붙여진 것이다. 연마 패드의 변형에 기인한다고 알려져 있다.

● **barrier layer/Cu seed layer**
배리어층은 Cu가 층간 절연막으로 확산하는 것을 방지하는 목적. Cu 시드층은 Cu 도금을 원활히 진행시키기 위한 목적으로 형성하는 것.

8-7 과제가 산적해 있는 CMP 프로세스

다층 배선이 계속되는 한 CMP 프로세스는 없어지지 않는다. 그러므로 다양한 과제가 여전히 존재한다.

CMP가 가져오는 결함이란?

CMP는 웨이퍼의 표면을 기계적으로 가공하는 공정이므로 적절하게 처리하지 않으면 하부층 형상에 결함 등을 유발하는 경우가 있다. 또한 슬러리라고 하는 연마 입자를 완전히 제거하지 않으면 그대로 파티클이 되어 수율에 영향을 미칠 수 있다. 그림 8-7-1은 주요 예를 보여 준다. 이러한 결함은 그대로 디바이스의 불량을 초래할 수 있다. 또한 후속 프로세스 처리로 인해 디바이스 불량을 초래할 수 있다. 그것을 그림 8-7-2에 표시했다. 예를 들어 W 플러그 형성 전에 마이크로 스크래치가 있다면 그곳에 W 막이 매립되어 W 플러그 CMP를 실시하면 마이크로 스크래치에 W 스트라이프가 형성되어 그 상부 배선을 쇼트시키는 경우가 있다.

그림 8-7-1 **층간 절연막 CMP 결함의 주요 예**

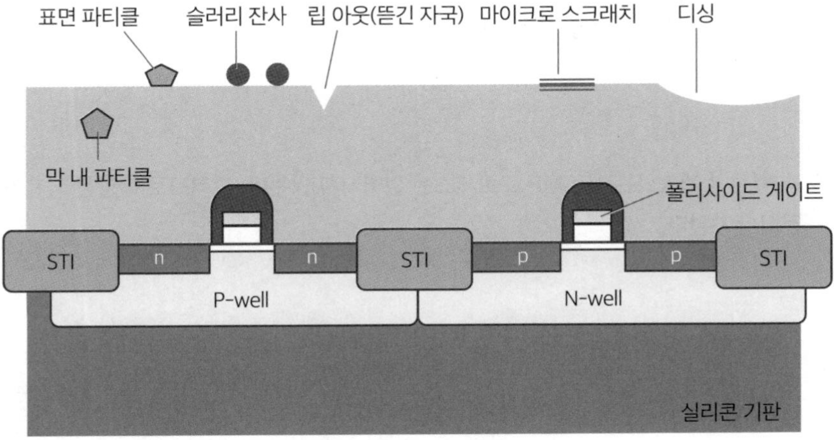

주 CMOS 로직 디바이스의 W 플러그 형성 전 층간 절연막의 예.
이것을 메탈 배선 전에 형성한다는 의미에서 PMD(Pre Metal Dielectrics)라고 부른다.

CMP에서 볼 수 있는 패턴 의존성이란?

STI•의 CMP에서 볼 수 있는 예를 그림 8-7-3에 나타냈다. 이것은 CMP 속도가 패턴의 조밀성의 영향을 받아 패턴이 조밀한 곳에서는 CuCMP 부식이란 역으로 CMP 잔존물이 생겨버린다는 것이고 패턴의 조밀도가 낮은 곳에서는 디싱이라고 불리는 공동(비어 있는 구멍)이 CuCMP와 유사하게 형성되는 예다. 이와 같이 CMP를 실시하는 재료에 따라서 패턴 의존성이 다르게 되는 경우도 있다. 한편 W 플러그 CMP와 같은 일정한 패턴(비아홀)만이 있는 경우는 별로 일어나지 않는다. 그렇지만

• **STI**
Shallow Trench Isolation의 약자. 소자 간 분리로 번역. 트랜지스터 등의 디바이스들을 전기적으로 분리하기 위해 실리콘 기판 위에 매립시킨 절연막을 지칭한다.

그림 8-7-2 **층간 절연막 CMP 결함이 유발하는 불량**

결함	불량
막 내 파티클	배선 불량, 콘택트 불량
표면 파티클	배선 불량, 콘택트 불량
슬러리 잔사	배선 불량, 콘택트 불량
립 아웃	배선 쇼트
마이크로 스크래치	배선 쇼트
디싱	패터닝 불량

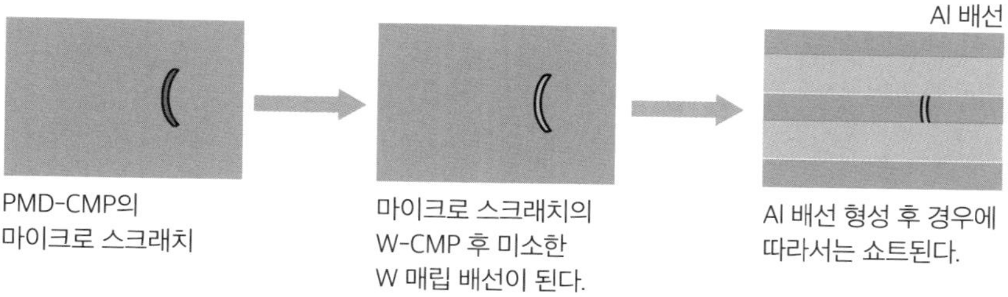

• 결함의 발생 장소에 따라 배선과 콘택트 홀 이외에는 문제가 되지 않는 경우가 있다.

그림 8-7-3 **STI-CMP의 패턴 의존성**

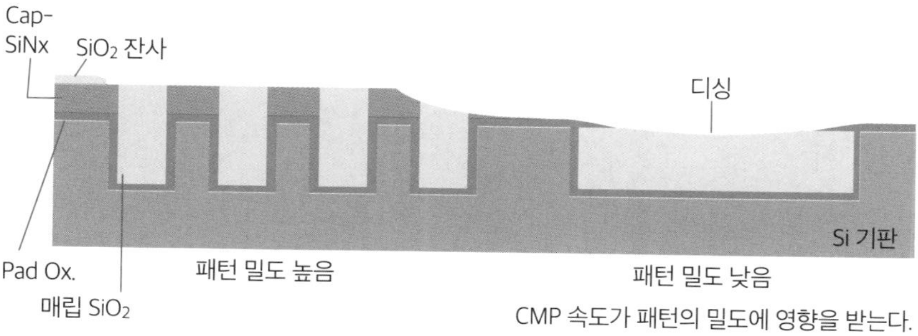

패턴 의존성은 CMP뿐만 아니라 다른 프로세스에서도 잘 보이는 현상이다.

제9장

CMOS 프로세스 플로

이 장에서는 주로 로직 LSI에 사용되는 CMOS 프로세스의 대략적인 플로에 대해 다루겠다. 지면 편의상 프론트 엔드가 메인이지만 플로 개요와 지금까지 언급한 프로세스가 어떻게 사용되는가에 대해서 이해가 될 것이라 생각한다. 편의상 회로도와 논리도가 나오지만 익숙하지 않은 독자는 건너뛰어도 무방하다. 이어서 'CMOS 구조 형성', '트렌치 형성', '전극 형성' 순으로 언급해 나가겠다.

9-1 CMOS란?

지금까지 말한 전 공정 프로세스를 조합해서 CMOS 로직을 만드는 것인데 프로세스 플로에 들어가기 전의 도입으로서 CMOS란 무엇인가에 대해 다루겠다. 아는 독자들은 건너뛰어도 좋다.

CMOS의 필요성

트랜지스터의 동작에 대해 잘 알지 못하는 독자도 있다고 생각하기 때문에 가능한 한 쉽게 설명하겠다. 트랜지스터 동작의 기본은 스위칭 기능이다. 한마디로 말하면 전류를 흘렸다 끊었다 하는 기능이다. MOS 트랜지스터의 스위칭 기능을 이용해 디지털 회로를 형성할 때 필요한 것은 CMOS다.

그림 9-1-1은 CMOS 디바이스의 기본 구조인 단면을 보여 준다. 이 장에서는 이 그림을 기본으로 기술해 나가겠다. 여기에서 소자 분리 영역 또는 웰 등 들어 본 기억이 없는 독자도 있을 것이라 생각하는데 이후 프로세스 플로에서 설명하겠다.

앞에서 설명한 스위칭 기능은 전류를 '고속'으로 온/오프할 수 있다는 것이다. 반도체 출현 이전에 사용된 진공관에도 스위칭 기능이 있으며 당초 컴퓨터도 진공관으로 만들어졌다. 진공관에서는 컴퓨터가 너무

그림 9-1-1 **CMOS 구조의 단면도**

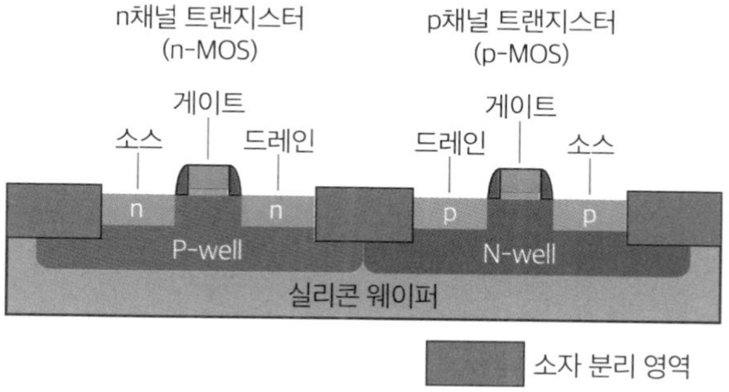

주 구조를 모식적으로 나타낸 것으로 실제 디바이스의 위치 관계는 조금 다르다.

커지고 열 또한 너무 많다. 왜냐하면 진공관 안의 열 필라멘트로 전자를 발생시키기 때문이다. 게다가 그 필라멘트가 끊어지기 쉽다는 것도 문제다. 그러한 과제가 반도체를 사용한 컴퓨터에 동기 부여가 되었다.

알다시피 컴퓨터는 이진법으로 디지털 처리를 한다. 이를 위해 MOS 트랜지스터의 스위칭 기능이 필수적이다. 또한 이 디지털 처리 기술은 거대한 컴퓨터와 같은 산업 장비에서 마이크로 컴퓨터, PC, 스마트폰과 같은 기기로 변했는데 지금은 personal use 같은 개인이 사용하는 장비로 변해버렸다. 또한 디지털 가전, 디지털 모바일 기기는 우리 삶의 필수 아이템이 되었다.

니즈로서 고속성 외에 또 하나가 있다. 우리 주변에 있는 디지털 기기의 모바일화가 점점 진행됨에 따라 모바일화를 위해 전지의 수명을 연장시킬 필요가 생기게 되었고, 반도체 시점에서 본다면 반도체 디바이스의 '저소비전력화'를 어떻게 달성할 것인가 하는 것이다.

그렇게 되면 충전 후 사용 시간이 늘어나기 때문이다. 기술적인 설명은 나중에 하겠지만 이를 위해 CMOS화가 필수적이다.

CMOS의 기본 구성

반도체 장치에 대한 지식이 없는 독자에게는 조금 어려운 이야기가 될 수 있으니 가능한 한 쉽게 설명하겠다.

CMOS는 Complementary MOS의 약자로 상보형 MOS로 번역되며 n채널 MOS 트랜지스터와 p채널 MOS 트랜지스터의 조합으로 서로 부하 저항이 되도록 접속되어 동작 시에 절전화를 도모하는 것이다.

회로도에서는 그림 9-1-2와 같이 된다. 그림과 같이 n채널 MOS 트랜지스터(이후 n-MOS 트랜지스터)와 p채널 MOS 트랜지스터(이후 p-MOS 트랜지스터)의 드레인(D)이 접속되고, n-MOS의 소스(S)는 접지되고 p-MOS의 소스는 전원 라인에 연결한다. 두 드레인은 공통으로 되어 출력(out) 단자가 된다. 또한 입력 단자(in)는 두 트랜지스터의 게이트 전압이 된다. 'n채널 MOS 트랜지스터와 p채널 MOS 트랜지스터의 조합으로 서로가 부하 저항이 되도록 연결'이라고 해도 공감하기 어렵겠지만 이것에 대해서는 다음 절에서 자세히 설명한다. 여기서는 그냥 읽고 흘려보내는 것만으로 충분하다.

트랜지스터가 서로서로 부하가 되도록 구성하기 위해서는 점유 면적이 증가하고 공정이 증가하는 등의 문제가 있지만 현재는 후 공정에서도 언급하겠지만 트윈 웰 프로세스 등으로 대응하고 있다.

CMOS의 아이디어는 이미 1963년에 제3장에서 나온 RCA 연구자들에 의해 제안되었다고 한다. 그러나 제조 프로세스적으로 실현 가능하지는 않았다. 실용화된 것은 1970년대 이후다. 또한 CMOS를 만드는 방법은 원 웰이었는데 지금은 트윈 웰이 주류를 이루고 있다. 이것은 고에너지로 불순물 이온을 주입하는 고에너지 이온 임플랜테이션 기술(제4장)

그림 9-1-2 **CMOS 인버터 회로**

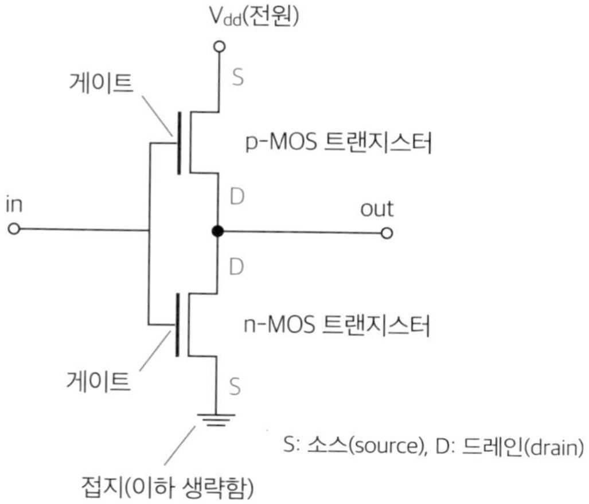

주 위 그림은 도표 9-1-1을 왼쪽으로 90도 회전시킨 것이다.

의 발전에 수반하는 것으로 생각해도 좋다.

그전에는 장시간 불순물을 깊게 확산시키는 방법밖에 없었다. 고에너지 이온 임플랜테이션 기술을 사용하면 트윈 웰을 쉽게 만들 수 있다. 그래서 트윈 웰이 주류가 되었다. 본 내용에서는 주류의 트윈 웰을 예로 들어서 설명하겠다.

9-2 CMOS 효과

여기에서는 CMOS의 대표적인 기능인 인버터를 설명한다. 한 마디로 말하면 1에서 0 또는 0에서 1의 변환에 이용된다.

인버터란?

여기에서는 로직 LSI를 구성하는 기본 게이트 중에서 인버터를 소개한다. 기본 게이트는 신호를 변환하는 것이다. 인버터라는 용어는 파워 반도체에도 있다. 교류를 직류로 또는 직류를 교류로 변환하는 것이다. 이렇게 같은 용어도 분야가 다르다고 다른 의미로 사용되는 것이 반도체이기도 하다. 여기서는 필자 나름대로 '신호 변환'으로 소개해 두겠다. 전자회로를 이용한 논리회로에서는 이진법을 이용한다. 십진법에서 숫자는 0, 1, 2, 3…이지만 이진법에서는 그것이 0, 1, 10, 11…에 해당한다. 전자회로에서는 상대적으로 전압이 높은 상태(high)와 낮은 상태(low)밖에 만들 수 없다. 그러므로 필연적으로 이진법으로 표현할 수밖에 없다고 이해해 주기 바란다.

여기서 전압이 높은 상태를 1, 낮은 상태를 0으로 나타내는 것이 반도

그림 9-2-1 **CMOS 기본 게이트 동작**

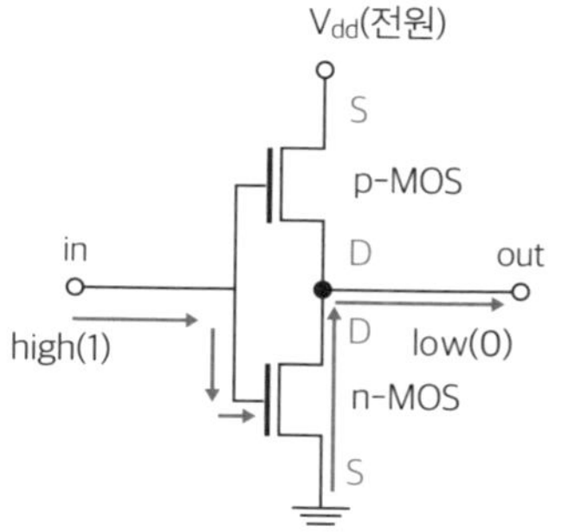

p-MOS와 n-MOS가 한 세트이며 기본 게이트를 형성하고 쌍방이 서로 보조하면서 동작한다.

입력	p-MOS	n-MOS
0(low)	on	off
1(high)	off	on

low(0)가 출력

체 디지털 기술의 약속이다. 이것으로 논리회로를 구성하면 1에서 0으로 변환, 반대로 0에서 1로 변환이 필요한 경우가 있게 된다. 이 작용을 디지털 기술 분야에서는 '인버터'라고 부른다.

CMOS 인버터 동작

여기에서는 전형적인 인버터인 CMOS 인버터 동작을 설명한다.

우선 CMOS란 무엇인가라고 하는 것인데 그림 9-2-1의 좌측을 보면 알겠지만 CMOS는 n-MOS 트랜지스터와 p-MOS 트랜지스터를 각각 게이트와 드레인을 공통으로 해서 조합한 구조로 되어 있고 게이트 측이 입력, 드레인 측이 출력으로 되어 있다. 위의 높은 전압(high)이 전원(V_{dd}), 낮은 상태(low)가 접지로 되어 있다.

또한 p-MOS 트랜지스터의 소스는 전원 라인(V_{dd})에, n-MOS 트랜지스터의 소스는 접지에 연결되어 있다.

이 n-MOS 트랜지스터(이하 단순히 n-MOS)와 p-MOS 트랜지스터(이하 단순히 p-MOS)를 각각의 게이트와 드레인을 공통으로 해 조합한

그림 9-2-2 **CMOS 기본 게이트 동작(9-2-1 계속)**

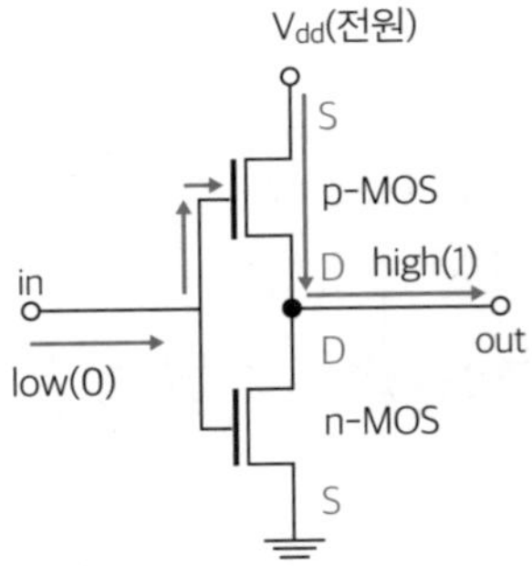

p-MOS와 n-MOS가 한 세트이며 기본 게이트를 형성하고 쌍방이 서로 보조하면서 동작한다.

입력	p-MOS	n-MOS
0(low)	on	off
1(high)	off	on

high(1)가 출력

구조로 되어 있는 것이 중요하다. 그림 9-2-1에 나타낸 바와 같이 입력에 1(높은 쪽의 전압)을 인가하면 MOS 트랜지스터의 동작 원리상 n-MOS만이 켜지고 p-MOS는 off 상태를 유지한다.

따라서 그림에서 접지로 표시된 전압(낮은 전압: 0)은 n-MOS 소스에서 드레인으로 흘러 출력된다. 그림 오른쪽 표에 표시된 것처럼 변환된다. 반대로 그림 9-2-2와 같이 입력에 0(낮은 전압)을 표시하면 p-MOS만 켜져 있고, n-MOS는 off 상태를 유지한다. 따라서 그림에서 V_{dd}로 표시된 전압(높은 전압: 1)은 p-MOS의 소스에서 드레인에 흐르는 high(1)가 출력된다. 즉 그림의 표에 표시된 것과 같은 변환이 일어나며 이것이 CMOS 인버터 동작이다. 지면 관계상 간략하게 기술했는데 관심 있는 독자들은 반도체 디바이스의 동작을 해설한 책을 참조하기 바란다.

『도해 입문 쉽게 이해되는 최신 반도체 프로세스의 기본과 구조』 제3판에는 MOS 트랜지스터의 동작에 대해 간략히 언급하고 있으며 파워 반도체의 경우 인버터 동작에 대해서도 다루고 있으므로 참조하면 좋을 것이다.

한편 CMOS 구조가 아니면 부하로서 그림 9-2-3에 나타낸 바와 같이

그림 9-2-3 **CMOS 이외의 기본 게이트 동작**

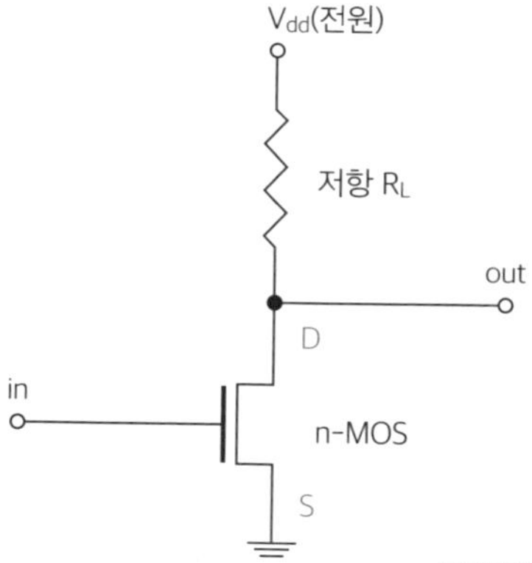

기본 게이트 구성

in	out
0	1
1	0

Vdd로부터 저항을 경유해
많은 전류가 흐른다.

입력	R_L	n-MOS
0(low)	on	off
1(high)	off	on

주 이 방식을 고저항 부하형이라고 한다.

p-MOS 대신에 고저항(R_L)을 사용하게 된다. 즉 1에서 0으로 변환 시에는 그림 9-2-1과 동일한 동작이 되고 low(0)가 출력된다. 0에서 1로 변환 시에는 n-MOS는 off가 되므로 V_{dd}에서 저항 R_L에 전류가 흘러 high(1)가 출력된다. 이때의 저항에 흘러 들어가는 부하 전류가 전력 손실이 된다. 이것은 저항에 전류가 흘러 들어가기 때문에 전력 부하가 커지고 저전압 동작이 불가능하게 된다. 한편 반도체 디바이스에 친숙하지 않은 분들에게는 미안하지만 여기서 이용하는 n-MOS, p-MOS 동작 시의 저항(이것을 on 저항이라고 한다)이 작기 때문에 CMOS에서는 전력 부하가 적다. 이상 CMOS 인버터를 이용한 '신호 변환'에 대해 간략히 다루어 보았다.

9-3 CMOS 구조 제작(1) 소자 간 분리 영역

여기서는 CMOS 구조를 제조하기 위한 기초가 되는 소자 간 분리 영역의 형성 플로에 관해 언급한다. 소자는 여기에서 트랜지스터 자체를 나타내며 그 분할 영역을 형성하는 것이다.

소자 간 분리란?

LSI는 트랜지스터 등의 반도체 소자의 집합체이므로 배선 패턴을 만들어 필요한 신호를 교환해 동작한다. 그러나 각 소자가 배선 이외의 곳에 전기적으로 연결되면 오동작●이 발생한다. 따라서 각 소자를 전기적으로 절연해야 하며 이를 소자 간 분리라고 한다. 조금 무리한 사례가 될지 모르겠지만 아파트의 각 호수 사이의 벽(칸막이)이나 논의 논두렁길을 연상해 보라.

● **오동작**
이것의 원인이 되는 것을 기생 디바이스라고 한다.

그림 9-3-1 **소자 분리 영역 형성-shallow trench etching**

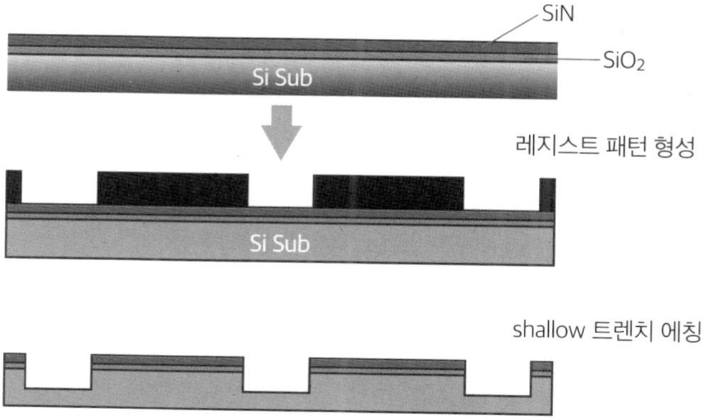

LOCOS에서 STI에

이전에는 LOCOS(Local Oxidation of Silicon)라는 방법이 사용되었다. 통상 로코스라고 부른다. 이것은 실리콘 웨이퍼 표면을 필요한 곳만 두껍게 산화해 인접하는 소자 사이를 절연하는 것이다. 이 방법에서는 산화 공정의 원리상 웨이퍼의 두께 방향뿐만 아니라 가로 방향으로도 산화가 진행되기 때문에(7-1) 미세화에는 대응할 수 없게 된다. 그래서 STI(Shallow Trench Isolation)●로 변화하고 있다. 적절한 한글 표현법이 없으나 참호막이라고 부르기도 하고 그대로 STI라고 부르기도 한다. 다음은 프로세스 플로에 대해 설명한다.

● STI
DRAM 등의 커패시터 막을 해당 면적을 얻기 위해 깊은 트렌치에 형성하는 것에 비해 깊이가 얕기 때문에 명명되었다.

그림 9-3-2 **소자 분리 영역 형성-매립형 산화막 형성**

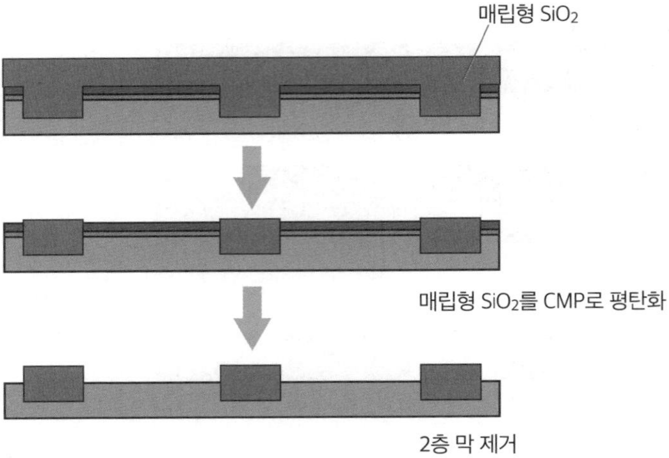

주 이해를 돕기 위해 세로축의 척도는 정확하게 그리지 않았다. 이하 동일.

실제 플로는?

우선 그림 9-3-1에 나타내는 바와 같이 실리콘 웨이퍼를 충분히 세정한 후, 패드 산화막과 내산화막으로서 실리콘 질화막을 형성한다. 패드 산화막은 실리콘과 실리콘 질화막의 응력 완화 역할도 한다. 전자는 매우 얇고 수 나노미터 두께이며 열산화법(7-4)으로 형성하고, 후자는 수백 나노미터의 두께로 감압 CVD법(7-5)으로 형성한다.

그 후 리소그래피로 레지스트 패턴을 형성하고, STI 영역에 에칭으로 얕은 홈을 형성한다. 그 홈(groove)에 그림 9-3-2에 나타낸 바와 같이 STI 영역에 매립성이 좋은 CVD법으로 매립 산화막을 형성한다. 나중에 CMP 공정(제8장)으로 여분의 매립 산화막을 제거하고 STI 영역 내에만 남겨두도록 한다. 이때 실리콘 질화막이 CMP 프로세스 진행 시의 스토퍼층 역할도 한다. 마지막으로 내산화막인 실리콘 질화막을 제거한다.

그림 9-3-3 **갭 필 성막의 예**

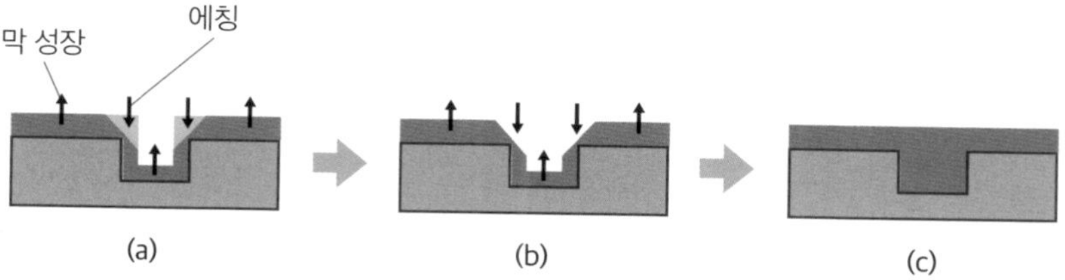

주 성막과 에칭을 동시에 진행. 코너부에서 에칭이 증가하며 (a) 계속 진행해 나가면 (b) 개구부가 상부로 확대해 전체적으로 틈이 없이 성막이 진행된다.

이 작업은 약액에 의한 이른바 '웨트 에칭'으로 실시하고 있다.

이 과정에서 각 요소 공정(세정은 그림에 표시되지 않음)이 어떠한 순서로 몇 번이나 사용되는지 세어 보자. 예를 들어 성막이면 두 번 사용된다. 1-3에서 말했듯이 전 공정은 각 요소 프로세스를 여러 번 반복하는 '순환형 프로세스'임을 알 수 있다.

갭 필의 성막 기술

8-1에서 배선 사이를 틈 없이 채우는 성막 프로세스를 갭 필(gap fill)이라고 했다. STI에서도 실리콘 홈에 틈 없이 채우는 갭 필이 필요하다. 8-1에서 설명하지 않았기 때문에 여기서 간략히 다루겠다.

그림 9-3-3은 일반적인 방법을 보여 준다. 구체적으로는 성막과 에칭을 동시에 하는 방법이다. 그림 9-3-3과 같이 성막은 전체적으로 막 성장이 일어난다(스텝 커버리지에 문제는 있다). 그러나 이온에 의한 에칭(스퍼터 에칭이라고 한다)은 그림과 같이 코너 한 곳에서 에치 레이트가 평탄부보다 커지기 때문에 모서리가 에칭되어 틈새 없이 갭 필이 가능하다.

9-4 CMOS 구조 제작(2) 웰 형성

well은 우물이라고 하는데 n영역과 p영역 양쪽이 접촉하고 있는 것이 트윈 웰이다.

웰이란?

위에서 언급했듯이 웰은 우물이다. 플로에서 설명했듯이 n형, p형의 불순물이 깊은 확산 영역을 형성해 우물 모양이 되어 이러한 이름이 붙은 것이다. 제1장에서 언급했듯이 실리콘 웨이퍼에 미리 넣어 두었던 불순물의 종류에 따라 n형과 p형 실리콘 웨이퍼가 존재한다. 전자는 전자가 다수 캐리어이며 후자는 홀이 다수 캐리어다.

그러나 원래 실리콘 웨이퍼의 불순물 농도와 웰에 필요한 불순물 농도가 다르기 때문에 실리콘 웨이퍼 자체의 불순물 종류에 관계없이 n형 및 p형 우물 영역을 형성하는 것이 일반적이다. 이것을 트윈 웰이라고 한다. 소자 간 분리에서 언급한 아파트에 비유하면 조금 무리가 있지만 이웃하는 두 방이 하나는 서양식, 하나는 온돌방과 같이 각각 구분하는 것과 같다.

그림 9-4-1 **웰 형성 N-well 영역**

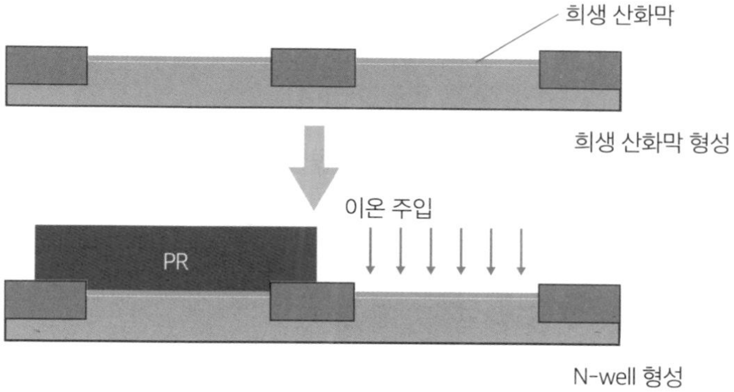

실제 플로는?

여기서는 n형과 p형의 웰을 만들므로 각 영역의 불순물 유형에 맞추어 필요한 이온을 구별해 주입하는 방법을 취한다. 여기서 필요한 리소그래피는 그림에서도 분명히 알 수 있듯이 대략적인 패턴으로도 충분할 것이다.

우선 그림 9-4-1에 나타낸 바와 같이 실리콘 웨이퍼 상에 얇은 희생 산화막을 형성 도입한다. 이것은 열산화 공정(7-4)이다. 희생 산화막의 역할은 이온 주입법으로 웰을 형성할 때 이온 주입의 깊이를 정돈하는 역할을 한다. 그 후 그림 9-4-1에 나타내는 바와 같이 p-well 영역의 상부를 리소그래피 프로세스에 의해 레지스트로 덮고 n형 영역이 되는 곳에 n형 불순물을 주입한다.

이온은 실리콘 웨이퍼에 박힌다. STI 영역에는 박히지 않는다. 전술한 바와 같이 웰은 비교적 깊게 불순물을 주입하므로 고에너지형 이온 주입 장치를 이용한다. 4-3에서 설명한 다양한 이온 주입 방법이 있음을 이해할 수 있다. 그 후 불필요해진 레지스트를 애싱으로 제거한다.

그림 9-4-2 **웰 형성 P-Well 영역**

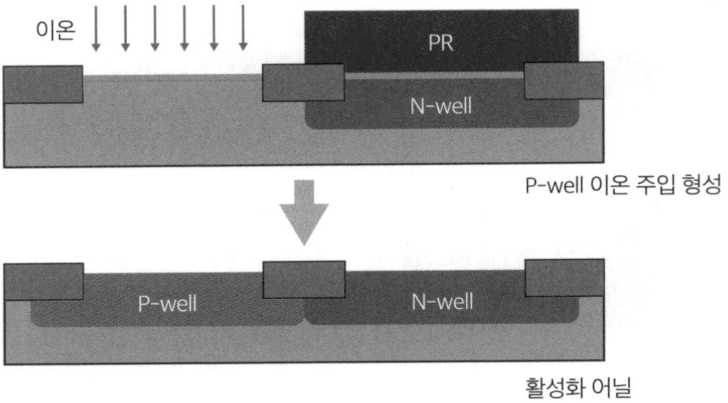

주 그림에서 웰형은 대문자로 표기했다. 이는 9-6의 p-MOS, n-MOS와 구별하기 위해서다.

그림 9-4-2에 나타낸 바와 같이 이번에는 반대로 n well 영역의 상부를 리소그래피 프로세스에 의해 레지스트로 덮고 p형 영역이 되는 곳에 p형 불순물을 주입한다. 동일하게 고에너지형 이온 주입 장치를 이용한다. 그 후 불필요한 레지스트를 애싱으로 제거하고 또 희생 산화막을 제거한다. 마지막으로 n형 및 p형 웰 영역을 활성화 어닐링해 트윈 웰이 완성된다.

9-5 트랜지스터 형성(1) 게이트의 형성

여기에서는 2개의 절로 나누어서 트랜지스터 형성 플로에 대해 설명하겠다. 먼저 MOS 트랜지스터의 목숨이라고도 할 수 있는 게이트 형성이다.

게이트(Gate)란?

첨단 로직에서는 고속, 저전압 동작이 요구되기 때문에 게이트 길이의 미세화를 도모해야 한다. 이것은 제2장 전반부에서 언급한 바 있다. 따라서 게이트 전극 패턴을 리소그래피 프로세스를 이용해 형성할 때는 최첨단 리소그래피 장비와 프로세스로 진행된다. 이 최첨단 기술을 이용한 패턴을 리소그래피 용어로 '크리티컬(critical) 레이어'라고 한다.

자기정합 프로세스

이 게이트 전극 형성은 트랜지스터 형성 프로세스 중에서 소스, 드레인 전극보다 먼저 이루어진다. 이것은 그림 7-9-1에서 설명한 자기정합 프로세스로 소스, 드레인을 형성하기 위해서다. 자기정합 프로세스를 사용해 리소그래피 공정을 하나 생략할 수 있어 비용을 절감할 수 있다.

그림 9-5-1 **게이트 전극 형성(1)**

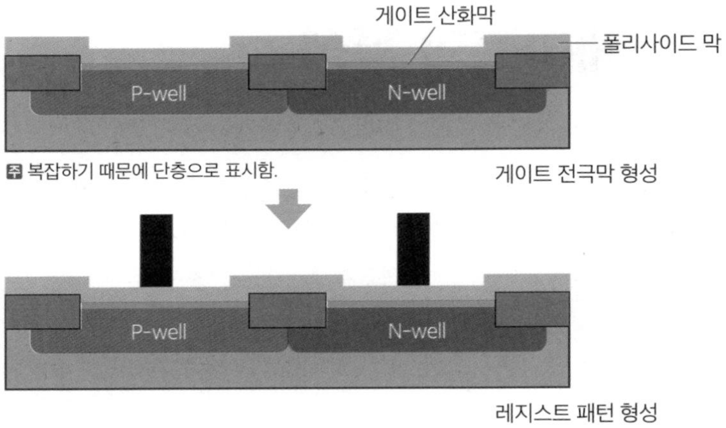

실제 플로란?

우선 그림 9-5-1에 나타내는 바와 같이 게이트 산화막과 게이트 전극 재료가 되는 폴리실리콘 막과 실리사이드 막의 적층막을 형성한다. 그림에서는 복잡하기 때문에 단층으로 표시했다.

또한 이 적층막을 폴리사이드(polycide) 막이라고 부른다. 본 책에서도 이 명칭을 사용한다. 이것은 감압 CVD 방법을 사용해 형성한다. 폴리실리콘 막만을 형성하고 나중에 살리사이드(salicide) 프로세스•를 사용해 폴리실리콘, 실리사이드 막••의 적층 구조로 하는 경우도 있다. 그 후 그

• **살리사이드 프로세스**
실리사이드를 만드는 금속을 폴리실리콘 위에 성막하고 그 후 열처리에 의해 폴리사이드 막을 형성하는 프로세스. 자기정합 실리사이드(self-aligned silicide)의 줄임말.

•• **실리사이드 막**
금속과 실리콘의 화합물.

그림 9-5-2 **게이트 전극 형성(2)**

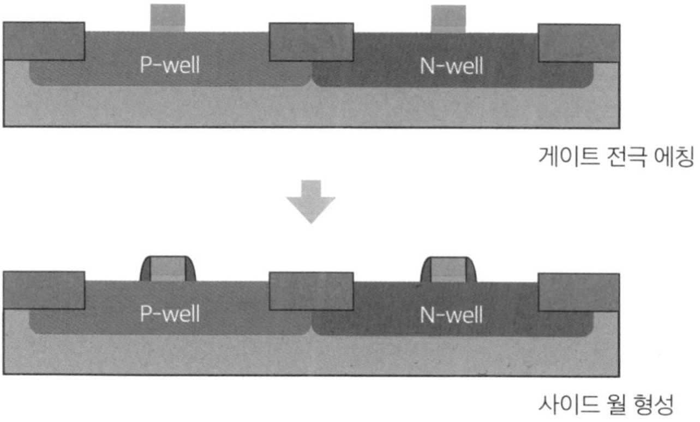

림 9-5-2에 나타낸 바와 같이 레지스트를 마스크로 해서 폴리실리콘 막을 드라이 에칭하고 불필요한 레지스트를 애싱해 제거한다.

말할 필요도 없이 레지스트 치수에 충실한 이방성 에칭과 하부층인 실리콘 산화막과의 높은 선택비가 요구된다. 이 게이트 전극 주위에 트랜지스터의 소스, 드레인이 되는 부분이 형성되기 때문에 실리콘 산화막 표면에 손상을 주지 않기 위함이다.

그 후 실리콘 산화막을 플라스마 CVD법으로 형성하고 자기정합적으로 게이트 전극의 양측에 LDD 막을 형성한다. 조금 어려운 이야기지만 미세한 트랜지스터의 게이트 전극 근방에서의 전계를 완화하는 것이 이유다(217쪽 각주 참조).

9-6 트랜지스터 형성(2) 소스와 드레인

본 절에서는 트랜지스터의 형성 플로 가운데 소스, 드레인의 형성에 관해서 기술한다. 이온 주입과 열처리 프로세스가 중심이 된다.

소스, 드레인이란?

9-1 및 9-2에서 간략하게 설명했지만 MOS 트랜지스터는 n형에서도 p형에서도 게이트 전극에 인가하는 전압의 작용으로 소스, 드레인 간의 전류를 온/오프하는 스위칭 동작을 한다. 즉 소스, 드레인은 이 동작에 필수적인 트랜지스터의 구성 요소인 것이다.

실제 플로란?

여기서는 n형 및 p형 트랜지스터를 만들기 때문에 웰 형성과 동일하게 불순물의 형에 맞추어 필요한 이온을 구별하는 기법을 취한다.

여기서 필요한 리소그래피는 웰 형성과 마찬가지로 대략적인 스케일로 충분하다. 그 점은 앞 절의 게이트 형성 과정과 다르다.

우선 그림 9-6-1에 나타낸 바와 같이 n 웰 영역 위를 리소그래피 프로

그림 9-6-1 **소스, 드레인 형성(1)-n채널 트랜지스터 형성**

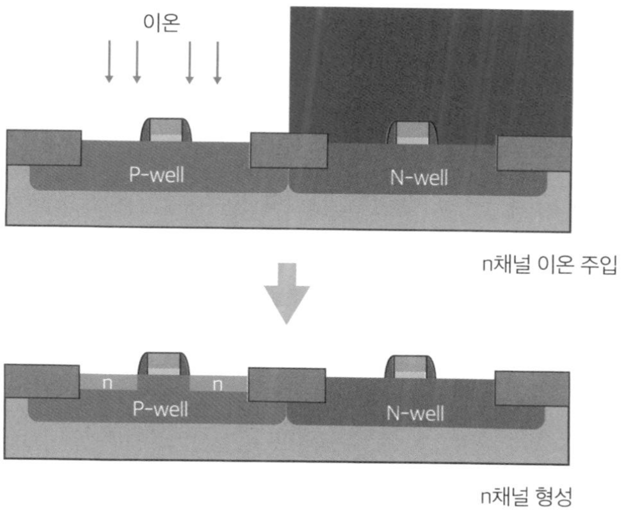

그림 9-6-2 **소스, 드레인 형성(2)-p채널 트랜지스터 형성**

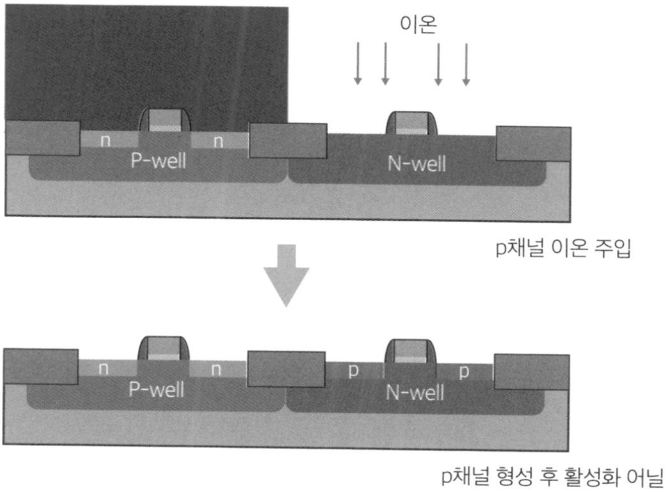

세스에 따라서 레지스트로 덮고 p 웰 영역에 n형 불순물을 이온 주입한다. 이런 식으로 소스, 드레인에 웰과 반대 형태의 불순물을 주입한다. 이때 게이트 전극이 마스크가 되어 소스, 드레인이 분리된다. 이것도 자기정합 프로세스 중 하나다.

또한 소스, 드레인은 스케일링 법칙에 따라 극히 얕은 이온을 주입한다. 4-3에서 다루었지만 소스, 드레인에 비교적 고농도의 불순물을 주입하기 때문에 고전류형 이온 주입 장치를 사용한다. 그 후 더 이상 필요하지 않은 레지스트를 애싱으로 제거한다.

그림 9-6-2에 나타낸 바와 같이 이번에는 반대로 p 웰 영역 위를 리소그래피 프로세스에 의해 레지스트로 커버하고, n 웰 영역에 p형 불순물을 이온 주입한다. 이때에도 마찬가지로 게이트 전극이 마스크가 되어 자기정합에 의해 소스, 드레인이 분리된다. 레지스트를 애싱으로 제거한 후 활성화 어닐링으로 n형 및 p형 트랜지스터 소스, 드레인 영역이 완성된다.

9-7 전극 형성 (W 플러그 형성)

지금까지 기술한 트랜지스터와 전기적인 접촉을 취하는 전극 형성 프로세스에 관해서 논의하겠다. 첨단 로직에서는 W 플러그라고 하는 방법을 이용한다.

W 플러그란?

7-1과 8-2에서 LSI의 단면도를 나타낼 때 단어로서 W 플러그가 나왔었다. 텅스텐 플러그라고 하는 경우도 있지만 여기에서는 W 플러그라고 하겠다. 말할 필요도 없겠지만 W는 텅스텐의 원소 기호다. 이 용어는 1990년대부터 사용되었다. 나중에 플로의 단면도와 같이 소스, 드레인과 콘택트를 취하는 W의 형상이 전원 콘센트의 플러그처럼 보였기 때문이라고 추측한다.

실제 플로?

그림 9-7-1에 나타낸 바와 같이 에칭 스토퍼층과 층간 절연막을 플라스마 CVD법(7-5)으로 형성한다. 통상 실리콘 산화막 등이 사용된다. 이 층간 절연막은 배선층이 형성되기 전의 절연막이기 때문에 PMD(Pre

그림 9-7-1 **W 플러그 형성(1)-PMD 막 형성**

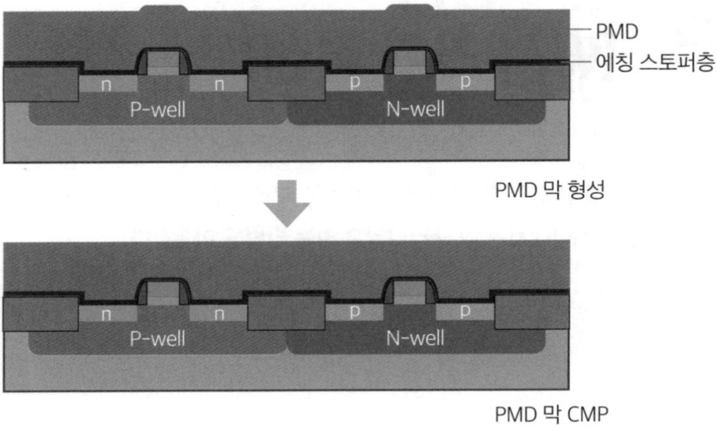

Metal Dielectrics)라고 한다(그림 7-1-2). 그때 게이트 전극 상부의 형상을 반영해 그림에서 나타낸 바와 같이 다소 볼록한 부분이 생기기 때문에 절연막 CMP(제8장)로 평탄화시킨다.

다음에 그림 9-7-2에 나타낸 바와 같이 지면 사정상 일부 생략하겠지만 리소그래피로 콘택트 홀 패턴을 형성한다. 여기서 주의해야 할 것은 미세한 소스, 드레인과 접촉을 취해야 하며 배선 피치를 최소로 해야 할 필요가 있기 때문에 리소그래피 프로세스는 9-5와 마찬가지로 크리티컬 레이어가 된다는 것이다. 게다가 소스, 드레인과 접촉하는 구멍(hole, 이하 홀로 표기)을 콘택트 홀이라 부른다. 이것을 마스크로 해서 층간 절연막을 에칭하고 콘택트 홀을 형성한다. 미세한 콘택트 홀을 에칭하는 경우에도 하부층과의 선택비를 유지하여 하부층이 에칭되어 없어지는 것을 방지하기 위해 최신 에칭 장치가 사용된다. 이 때문에 에칭 스토퍼층이라고도 말할 수 있다. 이후 더 이상 필요하지 않은 레지스트를 애싱으

그림 9-7-2 **W 플러그 형성(2)-콘택트 홀 형성**

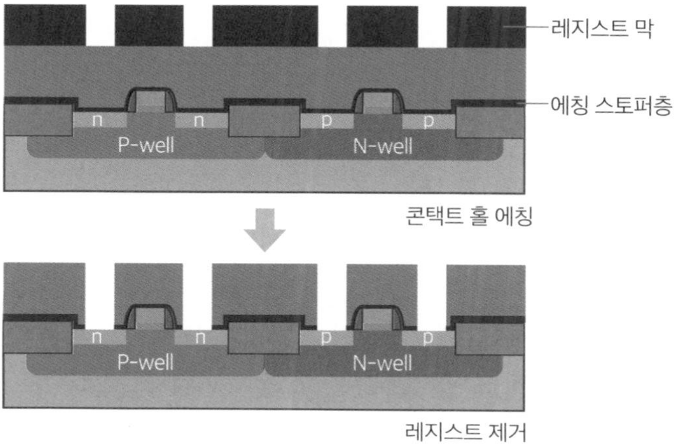

그림 9-7-3 **W 플러그 형성(3)-W 플러그 CMP**

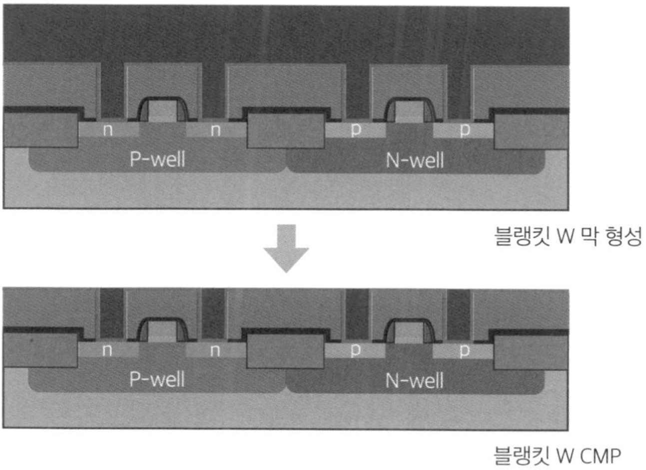

로 제거한다.

그림 9-7-3에 나타낸 바와 같이 콘택트 홀 내에 TiN/Ti 등의 글루 레이어(glue layer)와 블랭킷 W 막을 형성한다. 덧붙여 글루는 아교라는

의미로 층간 절연막과 W의 밀착성을 증가시키기 위한 것이다. 이 접착 레이어는 스퍼터링법(7-6)으로 성막하고 블랭킷 W 막은 감압 CVD법(7-5) 등으로 형성하는 것이 일반적이다.

이러한 연속 막을 형성하는 데 편리한 클러스터 툴이라고 하는 장치가 있다. 관심 있는 독자는 동일한 시리즈의 『도해 입문 쉽게 이해되는 최신 반도체 프로세스의 기본과 구조』 제3판의 8-5 등을 참조하기 바란다.

마지막으로 그림 9-7-3에 나타낸 바와 같이 PMD 상의 여분의 W 막이나 글루 레이어를 CMP 프로세스로 제거해 W 플러그를 완성한다. 강연 등에서 자주 나오는 질문에 대해서 이야기하겠다. 소스, 드레인 전극용 콘택트 홀 형성은 이해했지만 게이트 전극용 홀은 어떻게 되는 것일까? 대답은 '그 홀은 여기에 표시한 단면도의 것보다 더 안쪽에 형성'되어 있고 소스, 드레인 콘택트 홀을 형성할 때 동시에 만든다는 것이다.

순환형이라고 부르는 이유

지금까지 설명한 바와 같이 프론트 엔드 프로세스의 흐름을 보아도 제3장에서 8장까지 언급한 각 요소 프로세스가 여러 번 등장하는 것을 알 수 있다. 이것이 제1장에서 언급했듯이 전 공정의 프로세스가 순환형이라고 불리는 이유다.

9-8 백 엔드 프로세스

CPU* 또는 MPU 등 소위 프로그램 명령을 실행하는 CMOS의 LSI는 로직이라 불리며 첨단 로직은 배선층이 10층 이상으로 넘어간다. 여기서는 필요성을 설명하고 백 엔드라고 불리는 프로세스 흐름을 다루겠다.**

왜 복수의 배선층일까?

지금까지 CMOS 구조를 만드는 프론트 엔드 프로세스의 흐름을 차례로 설명했다. 여기에서는 백 엔드의 흐름을 기술하겠다. 같은 프로세스 플로가 계속되기 때문에 대표적인 것만 설명한다. 우선 무엇 때문에 다층 배선인가에 대해 알아보자. 첨단 로직 LSI에서는 이미 회로의 검증이 완료된 IP ***를 결합해 로직 IC 설계가 이루어진다. 새로운 회로의 검증에

---

* CPU
Central Processing Unit(중앙연산자)의 약자.

** MPU
Micro Processing Unit의 약자. CPU와 동일한 것으로 생각해도 좋다.

*** IP
Intellectual Property의 약자. 여기서는 광의의 의미로 지적재산권을 생각하자.

그림 9-8-1 **다층 배선의 모식적 그림**

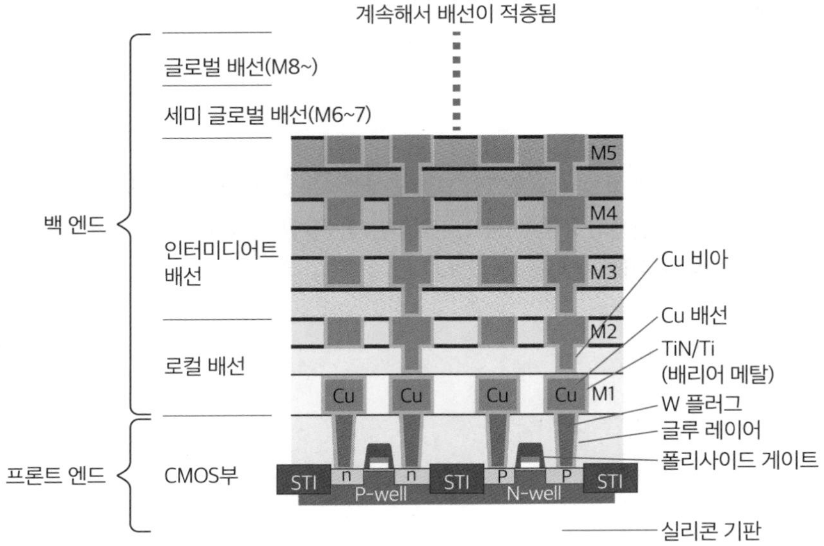

주 두꺼운 배선을 그리면 하부 구조가 보기 어려워지므로 생략했다.

는 방대한 시간이 걸리기 때문이다. 이를 위해 다양한 회로 블록을 배선으로 연결해 LSI로 완성한다.

이것을 빌딩 블록 방식이라고 하며 데이터베이스를 라이브러리라고 한다. 이와 같이 회로가 필연적으로 계층 구조가 되어 다층 배선이 필요하게 된다.

실제로 이 다층 배선의 프로세스, 즉 백 엔드 프로세스는 전체 공정의 약 70%를 차지한다고 알려져 있다. 당연히 비용에 영향을 주며 배선이 그만큼 많으면 소비전력에도 영향을 주게 된다.

그림 9-8-2 **백 엔드 프로세스 플로-Cu 듀얼 다마신 프로세스(비아 퍼스트의 예)**

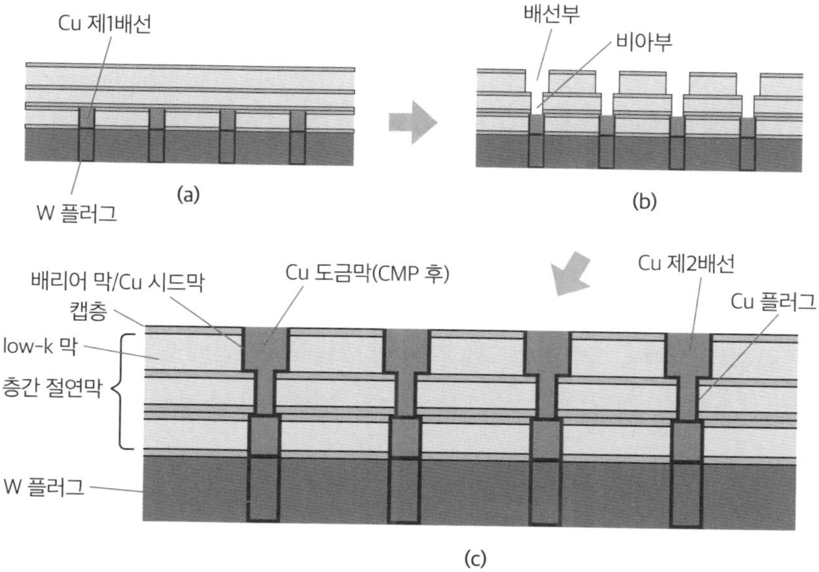

주 (c)는 확대 그림이다.

복수 배선층의 실제

이것을 프로세스 순서로 말하면 가장 아래의 로컬 배선, 인터미디어트 배선, 세미 글로벌 배선, 글로벌 배선 등과 같이 계층이 올라간다. 제7장 성막에서 설명한 배선 지연•의 문제로 인해 구리 배선이 사용되고 있다. 그렇다고 해서 모두 구리 배선은 아니고 세미 글로벌, 글로벌 배선은 알루미늄 배선을 이용하는 경우도 있다.

또한 제10장에서 설명하는 와이어 본딩 시에는 종래의 알루미늄 패

• **배선 지연**
7-10 참조.

드가 사용되므로 최종 배선층은 알루미늄이 된다. 이상 설명한 다층 배선 구조를 그림 9-8-1에 모식적으로 나타낸다. 이것은 그림 1-4-1에 배선의 계층명을 덧붙여 둔 것이다.

이러한 다층 배선 구조는 제7장이나 8장에서 언급했듯이 Cu 배선으로, 소위 Cu 듀얼 다마신 프로세스로 제작된다. Cu 듀얼 다마신 프로세스는 Cu 도금과 CMP를 사용해 Cu의 플러그와 배선을 동시에 만드는 프로세스다.

플로의 그림은 그림 9-8-2에 다시 표시했다. 첫 번째 Cu 배선은 싱글 다마신 기술로 형성된다. 7-6 또는 7-7을 참조하기 바란다. 프로세스 플로는 선행하는 형태로 8-6에서 설명하고 있으므로 여기서는 생략한다. 프론트 엔드 프로세스 플로의 뒤에 어떻게 연결되는 것인가 다시 한 번 살펴보기 바란다.

반복해서 적어 두지만 앞의 그림에서 Cu 제1배선은 7-6과 7-7에서 언급한 싱글 다마신 프로세스를 이용해 형성한다. 그 상층의 Cu 플러그와 제2배선층은 그림 9-8-2와 같이 동시에 홀을 형성하고 동시에 Cu로 도금하고 불필요한 부분을 CMP로 제거한다. 이와 같이 동시에 플러그와 배선을 형성하므로 듀얼 다마신 프로세스라고 부른다. 이것보다 상층의 배선도 마찬가지로 듀얼 다마신 프로세스를 사용해 형성함으로써 전항의 그림 9-8-1과 같은 구조가 된다.

지금까지 언급한 바와 같이 백 엔드 프로세스는 성막, 리소그래피, 에칭, CMP, 그 사이의 세정 등 이온 주입/열처리 이외의 프로세스를 반복해 배선층을 쌓아 올리는 것을 알 수 있다. 전 공정이 순환형 프로세스라는 것을 다시 한 번 이해하게 되었을 것이라 생각한다.

제10장

후 공정 프로세스의 개요

본 장에서는 후 공정 프로세스를 프로세스 플로에 맞추어 프로빙에서 최종 검사까지 각각 다루겠다. 후 공정은 대상이 실리콘 웨이퍼뿐만이 아니기 때문에 전 공정과는 완전히 다른 프로세스가 된다.

10-1 불량품을 제거하는 프로빙

주의 깊게 전 공정 프로세스를 거듭해도 결과적으로 웨이퍼 위에 형성한 칩에 불량품도 존재한다. 그것을 제거하는 것이 프로빙이다.

불량품을 날려버리는 의미는?

웨이퍼 위에 LSI를 다수 형성하는 소위 전 공정이 끝난 웨이퍼는 드디어 후 공정에 들어간다. 칩 사이즈의 축소는 1장의 웨이퍼에서 취할 수 있는 칩수의 증가를 의미한다. 많은 칩을 하나의 웨이퍼에서 취득할 수 있다는 것은 그만큼 칩의 비용 절감으로 이어진다. 그러나 불량품은 후 공정에 투입해도 아무 부가가치도 발생하지 않는다. 그래서 전 공정을 종료한 각 칩을 양품인지 불량품인지 판정해 둘 필요가 있다. 즉 후 공정에 들어가는 칩에 패스포트를 주는 역할을 하고 있는 것이다. 이것을 KGD● 라고 한다. 물론 불량품에는 표시를 해둔다(그림 10-4-1 참조).

● **KGD**
Known Good Die의 약자. 다이에 관해서는 10-4 참조.

그림 10-1-1 **프로브 카드**

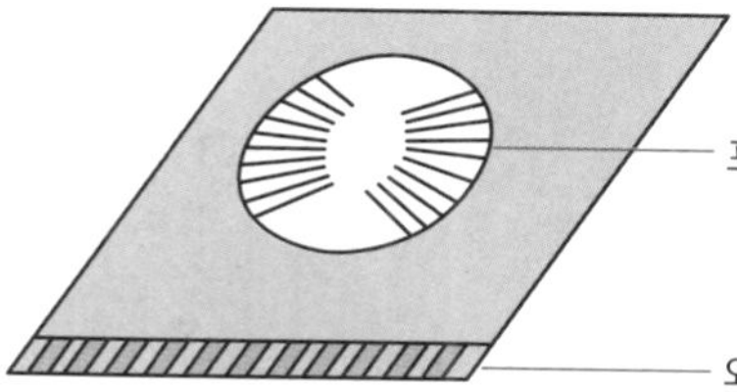

프로빙이란?

프로빙이란 영어의 프로브(probe, 탐색·탐사를 하다)에서 온 말이다. 전기를 흘릴 수 있는 바늘이 많이 붙은 프로브 카드라고 하는 것을 사용해 프로버라는 장치로 수행한다. 프로브 카드는 그림 10-1-1에 개략적으로 나타내고 있다. 각각의 LSI 칩에 전용 프로브 카드가 필요하며 프로브 카드 전문 메이커에 의뢰해 제작한다. LSI 칩에는 패드•라고 해서 바늘을 세우는 장소가 있다. LSI에 따라 그 수와 장소도 다르기 때문에 전용 프로브 카드가 필요하다.

이론 수율이라는 말을 설명해 둔다. 이것은 1장의 웨이퍼에서 몇 개의 칩을 취할 수 있는지를 의미한다. 그림 10-1-2에 개략적으로 표시한 것처럼 웨이퍼는 둥근 반면 칩은 사각형이므로 아무래도 낭비가 되는 면적이 존재하게 된다. 따라서 칩을 만드는 영역이 가장 넓어지도록 설계되었다.

웨이퍼의 면적이 일정하다면 칩 면적이 작을수록 많이 취득할 수 있

• pad
바늘을 세우는 단자를 지칭한다. 바늘이 서 있을 수 있도록 넓은 면적을 가지며, 칩 주변에 배치된다.

그림 10-1-2 **모식적으로 표시한 웨이퍼 내의 칩 배열**

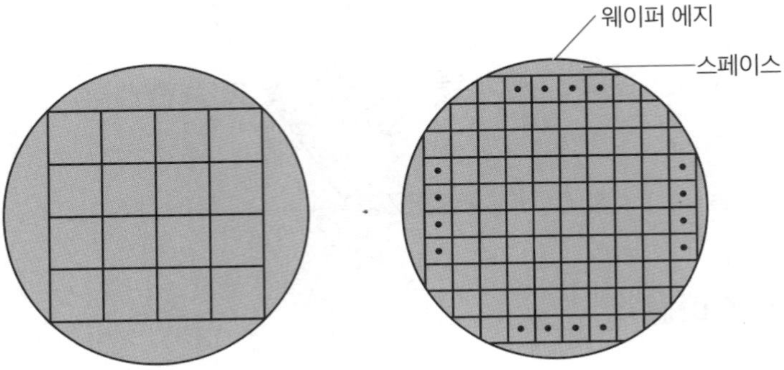

우측 그림은 좌측의 칩을 1/4로 축소한 것으로, 칩은 4배 이상 획득하는 것이 가능하다.
좌측이 16개, 우측은 80개. 그림은 이해를 돕기 위해 단순화해 그린 것이고
실제는 가장 많이 확보할 수 있도록 설계 및 배열한다.

다. 미세화의 의미는 여기에도 존재한다. 그리고 **에지 익스클루전**•이라는 정의도 중요하다. 그것은 프로세스에서 웨이퍼 에지로부터 몇 밀리미터까지 보증 가능한 것인가를 표시하는 것이고 에지 익스클루전을 작게 하는 것이 중요하다.

실제로는 웨이퍼 에지에서 수 밀리미터는 보증되지 않으므로 그에 해당하는 칩은 사용할 수 없다. 이것이 에지 익스클루전을 작게 해야 할 이유다.

• **edge exclusion**
그림 1-9-1의 패턴이 존재하는 웨이퍼 사진에서 웨이퍼 주변을 의미한다.

10-2 웨이퍼를 얇게 하는 백 그라인드

칩을 패키지에 수납하기 위해서는 전 공정에서 흘렸던 웨이퍼의 두께는 불필요하므로 소정의 두께까지 웨이퍼의 뒷면을 깎아서 얇게 만든다. 이것이 백 그라인드다.

얇게 한다는 의미

웨이퍼의 두께는 제1장에서도 언급했지만 300mm에서 775μm, 200mm 웨이퍼에서 725μm다. 실제로 패키지에 보관하려면 너무 두껍다. 전 공정에서 웨이퍼를 프로세스 장치로 처리하거나 장치 내, 장치 간을 운송할 때 나름대로의 기계적 강도나 웨이퍼의 휨 등 외형적 사양을 만족시키기 위해 이와 같은 두께가 필요하다. 패키지 내에 수납하려면 얇은 것이 유리하므로 100~200μm까지 얇게 한다. 이것이 백 그라인드 프로세스다.

백 그라인드 프로세스란?

백 그라인드 프로세스는 제8장에서 기술한 CMP와 비슷하지만 실제는 CMP와 달리 실리콘 웨이퍼를 수분의 1로 얇게 하기 때문에 '연마한다'기보다는 '깎는다'는 이미지가 정확하다. 실제로는 그림 10-2-1에 나타낸

그림 10-2-1 **백 그라인드의 실제 모식도**

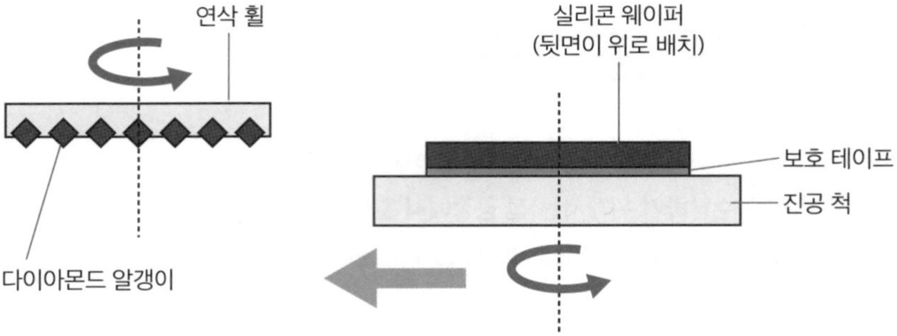

주 실제 장치에서는 복수의 연삭 휠이 준비되어 있고 거친 연삭에서 완성 연삭(부드러운 연삭)으로 진행한다.

그림 10-2-2 **백 그라인드 플로**

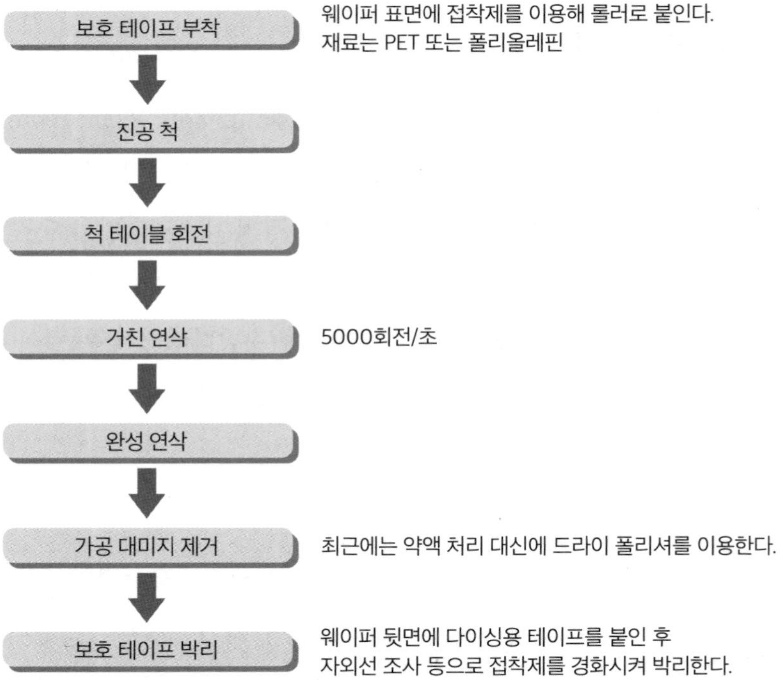

바와 같이 다이아몬드 입자를 포함한 평면 숫돌 휠을 분당 5000회전 정도로 연삭해 얇게 한다.

표면에는 중요한 LSI 칩이 형성되어 있으므로 표면을 보호할 필요가 있다. 백 그라인드 프로세스 플로를 그림 10-2-2에 표시했다. 웨이퍼 표면에 자외선 경화형의 접착제를 사용해 보호 테이프를 균일하게 롤러 등으로 붙인다. 보호 테이프의 재료는 PET● 또는 폴리올레핀을 사용한다. 그 후 보호면을 진공 척 테이블에 고정시키고 약 5000회전/초로 회전하는 연삭 휠부를 통과시키면서 뒷면을 거칠게 연삭한다. 또한 숫돌의 번호(거칠기를 표시하는 번호)를 바꾸어 마무리 연삭을 실시한다. 그 후 대미지 층이 1μm 정도 남아 있으므로 이것을 제거한다. 최근에는 약액 처리 대신에 드라이 폴리셔를 사용하는 경우도 있다. 웨이퍼 뒷면에 다이싱(다이 커팅)용 테이프를 붙이고 자외선 조사 등으로 접착제를 경화시켜 박리한다.

● **PET**

polyethylene terephthalate의 약자로 생수병의 재료로 사용된다.

10-3 칩으로 잘라내는 다이싱

칩을 패키지에 수납하기 위해서는 dicing saw라는 전용 커터를 이용해 웨이퍼를 칩 형태로 잘라낸다. 이것이 다이싱이다.

웨이퍼는 어떻게 절단할까?

웨이퍼를 백 그라인드로 얇게 한 후 앞 절에서 설명한 바와 같이 접착성이 있는 다이싱용 테이프●라는 테이프에 부착한다. 이것은 다이싱 후 칩●●이 제각각 흩어져버리면 좋지 않기 때문에 그에 대한 대책이다.

웨이퍼는 블레이드(두께는 20~50μm)라는 경질 재료에 다이아몬드 입자가 붙어 있는 것을 사용해 절단한다. 다이아몬드 블레이드는 초당 수만 번 회전해서 웨이퍼를 절단하므로 마찰열이 발생한다. 따라서 항상

● **다이싱용 테이프**
캐리어 테이프라고 부르는 경우도 있다. 이 상태로 다음 공정으로 운반되기 때문이다.

●● **칩**
이전에는 펠릿(pellet)이라고 부르기도 했다. 오래된 문헌이나 서적에는 펠릿이라고 기록되어 있는 경우도 있다.

그림 10-3-1 **다이싱 모식도**

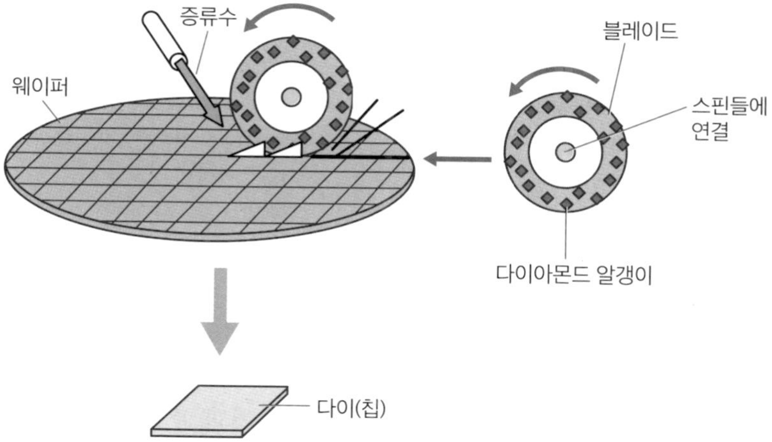

증류수를 고압으로 분사시키면서 다이싱을 실시한다. 이 증류수는 동시에 실리콘 가루를 제거하는 역할도 하고 있다. 또한 증류수를 분사하는 것으로 **정전 파괴**●의 문제가 발생하므로 증류수 안에 탄산가스를 혼합하는 것이 일반적이다. 그림 10-3-1에 그 상태를 표시해 두었다. 이 그림에서는 생략했지만 웨이퍼 전용 프레임을 통해 테이프와 접착(그림 10-4-1 참조)되어 있다. 웨이퍼는 그림 10-3-1을 예로 하면 그림의 가로 방향의 다이싱이 끝난 후 이번에는 웨이퍼를 90° 회전시켜 그림의 세로 방향을 다이싱하는 방식으로 이루어져 있다. 결국 그림의 다이(칩)처럼 직사각형 모양이 된다.

● **정전 파괴**
증류수는 불순물을 매우 미량밖에 포함하지 않으므로 비저항 값이 커진다. 그 때문에 웨이퍼 표면의 절연 보호막과 접촉한 경우에 정전기가 발생하고 그 영향으로 칩의 회로가 파괴되는 것을 말한다.

그림 10-3-2 **풀 컷과 하프 컷**

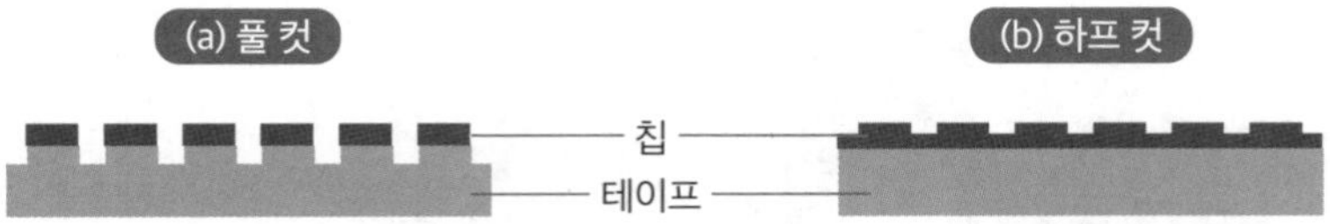

- 테이프에 잘라낸 자국이 있음
- 가공 시간이 길어짐
- 칩 자르기 도중에 멈추는 일이 없으므로 실리콘 가루가 나오지 않음

- 테이프에 잘라낸 자국이 없음
- 가공 시간이 짧음
- 브레이크 공정 시 실리콘 가루가 나옴

풀 컷과 하프 컷

식재료는 아니지만 웨이퍼도 모두 절단하는 풀 컷과 중간까지 절단하는 하프 컷이 있다. 하프 컷은 널빤지에 홈을 만들고 그 홈을 따라 나중에 쪼개는 이미지다. 현재는 공정수가 적고 품질 관리에도 유리한 풀 컷이 주류다. 풀 커팅을 하면 칩이 제각각 흩어져버릴 수 있기 때문에 전술한 바와 같이 다이싱 전에 웨이퍼에 테이프를 붙여 이를 방지한다. 물론 테이프는 잘라내지 않는다. 테이프 재료로는 염화비닐계와 신축성이 우수한 폴리올레핀계의 재료가 이용된다. 웨이퍼와 테이프의 접착은 접착제를 사용해 붙인다. 그림 10-3-2에 풀 컷과 하프 컷의 차이를 표시했다.

10-4 칩을 붙이는 다이 본딩

잘라낸 칩을 패키지에 수납하기 위해 기판에 붙이는 것이 다이 본딩이다. 전기적인 접촉이 일어나는 경우도 있다. 후 공정에서는 칩을 다이싱이 끝난 후에는 다이[•]라고 부른다.

다이 본딩이란?

다이싱이 완료된 웨이퍼에서 양품의 칩을 선택하고 패키지용 다이 패드에 올리고 접착제 등으로 고정시킨다. 이것을 다이 본딩이라고 한다. 각 칩은 캐리어 테이프에 부착되어 있기 때문에 제각각 흩어지지 않고 반송할 수 있다. 물론 불량 칩은 결국 폐기된다. 양품 칩은 아래에서 침으로 밀어올린다. 밀어올려진 칩을 진공 척으로 잡아서 리드 프레임의 다이 패드 위에 반송한다. 그 흐름을 그림 10-4-1에 표시했다.

• die
복수형은 dice. 성형으로 다이 캐스트라는 경우도 있지만 동일한 어원이다. 칩을 펠릿이라 부르기도 하고 다이라고 부르기도 하는 것은 오랜 관행으로 인한 것으로 생각된다.

그림 10-4-1 **다이 본딩까지의 흐름**

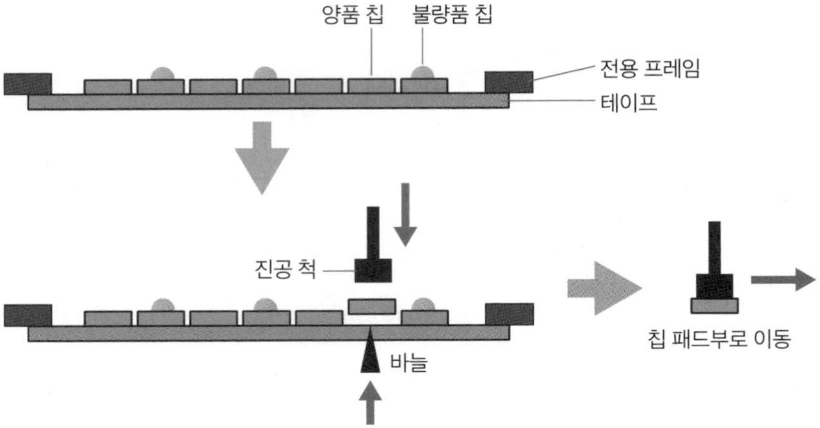

그림 10-4-2 **다이 본딩 방법(수지 접착형)**

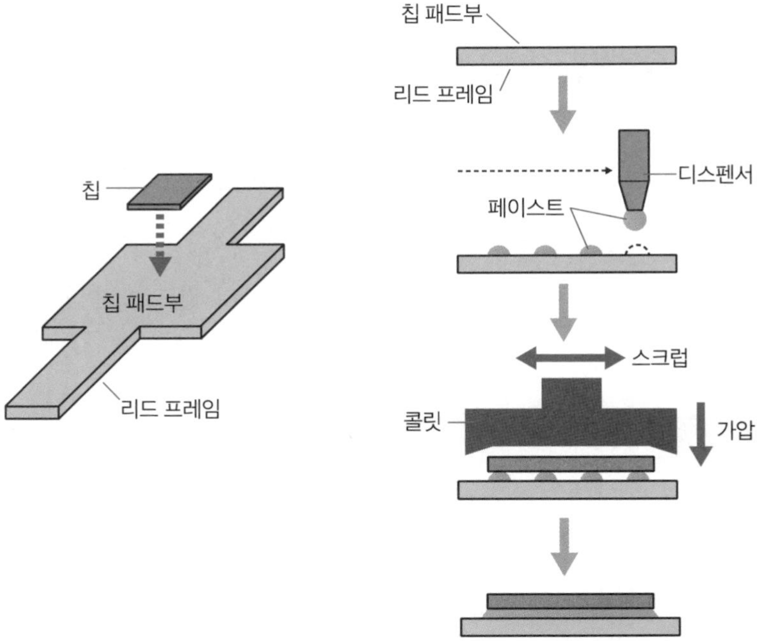

주 수지 접착형의 예.

다이 본딩 방법

여기에서는 접착제를 사용하는 방법으로 설명하겠다. 먼저 접착제를 패키지용의 다이 패드에 점 모양으로 도포한다. 다이 본딩에는 두 가지 방법이 있다. 첫째는 공정(共晶) 합금 결합법이고 두 번째는 수지 접착법이다. 공정 합금 결합법은 다이를 패키지의 메탈 리드 프레임과 세라믹 기판 위에 고정시킬 때 사용한다. 400°C 정도로 가열한 플레이트 상에서 다이의 뒷면과 리드 프레임의 금도금을 압착시킨다. 이때 다이의 실리콘과 리드 프레임 금도금의 금이 Si-Au 공정 합금을 형성하기 때문에 이러한 명칭이 붙었다. 산화를 방지하기 위해 질소 분위기에서 실시한다. 두 번째 방법은 다양한 종류의 패키지 기판에 고정할 때 사용한다. 그림 10-4-2에 그 플로를 나타낸다. 에폭시 수지 기반의 Ag 페이스트를 접착제로 사용하고 상온부터 약 250°C의 온도 내에서 가열해 콜릿(collet)으로 진공 척킹(chucking)해 스크럽(scrub, 마찰)과 가압으로 다이를 접착시킨다. 일반적인 후 공정에서는 이러한 것들이 주류를 이루고 있다.

10-5 전기적으로 연결하는 와이어 본딩

LSI의 패키지에서 마치 지네의 발과 같은 단자가 나와 있는 것을 본 적이 있을 것이다. 이 단자와 칩 상의 LSI 단자를 와이어로 연결하는 것이 와이어 본딩이다. 와이어는 금으로 되어 있으며 전기를 흐르게 한다.

리드 프레임과의 접속

금(Au)을 사용하는 것은 배선으로서 안정적이고 신뢰성이 높기 때문이다. 칩 위의 단자를 본딩 패드라고 한다. 한편 리드 프레임의 칩 측을 이너 프레임이라고 한다. 와이어는 자동화된 와이어 본더라는 장치를 사용해 1초 동안 수개에서 10개의 와이어가 본딩된다. TV에서 반도체 공장의 영상으로 나오는 경우가 있으므로 본 적이 있으리라 생각한다. 이전에는 사람이 하나하나 와이어 본딩을 하던 시대가 있었다. 후 공정은 노동집약형 산업이 되어 저임금의 동남아시아 등에 진출했던 역사가 있다. 와이어 본딩된 칩과 리드 프레임의 단면도를 그림 10-5-1에 나타냈다. 금 와이어는 LSI에서 최소 15μm 정도 굵기로 금의 순도는 99.99%와 같은 높은 치수의 것을 사용한다.

그림 10-5-1 **와이어 본딩된 칩과 리드 프레임**

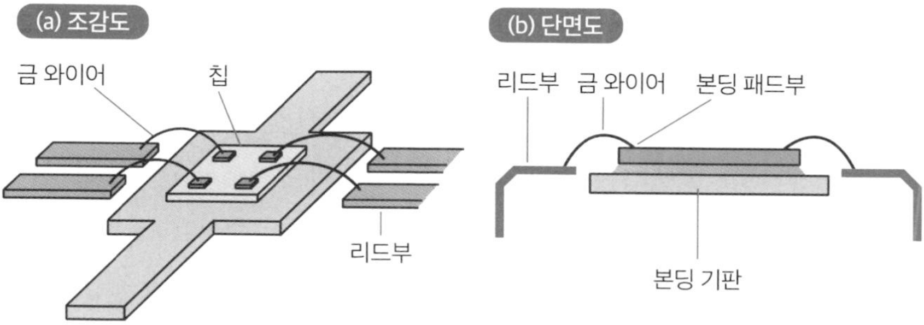

그림 10-5-2 **와이어 본딩의 플로**

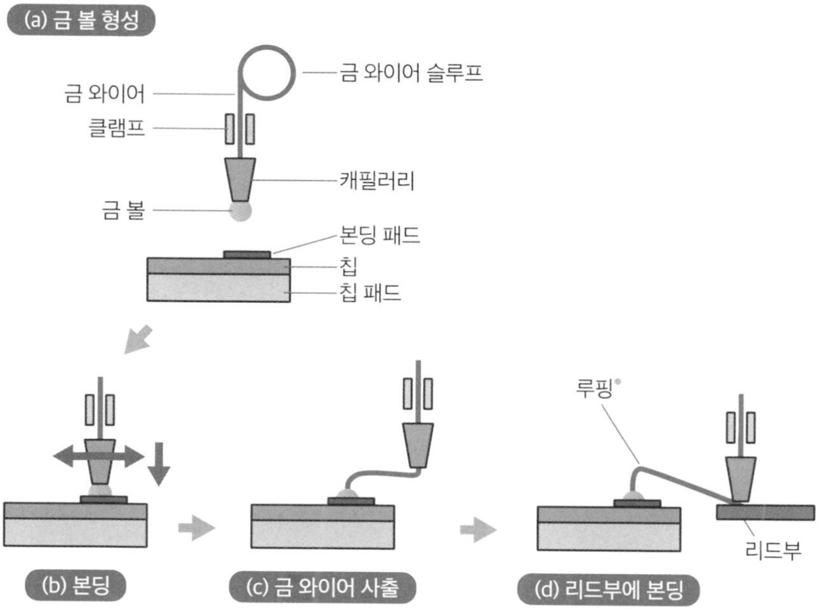

• looping
다음 절의 몰딩에서 수지 봉입 시에 충격을 감소시키기 위해 와이어의 곡선부를 잡고 있는 것.

와이어 본딩의 메커니즘

그림 10-5-2는 와이어 본딩 메커니즘을 보여 준다. 캐필러리(capillary)라고 부르는 선단에 금(Au) 와이어를 뽑아내 거기에 전기 토치를 가까이 해서 스파크를 발생시켜 선단의 금을 동그랗게 만든다(a). 이것을 본딩 패드(Al)에 밀어 넣고 열 압착한다(b). 이때 초음파의 에너지를 병용해 200~250°C의 온도에서 실시하는 UNTC● 방식이 주류를 이루고 있다. 그 후 캐필러리가 소정의 궤도로 이동해 금 와이어를 늘린다(c).

다음에 리드부에 캐필러리를 이동시켜 본딩을 실시한다. 리드부에는 Ag 등 도금이 되어 있다. 그 후 또한 캐필러리가 다른 본딩 패드로 이동해 캐필러리의 선단에 금 와이어를 뽑아내어 거기에 전기 토치를 가까이 접근시켜 스파크를 발생시켜 선단의 금을 동그랗게 만드는 작업을 반복해 나간다. 이것을 1초에 수개 진행할 수 있는 스피드로 진행시키는 것이 가능한 전용 와이어 본더라고 하는 장치에서 진행한다. 물론 LSI의 생산량이 많은 후 공정의 fab.일수록 이 와이어 본더가 많아진다.

● **UNTC**
Ultra-sonic Nail-head Thermo Compression의 약자. NTC는 2개의 금속을 융점 이하의 온도로 가열(thermo), 가압(compression)해 접합하는 것이다. nail-head는 금선 볼트가 압착되었을 때 못머리(nail-head)가 되는 것에 기인한다. 초음파를 사용하므로 UNTC라고 부른다.

10-6 칩을 수납하는 몰딩

LSI 칩의 다이 본딩과 와이어 본딩이 끝나고 이번에는 패키지를 위해 몰딩을 실시한다. 칩을 만두소로 비유하면 만두피를 붙이는 것과 비슷하다. 금형으로 상하에서 끼워 성형하는 것도 비슷하다.

몰딩 프로세스 흐름

여기에서는 리드 프레임형의 몰딩에 대해 설명한다. 리드 프레임이 없는 패키지도 증가하고 있으므로 그것에 대해서는 제11장에서 다루겠다. 먼저 몰딩 프로세스의 흐름을 그림 10-6-1에 표시했다. 와이어 본딩이 끝나면 칩과 리드 프레임을 운반하고 패키지의 하부 금형 위에 놓는다. 거기에 금형의 상부를 씌우면 상하 금형의 공간부(cavity)에 칩이 들어가는 배치가 된다. 여기서 상하의 금형에 압력을 가해 충분히 금형과 밀착시킨다. 거기에 에폭시 수지 등을 흘려 넣어 칩을 완전히 봉입하는 형태이므로 몰드라고 하는 것이다.

그림 10-6-1에는 편의상 하나의 칩에 대해 하나의 몰딩을 하는 형태로 그려졌지만 이것으로는 능률이 나쁘기 때문에 실제로는 그림 10-6-2에 나타낸 것처럼 많은 칩을 묶은 리드 프레임에 몰딩하는 형식이 된다.

그림 10-6-1 **몰딩 프로세스의 흐름**

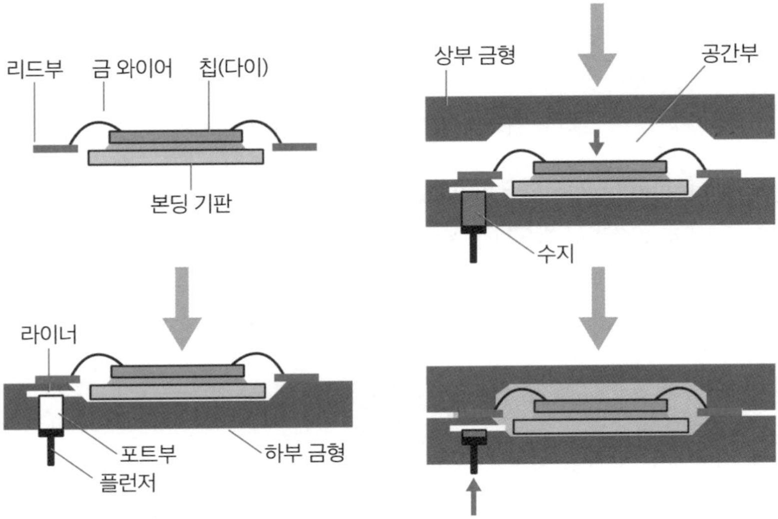

그림 10-6-2 **몰딩 프로세스의 실제**

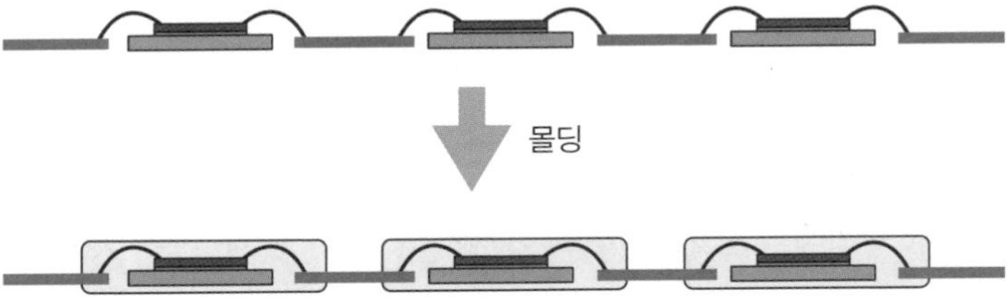

수지 주입 및 경화

금형은 160~180°C 정도로 가열되어 있다. 거기에 열 경화형 에폭시 수지를 칩과 칩 사이의 금형에 형성되어 있는 포트부에 투입한다. 그림 10-6-1의 왼쪽 아래 그림에 나타낸 바와 같이 하부 금형의 일부가 수지를 투입하는 포트부로 되어 있다고 생각하자. 이것은 어디까지나 일례로 다른 방법도 있다. 열에 녹인 에폭시 수지를 플런저(plunger)로 라이너(liner)

에서 공간부 일부로 밀어 넣는다. 이 방법을 트랜스퍼 몰드(transfer mold) 방식이라고 한다.

온도가 떨어지면 에폭시 수지가 경화된다. 따라서 금형을 제거하고 소정의 시간을 들여 경화시켜 몰딩이 완성된다. 이 몰딩 프로세스는 전 공정과는 완전히 다르며, 확실하게 후 공정이라 할 수 있다. 몰딩 프로세스까지는 칩(다이)이 외부에 노출되기 때문에 클린룸에서 작업한다.

10-7 제품을 위한 마킹과 리드 포밍

LSI 칩의 몰딩이 끝나면 이번에는 제품으로 출하하기 위한 제품명과 로트명을 넣거나 하는 '마킹(marking)'이라고 하는 공정과 LSI의 아우터 리드 형상을 수정하는 '리드 포밍(lead forming)' 공정을 진행한다.

마킹이란?

반도체 디바이스의 제품인 패키지에 회사명이나 제품명 또는 로트명을 넣을 필요가 있다. 이것을 마킹이라고 하는데 표시 방식은 잉크에 의한 인쇄 방식과 레이저에 의한 인쇄 방식이 있다. 전자는 검은색 패키지에 흰색의 잉크로 마크되어 보기 쉬운 반면에 더러워지기 쉽고, 문자 빠짐이 생기기 쉬운 단점이 있다. 후자는 잉크 방식에 비해 보기 어렵다는 단점이 있지만 패키지 수지 부분을 용융해 인쇄하기 때문에 잘 지워지지 않아 최근에는 레이저 방식이 주류를 이루고 있다. 어느 것이든 전용 마킹 장치를 사용해 이루어진다. 마킹의 예를 그림 10-7-1에 나타냈다. 로트명을 넣는 것은 시장에서 불량이 나왔을 때 원인 규명에 도움이 되기 때문이다.

그림 10-7-1 **패키지를 위한 마킹 예**

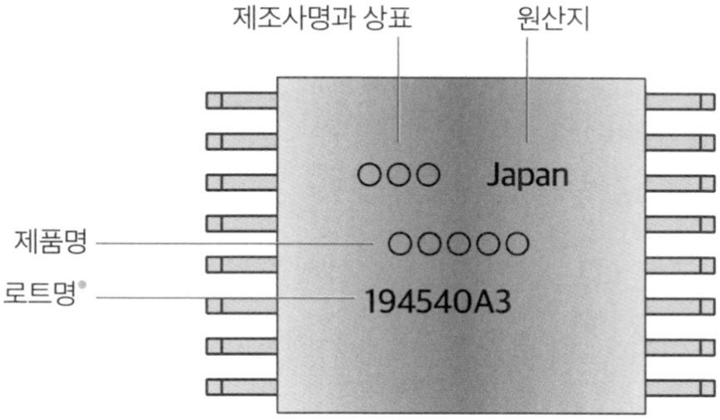

그림 10-7-2 **리드 포밍의 플로**

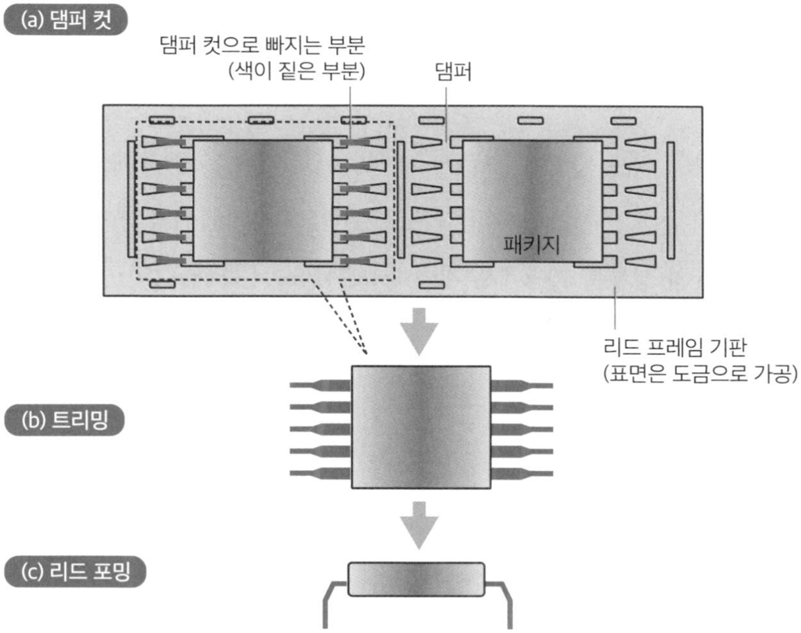

● **로트명**
통상 반도체 메이커에 알 수 있는 ID를 넣어 두고 시장에서 불량품이 나왔을 때 불량품 추적에 사용한다.

리드 포밍이란?

리드 프레임으로 패키지 밖에 나오는 부분을 아우터 프레임이라고 한다. 이것을 성형하는 것을 리드 포밍이라고 한다. 물론 리드 프레임이 없는 패키지도 시장에 나와 있으므로 그것에 대해서는 제11장에서 설명한다. 구체적으로는 리드 단자 선단을 성형기를 이용해 리드 프레임으로부터 잘라서 분리하고 리드 단자를 패키지의 종류에 맞춘 형상으로 굽힘 가공을 하는 것을 말한다. 실제로는 프레임 상태로 반송된 LSI(그림 10-6-2 참조)가 리드 프레임에서 분리되는 댐퍼 컷(damper cut) 공정, 프레임에서 분리하는 트리밍(trimming) 공정, 리드 단자를 성형하는 리드 포밍 공정의 순서로 연속적으로 가공된다. 그 흐름은 그림 10-7-2에 나와 있다.

패키지의 리드 단자는 프린트 배선판에 탑재하는 방식에 의해 리드 단자 삽입 실장형과 표면 실장형으로 분류된다. 여기서 설명한 것은 전자다. 후자의 경우는 10-2에서 기술한 BGA와 같은 타입이다.

10-8 최종 검사 공정

마킹과 포밍이라는 공정을 실시했다면 드디어 최종 제품 검사를 실시한다. LSI의 사양에 따라 검사 방법도 달라진다.

후 공정의 검사 공정이란?

후 공정에서는 공정마다 외관이나 특성 검사 등이 이루어진다. 외관 검사에서는 칩이나 패키지, 외부 단자(아우터 프레임), 마크 등의 상처나 오염 등을 공정별로 육안으로 확인한다. 특성 검사는 본딩 접속 강도나 도금 부착 강도 등이다. 불량품은 그때 제거한다. 패키지가 된 반도체 디바이스는 처음으로 외관과 치수를 측정하고 문제가 없는 것만 전기적으로 측정한다. 각각 전용 장치로 측정한다.

번인 시스템이란?

반도체 디바이스는 전자기기나 정보가전, 생활가전 등의 민생품이나 산업기기 등 다양한 시장에서 사용되지만 장기 신뢰성을 보장하는 것이 필수적이다. 신뢰성은 제품의 고장률과 시간의 관계로 나타내며 신뢰성 공

그림 10-8-1 **욕조 곡선**

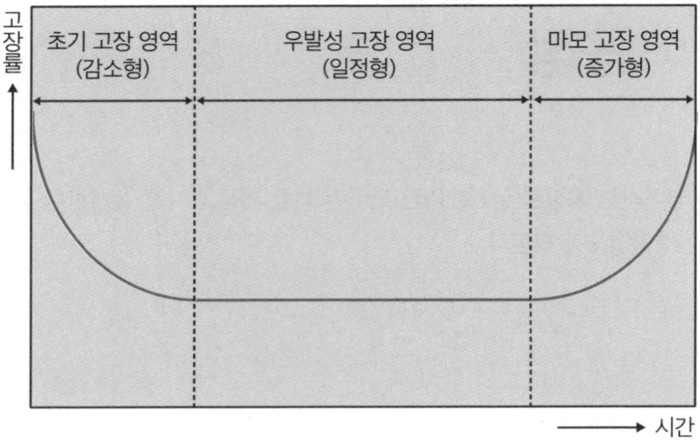

학에서는 **욕조형 고장률 곡선**이라고 한다. 형태가 미국 등에서 사용되는 욕조(bathtub)와 비슷해 붙여진 이름이다. 그림 10-8-1에 그 모델도를 나타냈다. 이 모델은 반도체 이외의 제품에서도 신뢰성 테스트에서 잘 알려진 모델이다. 그림과 같이 초기 단계에서의 고장은 시간이 지남에 따라 감소한다. 그 후에는 우발적인 고장이므로 고장률은 시간에 관계없이 일정하다. 서비스 수명은 이 범위다. 그 후는 마모로 인한 고장이므로 증가하게 된다.

여기서 문제가 되는 것이 초기 불량이다. 시장에 제품을 출하한 뒤 초기 불량이 대량으로 나온다면 고객의 신용을 잃고 반도체 제조업체로서의 위치가 불안해진다. 그래서 초기 불량을 조기에 발견하는 방법이 번인(burn in) 시스템이다. 고온, 고전압 등으로 LSI 칩을 동작시켜 초기 불량을 조기에 발견하기 위해 실시하는 것으로 **번인 장치**라는 고온 챔버를 갖춘 전용 장치가 있으며 패키지는 번인 기판에 탑재해 실시한다. 평소보다 엄격한 조건에서 실시하는 가속 시험이라고 생각하면 쉽게 이해할 수 있을 것이다.

최종 검사

패키지를 고온(100°C)과 저온(0°C)에서 전기적 특성을 측정해 양품과 불량품을 선별한다. 온도는 일례이며 고온 테스트와 저온 테스트를 수행한다고 이해하면 좋을 것이다. 당연히 양품만을 출하하게 된다. 이것은 전용 번인 장치 안에서 이루어지며 패키지가 된 칩은 전용 핸들러에서 번인 기판의 소켓에 수납되어 테스트를 진행한다. 반도체 제품에 따라, 예를 들어 로직계와 메모리계에서는 부하의 조건이 다르다. 검사 방법은 여러 가지가 있다.

후 공정에서는 전 공정과 같이 실리콘 웨이퍼만이 작업 대상은 아니고 프로세스가 진행됨에 따라 다양한 형태를 취한다.

제11장

후 공정의 동향

본 장에서는 제10장에서 설명한 후 공정 프로세스 가운데 비교적 새로운 기술인 와이어리스 본딩을 시작으로 패키지 기술의 동향에 대해 살펴본다.

11-1 와이어 없이 접속하는 와이어리스 본딩

와이어 본딩은 자동화되어 있지만 매우 시간이 많이 걸리는 공정이다. 재료비도 과제이므로 와이어 없이 접속하는 기술이 주목받고 있다.

TAB이란?

칩의 전극(패드)과 패키지 기판의 접속을 금 와이어를 사용하지 않고 실시하는 방법을 와이어리스 본딩(wireless bonding)이라 한다.

와이어리스 본딩은 크게 나누어 두 가지가 있다. 하나는 TAB(Tape Automated Bonding), 다른 하나는 FCB(Flip Chip Bonding)다. 와이어 본딩과 비교한 두 가지 방법의 차이를 그림 11-1-1에 나타낸다. 먼저 TAB에 대해 설명하겠다.

그림 11-1-2와 같이 다이싱된 칩의 Al 패드(금 범프 부착)와 폴리이미드 테이프의 개구부에 설치된 Cu 리드에 금도금된 TAB 리드(inner lead)를 핫바 툴(hot bar tool)이라고 불리는 지그로 가열 압착한다. 이 TAB 리드는 폴리이미드 테이프에 규칙적으로 정렬되고, 그것이 릴 형태로 수납되어 있는 것이 특징이다. 이 TAB 리드는 금 와이어보다 두껍다.

그림 11-1-1 **와이어리스 본딩의 비교**

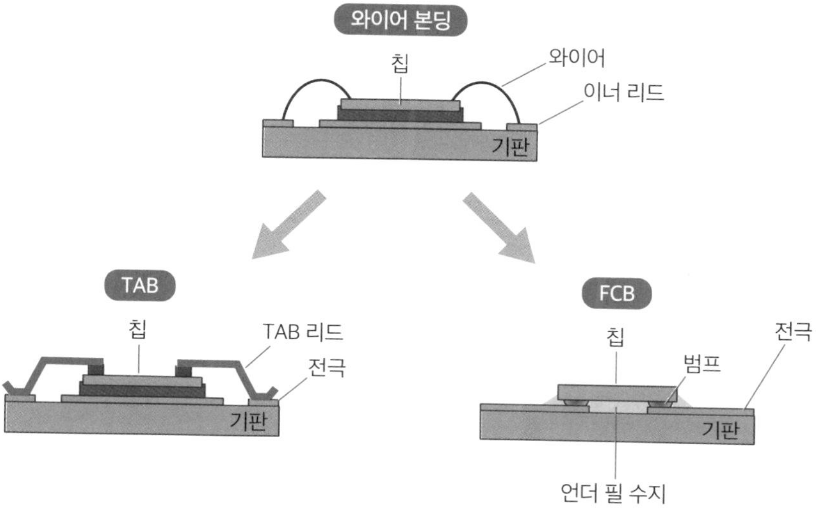

그림 11-1-2 **TAB의 플로**

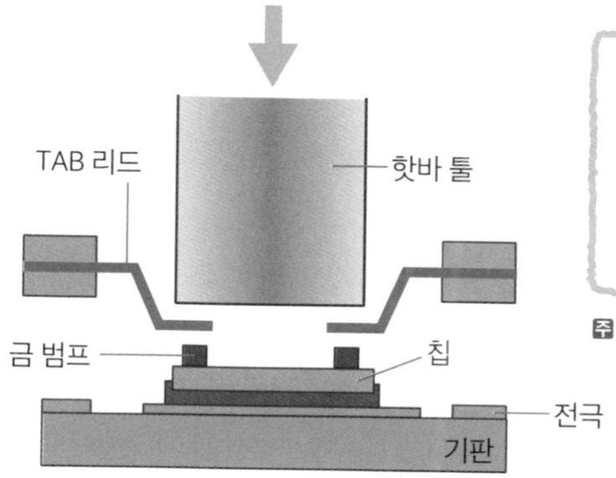

주 그림에는 일괄 본딩의 예를 표시했지만 1개씩 진행하는 캐필러리 방식도 존재한다.

또한 그림 11-1-2에는 표시되지 않았지만 기판의 전극에도 접속한다.

최근의 칩은 단자수와 접속 면적이 증가하고 있기 때문에 일괄로 본딩하기에는 정밀도 면에서 곤란하며, 1점마다 캐필러리로 접속하는 방법도 있다.

그림 11-1-3 **FCB의 플로**

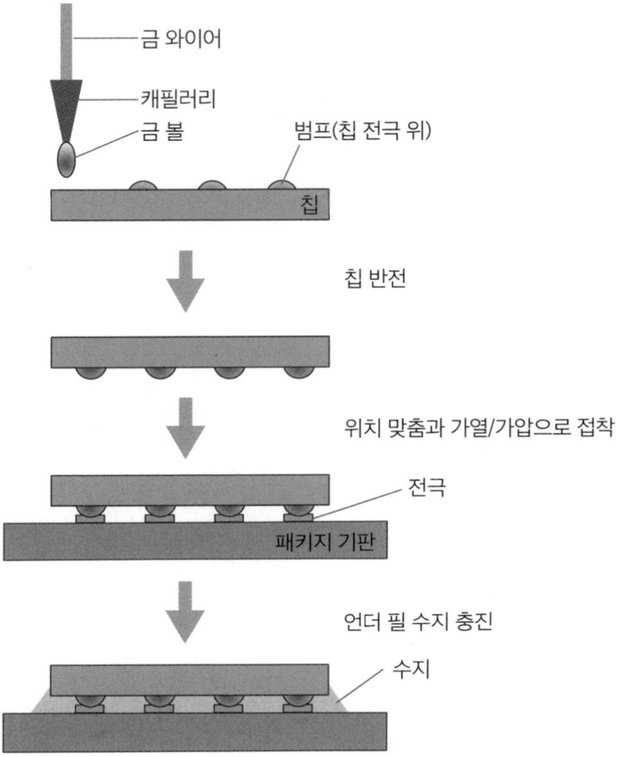

FCB란?

다음으로 FCB에 대해 설명한다. 그림 11-1-3과 같이 칩의 범프 부착 위치에 금(Au) 와이어 본딩법(10-5 참조)을 응용해 칩 전극 위에 금볼의 범프를 형성한다. 이 플립 칩● 상태의 칩을 페이스 다운으로 반전시켜 고성

● **flip 칩**
칩을 페이스 다운으로 실장하는 방법을 말한다.

능 LSI용 다층 배선 패키지 기판의 전극과 정렬시킨 후 가열 처리 등으로 접속한다. 이 방법은 금볼 범프 형성법이라고 불리는 예다. 그 후 칩과 패키지 기판의 간극을 메우도록 수지를 흘려 넣는다. 이것을 언더 필(under fill)이라고 한다. 도면에는 표시하지 않았지만 칩의 뒷면에 방열판을 부착하고 패키지 기판의 외부 단자에 솔더볼을 붙인다.

11-2 리드 프레임이 필요 없는 BGA

LSI 칩에서 나오는 지네의 발과 같은 단자를 리드 프레임이라고 한다. 이것을 사용하지 않는 구조가 있으며 BGA(Ball Grid Array)가 대표적이다.

리드 프레임을 없애는 의미는?

후 공정에도 전 공정과 마찬가지로 미세화의 트렌드가 있다. LSI의 고집적화, 고성능화가 진행됨에 따라 단자수는 점차 증가하는 경향이 있다. 그림 11-2-1에 리드 프레임 타입 패키지의 예를 나타낸다. 예를 들어 리드 프레임 타입 패키지의 최대 핀수로는 476핀 단자, 피치 0.4mm에서 QFP• 가 형성된다. 이것이 한계라고 알려져 있다. 그런데 리드 프레임은 금속판을 댐퍼 컷이라고 하는 펀칭 블레이드로 절단하지만 칼날의 두께가 0.1mm 정도가 되고 그 칼날의 정밀도나 금형 등의 정밀도도 한계에 도달하고 있다.

• **QFP**
Quad Flat Package의 약자. 정사각형 패키지의 네 변에 단자의 핀이 나와 있는 구조. 그림 11-2-1에 나와 있다.

그림 11-2-1 **리드 프레임 타입 패키지의 예**

그림 11-2-2 **BGA 패키지의 솔더볼 부착**

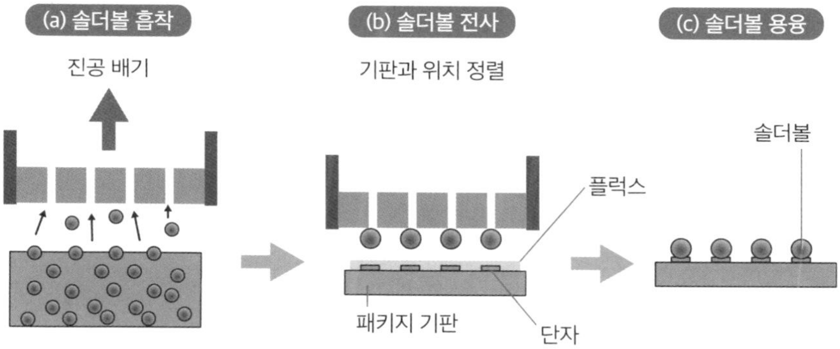

한편 리드 프레임의 단자도 작을수록 굽힘 등의 문제가 발생해 프린트 배선판에 실장을 하는 데 지장을 초래하고 있다. 이러한 상황 속에 있는 실정이며 리드 단자가 필요 없는 패키지가 요구되고 있다. 이것이 BGA 타입의 패키지다.

리드 단자가 필요 없는 대신 패키지 수지 기판에 솔더볼 부착 및 패키지를 분리하는 절단 공정이 필요하다. 이 절의 마지막 문장을 참조하기 바란다. 그림 11-1-3에 나타낸 플립 칩 본딩에 사용되는 방법이다.

솔더볼 부착이란?

플립 칩의 접속 방식에는 Au 솔더, 솔더볼, 초음파 등이 있으며 Au 솔더는 좁은 피치 제품, 솔더볼은 고신뢰성 제품 등에 사용된다. Au 솔더, 솔더볼에도 저비용·미세화에 대한 요구가 강하게 대두되고 있다.

여기에서는 솔더볼의 형성 기술에 대해 설명한다. 사용되는 솔더볼은 통상 일반적인 공정 솔더가 주류다. 그림 11-2-2와 같이 솔더볼을 넣은 조에 패키지 단자의 위치를 맞춘 솔더볼 흡착 지그로 솔더볼을 진공 흡착하고 미리 플럭스(flux)를 도포한 패키지 기판의 단자 위치에 솔더볼을 탑재하는 방법으로 진행하고 있다. 또한 솔더 재료를 스크린 인쇄법으로 소정의 위치에 인쇄하고 가열 리플로로 솔더볼을 만드는 방법도 있다.

통상적으로 반송은 패키지 기판의 프레임 단위로 행한다. 리드 프레임형 패키지와 마찬가지로 프레임을 수납하는 캐리어가 사용되고 있다. 솔더볼 형성 후에는 패키지 절단이 이루어지는데 개별로 진행하는 방법과 일괄로 절단하는 두 가지 방법이 있다.

11-3 다기능화를 목표로 하는 SiP

LSI 칩 1개로 하나의 패키지라고 하는 것이 보통이지만 다양한 기능을 가진 LSI 칩을 하나의 패키지에 넣는 것이 SiP(System in Package)다.

SiP란?

SiP는 어렴풋이 이미지를 연상할 수 있을지 모르겠지만 하나의 시스템 LSI를 원 칩에 집적하는 것보다는 독립형의 다양한 기능을 가진 LSI를 하나의 패키지에 수납하자는 생각이다. 시스템 LSI를 원 칩으로 형성하려면 미세화를 위한 프로세스 장치를 갖추어야 하며 그것을 위한 설계도 힘들다. 따라서 회로 설계나 제조 공정에서도 이미 검증된 칩을 조합해 하나의 패키지에 수납하는 것이 빠르다.

예를 들어 기능의 진화가 빠른 휴대전화 시스템 LSI에서는 이러한 사고방식이 채택되고 있다. 휴대전화에서는 애플리케이션의 융합(예: one seg 대응이나 net 대응)이 필요하고 제품 사이클이 짧기 때문에 쉽고 빠르게 원 패키지화로 대응하려는 생각이다. 새로운 LSI 개발보다 스택 구조로 SiP화하는 것이 빠르다는 것이다.

그림 11-3-1 **시스템 LSI와 SiP의 비교 이미지**

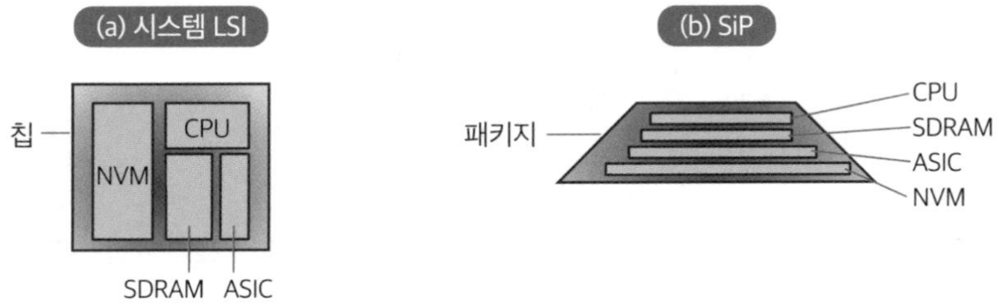

주 CPU: Central Processing Unit
NVM: Non-Volatile Memory
SDRAM: Synchronous DRAM
ASIC: Application Specific Integrated Circuit

그림 11-3-2 **적층 칩 패키지화의 예**

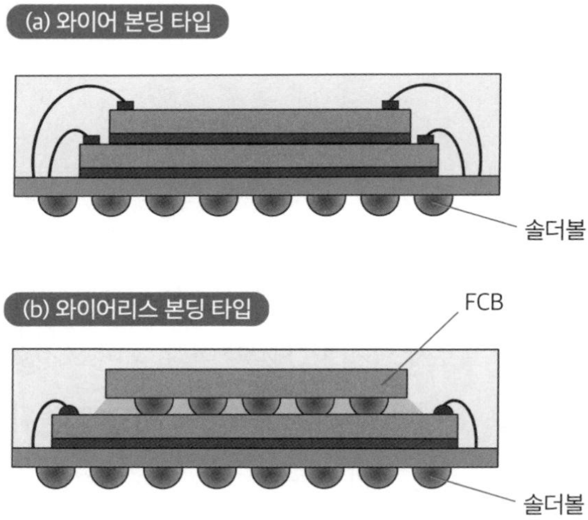

휴대전화용 하이엔드 LSI는 내부에서 제작하고 로엔드는 해외에서 만들고 있다. 시스템 LSI와의 비교를 그림 11-3-1에 개략적으로 나타냈다.

패키지 기술에서 본 SiP

실제 패키지 방법은 기술적으로 와이어 본딩에 의한 칩 적층과 플립 칩 실장 기술을 구사한 3차원화의 두 가지가 있다. 그림 11-3-2에 기판과 칩의 접속에 와이어 본딩을 이용한 타입과 기판끼리의 적층에 플립 칩을 이용한 타입의 패키지의 예를 나타냈다. 이러한 SiP가 제공하는 새로운 '시스템 솔루션'으로서 기대되고 있다. 더욱 발전한 시스템으로 제12장에서 기술하는 TSV(Through Silicon Via)를 이용한 3차원 실장이 있다. 이 방법은 와이어 본딩을 사용하지 않는 방법이다.

11-4 리얼 칩 사이즈의 웨이퍼 레벨 패키지

LSI 칩 하나하나로 잘라내기 전 웨이퍼 상태로 패키지화하려는 것이 웨이퍼 레벨 패키지(WLP)다. 반도체뿐만 아니라 MEMS• 등에도 응용되고 있다.

웨이퍼 레벨 패키지란?

웨이퍼 레벨 패키지는 웨이퍼 상태로 재배선해 수지로 밀봉, 솔더볼 단자 부착을 먼저 실시한 후, 다이싱에 의해 칩(다이)으로 함으로써 리얼 칩 사이즈의 패키지를 만드는 것을 말한다. 패키지에 수납하면 아무래도 칩의 사이즈보다 커져버린다. 하지만 이 기술은 거의 칩 사이즈 패키지가 되는 것이 장점이다.

또한 일괄 칩뿐만 아니라 패키지도 만들기 때문에 저비용화가 가능하다. 이 패키지는 기술적으로 플립 칩 기술을 응용하기 때문에 FBGA(플립 칩 타입의 BGA라는 의미)라고 한다. 완성된 칩을 웨이퍼 레벨 CSP(칩 사

• **MEMS**
Micro Electro Mechanical System의 약자. 전자 디바이스와 메커니컬 구동을 하는 디바이스의 융합체로 가속도 센서 등이 대표적인 예다.

그림 11-4-1 **기존 패키지와 비교**

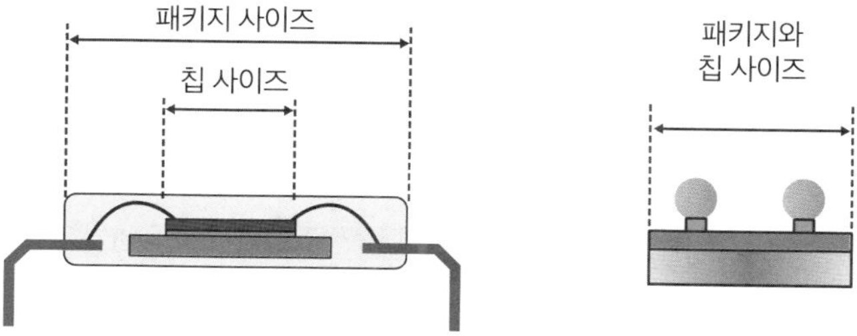

이즈 패키지)라고도 한다. 그림 11-4-1에 기존 패키지와 비교해 놓았다.

웨이퍼 레벨 패키지의 흐름

웨이퍼 레벨 패키지의 공정 흐름을 그림 11-4-2에 따라 설명하겠다. 먼저 재배선●이라는 공정을 실시한다. 이것은 인터포저(interposer)라고 불리는 재배선층의 층간 절연막을 형성하고, 칩과 외부 단자를 연결하는 비아와 재배선층을 형성하고, 또한 범프층을 그 위에 형성하기 위한 포스트부(구리)를 형성한다. 그런 다음 수지로 밀봉한다. 또한 솔더 범프를 형성하고 다이서로 다이싱해 칩으로 만든다. 그림 11-4-3은 확대된 그림을 보여 준다. 물론 다이싱 전에 웨이퍼 상태인 채로 테스트도 가능하다.

● **재배선**
후 공정에서 칩 위에 새롭게 배선층을 형성하는 것을 말한다.

그림 11-4-2 **웨이퍼 레벨의 패키지 프로세스 플로**

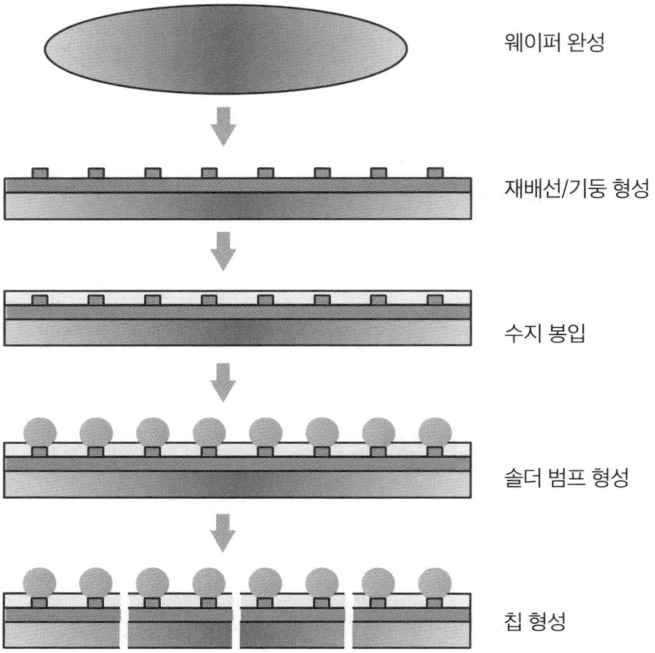

그림 11-4-3 **웨이퍼 레벨 패키지의 확대 그림**

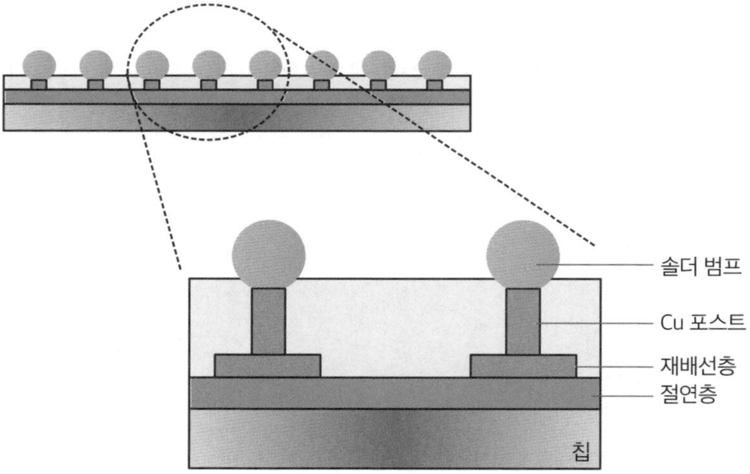

OSAT란 무엇인가? 후 공정 fab.의 동향

마지막으로 후 공정 fab.의 동향에 대해 다루겠다. 1-12의 마지막에서도 언급했지만 후 공정을 외주하는 반도체 메이커가 늘어났다. 그 경향 아래에서 후 공정을 수탁하는 메이커를 OSAT(Outsourced Semiconductor Assembly and Test)라고 부른다. 전 공정을 수탁하는 파운드리에 해당한다. OSAT는 종래의 로엔드 패키지뿐만 아니라 본 장에서 언급한 고부가가치 하이엔드 기술을 강화하고 있다. 그만큼 스마트폰용을 비롯한 반도체 제품에 대한 새로운 지식을 얻었기 때문이라고 할 수 있을 것이다. 일부 파운드리에서는 후 공정을 받아들이려는 움직임이 있어 비즈니스적으로나 기술적으로도 주목받는 분야가 되고 있다. 일본에서도 반도체 메이커의 후 공정 부문이 통합되는 형태로 J 디바이스•라는 OSAT가 탄생했다. 이와 같이 후 공정 부문의 통합이 진행되고 수평 분업이 진행되고 있는 것이 현 상황이다.

• J device
현재는 미국 AmKir사의 완전 자회사다.

제12장

반도체 프로세스의 최근 동향

이 장에서는 지금까지 기술한 반도체 프로세스 전체의 최근 동향에 대해 다루고 반도체 fab.과 실리콘 웨이퍼의 450mm에 관해 현재의 상황을 기술한다. 미세화 일변도의 more moore 노선에서 탈출이 보이기도 한다.

12-1 로드맵과 '오프' 로드맵

2-1에서 접한 반도체 프로세스 미세화의 도표(안내판, guidepost)가 되어 온 것이 반도체 기술 로드맵이다. ITRS라고 하는 국제적인 활동 단체가 진행해 왔다. 또한 그 정반대에 있는 오프 로드맵을 간략하게 살펴보자.

반도체 기술의 로드맵이란?

최근에는 행정적 측면이나 기업이 무언가를 기획해도 로드맵(일정표 등으로 적는다)이라는 용어를 많이 사용한다. 그러나 반도체 기술 개발에서는 예전부터 사용되고 있었다. 원래 로드맵(road map)이라는 용어는 도로 지도라는 의미이며, 특히 자동차 사회인 미국에서는 원거리도 자동차로 이동한다. 그래서 자동차용 도로 지도라는 의미로 사용되어 온 것으로 보인다. 여기에서 유래해 반도체 기술 개발의 '안내판'이라는 의미로 전용한 것일지도 모른다.

이것을 국제 활동으로 ITRS(International Technology Road map for Semiconductor)라고 하는 미국, 유럽, 한국, 일본, 대만의 5개 반도체 업계의 단체가 진행시켜 왔다. 일본의 담당 조직은 일본 전자정보기술산업협회(JEITA, Japan Electronics and Information Technology Industry

그림 12-1-1 **ITRS 2011부터 제1배선의 하프 피치(로직의 예)**

ITRS 2007

최초 생산	2007	2008	2009	2010	2011
1메탈의 하프 피치	68nm	59nm	52nm	45nm	40nm

ITRS 2011

최초 생산	2011	2012	2013	2014	2015
1메탈의 하프 피치	38nm	32nm	27nm	24nm	21nm

출처: ITRS 자료를 바탕으로 작성.

Association)의 하부 조직인 반도체부회의 반도체 기술 로드맵 전문인회(STRJ●)가 담당하고 있었다. 지금까지의 활동은 JEITA의 HP에서 볼 수 있으며 현재는 ITRS와 STRJ 모두 활동을 종료했다. 이후에 대해서는 나중에 설명하겠다.

ITRS에는 각국의 전문가로 구성된 위원이 모여 각 분야별로 논의해 로드맵을 수정하는 활동을 했다. 홀수 해에는 리포트, 짝수 해에는 전년도를 재검토하는 것으로 업데이트 판을 보고해 왔으며 ITRS의 홈페이지(www.itrs)에 게재되어 있다. 요점은 매년 검토해 수정한다는 것이며,

● **STRJ**
Semiconductor Technology Road map Committee of Japan. 반도체부회의 위원회로서 ITRS의 일본 측 활동을 진행해 왔다. 2016년에 활동 종료.

반도체 미세화의 발전 추세 혹은 반도체 산업이 얼마나 경쟁이 치열한 것인지를 이야기하고 있다. ITRS의 가까운 연대의 로드맵의 예를 그림 12-1-1에 표시했다. ITRS 2007과 ITRS 2011을 비교해 보자. 2011년의 1메탈 하프 피치•를 비교하면 미세화는 조금씩 앞당겨져 왔다. 상술한 반도체 미세화의 발전 추세, 반도체 경쟁의 치열함을 느꼈을 것이라 생각한다.

그 역사는?

원래 미국 반도체공업회(SIA, Semiconductor Industry Association)가 업계 활동으로서 진행해 왔던 것이라고 생각한다. 당시에는 NSTR (National Semiconductor Technology Road map)이라는 것으로 1992년부터 활동하기 시작해 1997년판까지 나왔다. 그 후 1998년부터 국제판으로 격상되었다. 이는 각국을 참여시켜 로드맵 작성 업무를 추진하는 편이 효과적이라고 판단한 것이라 생각한다. 미국 내에서도 국제적으로 추진하는 것이 좋다는 의견 측과 자국에서 진행하자는 의견 측이 격한 토론을 거쳤다고 필자는 들었다. 여담이지만 필자는 ITRS가 되고 나서 일본 측 위원으로 2년 정도 활동했고, 당시 미국 측의 열정과 의욕을 피부로 느꼈다. 무엇보다 이때 미국 측에서 대응한 멤버는 국제 추진파의 인물들일지도 모른다.

• **half pitch**
부록 참조.

그림 12-1-2 **셀프 얼라인에 의한 미세화**

마스크를 사용하지 않고 RIE의 이방성 에칭 특성을 활용하는 방법.
치수 a에 주목하면 마스크에 의존하지 않고 a의 사이드 월을 형성했다고 말할 수 있으며, b에 주목하면 마스크에 의존하지 않고 원래의 치수보다 2a만큼 작은 홀이 형성되었다고 할 수 있다. 9-5를 참조하라.

미세화 일변도로부터의 탈출

한편 ITRS에서 추진해 온 미세화 일변도의 로드맵에서는 따라갈 수 없는 반도체 메이커들이 증가하게 되었고 이대로의 활동으로 괜찮은가에 대한 우려의 목소리가 있었다. 따라서 12-2에 언급할 more than moore 등의 새로운 노선도 제안되었다. 향후 로드맵 활동은 IEEE●(아이트리플) 안에 IRDS●●라는 조직을 만들어 지금까지의 활동도 포함한 미세화 일변도가 아닌 넓은 분야의 로드맵을 만드는 방향으로 되어 가고 있다.

● **IEEE**
Institute of Electrical and Electronics Engineers의 약자. 미국에 본부가 있는 국제적인 학회이며 전기, 전자 분야의 규격화, 표준화 등을 진행한다.

●● **IRDS**
International Road map for Devices and Systems의 약자.

오프 로드맵이란?

미세화 기술인 리소그래피의 최신 기술에 의존하지 않고 미세화를 수행하는 것을 오프 로드맵이라고도 한다. 최근에는 많이 사용되지 않는 단어지만 여기서 간단히 설명해 둔다.

제5장에서 설명한 톱 다운 리소그래피 기술로 미세화를 실현해 온 실리콘 반도체지만 경우에 따라서는 현재 가지고 있는 미세 가공 기술만으로는 달성 불가능한 패터닝이 필요하게 되었다. 그 대표적인 것이 제7장과 9장에서도 소개한 셀프 얼라인(자기정합) 프로세스다. 반도체 제조 공정에서 리소그래피의 힘을 빌리지 않고 패터닝을 진행하는 프로세스를 **자기정합화** 또는 **셀프 얼라인(self-align)**이라 부른다. 예를 들어 그림 12-1-2와 같이 사이드 월(side wall, 측벽)을 만드는 프로세스는 마스크가 필요하지 않은 셀프 정렬에 의한 미세화 기술이다. 7-9에서 설명한 폴리실리콘 게이트의 제작법도 셀프 얼라인의 일종이다. 이와 같은 오프 로드맵은 일반적으로 자체 정렬 프로세스를 가리키는 것으로 이용되었던 시기도 있었다. 참고를 위해 표기해 두었다.

12-2 기로에 선 반도체 프로세스의 미세화

나노 스케일의 미세 가공을 실시하는 반도체 공정도 이제 한계가 보이고 있다. 여기서는 기술론에 초점을 맞추고 어떤 논점이 있는지 설명한다.

실리콘 스케일링의 한계

2-1에서 접한 스케일링 법칙은 실리콘 중의 전자를 고전 입자로 취급하는 물리 모델에 의해 성립된다. 가공 치수, 특히 게이트 길이가 실리콘의 원자 반경에 근접해 감에 따라 채널 중의 전자가 고전 입자로 처리되지 않는다. 양자역학으로 취급하는 레벨이 되기 때문이다. 실리콘 결정의 격자 간격이 0.545nm이므로 게이트 치수(채널 길이)가 5nm 정도에서는 양자역학의 범주에 들어간다고 알려져 있다. 따라서 여러 가지 노선의 선택이 나온다.

다양한 노선의 정리

일반론으로서 지금까지 진행해 온 노선의 향후를 논의하는 경우 다음의 세 가지 방법론으로 분류된다.

① **종래의 노선을 진행시켜 가는 방법**

② **종래 노선의 연장을 다른 전개로 찾는 방법**

③ **종래의 노선을 초월한 길을 찾는 방법**

이것을 반도체 기술로 생각해 보면 ①의 방법은 종래 미세화의 오직 한길 노선으로 할 수 있는 곳까지 하는 것이며 이 방법으로 미세화를 추진하는 노선을 more moore라고 부른다. more moore를 CMOS Extension이라고 부를 수 있다. ②는 미세화와는 다른 노선에서 반도체가 사는 길을 찾는 방법으로 최근에는 이것을 more than moore●라고 부른다. ③은 실리콘이라든가 CMOS에 집착하지 않고 반도체 디바이스의 방향성을 탐구하는 것으로 Beyond CMOS라고 부를 수도 있다. 물론 CMOS Extension의 반대쪽에 있다.

이들을 그림 12-2-1에 모식적으로 나타냈다. 이 장에서는 more moore, more than moore에 대한 동향을 설명한다. 앞 절에서 언급한 로드맵은 마라톤에 비유하면 페이스메이커와 같은 것으로 도중에 페이스가 오른 것이 현재 상황일지도 모른다. more moore에 뒤쫓아 갈 수 없는 마라토너를 위해 more than moore가 출현했다고 생각하면 이해가 쉬울 것이다.

● **more than moore**
상기 ITRS의 2006년판에서 등장했다. 미세화 일변도의 로드맵에서는 많은 반도체 메이커가 참여할 수 없기 때문에 제안된 측면이 있다. 최근에는 'post moore'라는 단어가 있는데 이것은 ①의 한계 이후라는 의미로 사용된다.

그림 12-2-1 **미세화의 전방에 보이는 것은?**

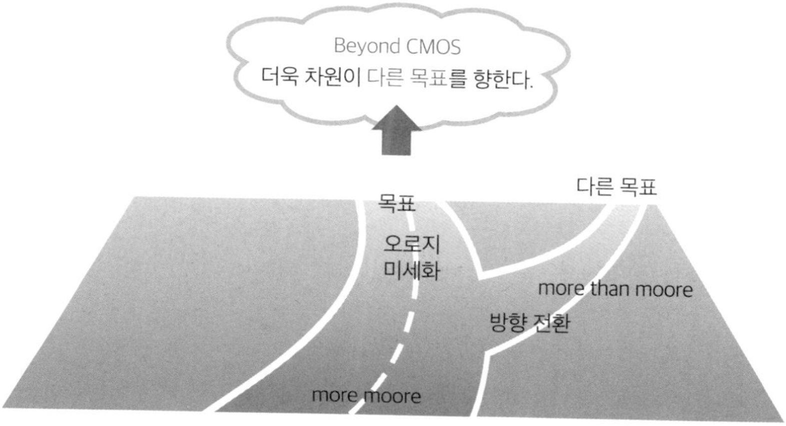

기술 부스터란?

Moore의 법칙을 추진, 즉 미세화의 추구는 상기와 같이 한계를 맞이하게 된다. 한편 LSI에는 기판인 실리콘 웨이퍼 외에도 다양한 재료를 사용한다. 이러한 재료도 스케일링 법칙을 따라갈 수 없게 되어 가고 있다. 종래 기술만으로는 스케일링 법칙을 따라잡을 수 없는 케이스가 나오고 있는 것이다. 그 때문에 실리콘 그 자체나 배선 재료, 게이트 절연막 재료, 층간 절연막 재료의 재검토가 필요하고 이로 인해 등장한 것이 기술 부스터(technology booster)다.

기술 부스터의 개념을 로드맵의 그림에 넣어 그린다고 하면 그림 12-2-2와 같이 될 것이다. 스케일링 법칙과의 편차를 보정해 주는 기술(재료도 포함)과 같은 이미지로 그려져 있다. 7-9의 high-k 막 등도 기술 부스터의 하나의 예라고 할 수 있다.

그림 12-2-2 **테크놀로지 부스터의 개념**

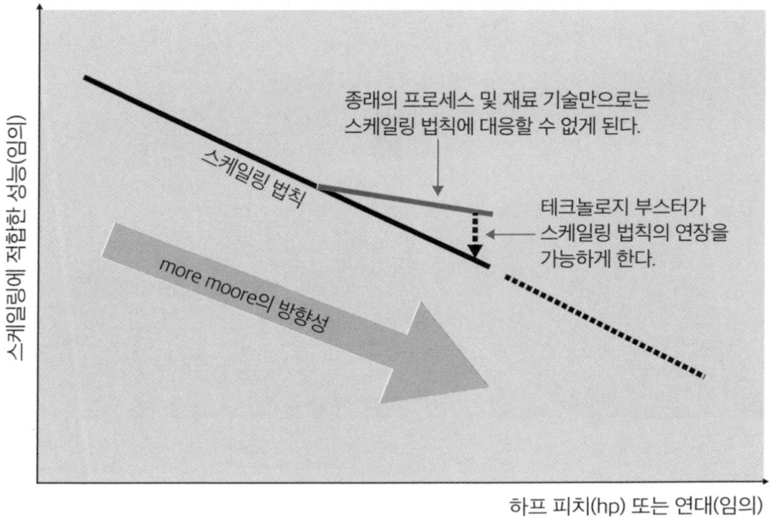

다른 관점에서 보면

발전 일로를 걸어온 반도체 산업이지만 이전과 비교하면 성장률도 둔화하고 기세도 조금 떨어지고 있다. 미세화·고밀도화를 추구해 왔지만 최첨단 기술을 주도하는 힘을 가진 반도체 제조업체는 세계에서 몇 개사 정도다. 반도체 산업은 수직 통합형에서 수평 분업형으로 바뀌어 12-6에서 언급하겠지만 파운드리, 팹리스 메이커가 출현하고 있다. 예를 들어 팹리스의 대표적인 곳인 퀄컴이 반도체 매출액 Top 5에 들어가고 있다. 또한 파운드리의 대표인 TSMC도 동일하게 Top 5에 들어간다. 한편 1980년대 세계 시장 점유율 50%를 자랑했던 일본은 최근 반도체 산업에 있어 열세를 면치 못하고 있다. 그나마 반도체 재료나 파워 반도체 등에서는 건투하고 있다.

반도체 산업은 IT 산업이 견인해 온 것이 사실이지만 IT 응용 분야도 PC, 대형 FPD에서 태블릿과 스마트폰으로 대표되는 모바일 기기, 상기 언급한 동일 기기용의 중소형 디스플레이, IoT, 5G 등 새로운 콘셉트로 이동해 가고 있는 중이다. 또한 전체를 바라보면 녹색 혁신과 저탄소 사회로 상징되는 환경, 에너지 산업으로의 전환도 생각할 수 있다. 이 기회를 호기로 인식하는 것이 전 세계 반도체 산업의 재생에 필요하다고 생각된다.

12-3 more moore에 필요한 NGL이란?

more moore 노선에서 미세화를 추진하기 위해서는 리소그래피 기술의 발전이 필수적이다. 여기에서는 그에 대해 대략적으로 살펴본다.

미세화의 한계

NGL이란 Next Generation Lithography의 약자로 리소그래피 관련 학회 등에서 사용한다. 물론 more moore 노선의 차세대 리소그래피 기술의 유력 후보는 무엇인가라는 것으로 사용된다. 리소그래피로 대표되는 미세 가공 기술은 한계에 달했으며 장치의 가격도 하늘로 치솟고 있다. 현실적으로는 미세 가공 치수 레벨이 어디까지 가능할 것인지를 토론의 장에 올려놓고 어떠한 리소그래피 기술로 달성할지가 과제가 된다.

이러한 레벨에서의 레지스트 형상은?

반도체 프로세스와 관련된 책 등에서는 그림의 편의상 실제의 종횡비를 무시하고 그릴 수밖에 없다. 그러나 최첨단 로직에서는 제1배선으로 해도 두께 쪽은 줄일 수 없다. 필요한 전류가 흐르는 정도의 배선 두께를

그림 12-3-1 **실제 레지스트 패턴의 이미지**

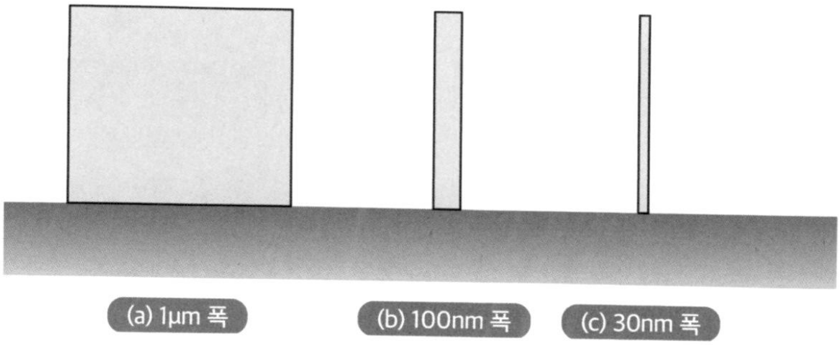

확보할 필요가 있기 때문이다. 그 방향에서 실제 배선 폭은 나노 스케일이다. 따라서 실제 첨단 실리콘 반도체의 제1배선 등의 레지스트 패턴은 그림 12-3-1과 같이 고층 빌딩과 같은 모양으로 되어 있다. 필자도 반도체 프로세스 강연 등에서 그것에 관한 코멘트를 하고 난 후 진행해 왔다.

NGL 후보는?

NGL의 유력 후보로 떠오르고 있는 것은 **다중 패터닝 기술과 EUV 기술**이다. 다중 패터닝의 한 예인 더블 패터닝에 대해 설명한다. 여기까지 오기 위해서는 2000년 전후부터 다양한 기술들의 후보가 있었다. 5-9에서 다루었던 F_2 레이저도 그중 하나다. 그들 중 살아남은 것이 앞에서 언급한 두 가지 기술이라고 할 수 있다.

더블 패터닝의 위상

더블 패터닝과 그 위상에 대해서는 5-10에서 간단히 설명했지만 여기서 한 번 더 돌아보도록 하자. 더블 패터닝은 어디까지나 EUV까지의 '연결 기술'이라고 하는 인식과 잠시 지나가는 기술이라는 인식이 있었는데 후

그림 12-3-2 **Quad 패터닝(SAQP)의 예**

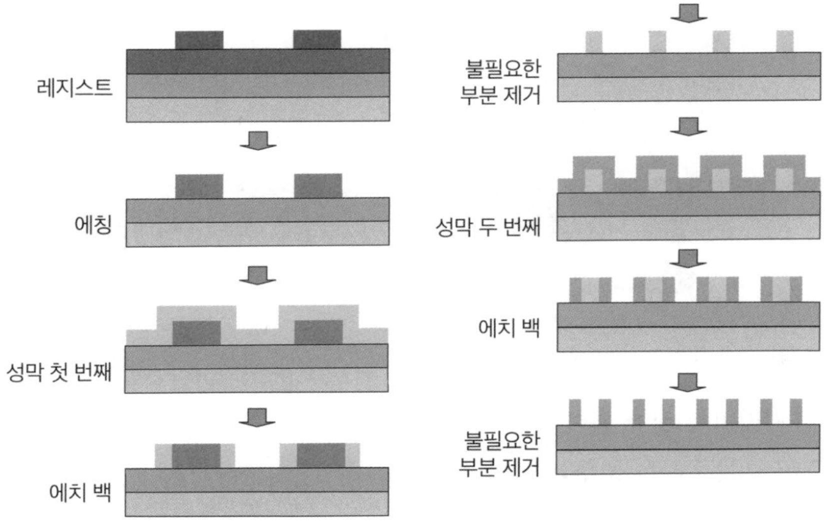

그림 5-10-2의 SADP를 2회 반복한다. 1회째의 SADP에서는 패턴 피치가 처음의 반이 되고, 2회 반복하면 1/4이 된다. SAQP는 Self Aligned Quadruple Patterning의 약자. 트리플 패터닝이라고 불리는 것보다는 본 책의 내용대로 SAQP로 사용되고 있다. 약 10nm의 line & space를 형성할 수 있다고 알려져 있는데 공정이 복잡해서 비용 증가를 초래한다. 이 방법이 미세화의 칩 비용 절감에 부합될 것인가에 의문이 있다.

술한 것과 같은 EUV의 실용화가 지연되면 수명이 연장될 것이라 생각한다. 이 생각은 더블 패터닝의 장점은 종래의 광 리소그래피 장치를 사용할 수 있다는 점이 가장 큰 것이라고 할 수 있다. 고가의 첨단 노광 장치(1대에 수백억 원이라고 한다)가 세대를 넘어 사용 가능하다면 점점 고액화되는 첨단 반도체 공장의 설비 투자를 조금이라도 억제할 수 있기 때문이다. 그러나 한편으로 더블 패터닝 기술은 리소그래피용 제조 장치 외에 성막 장치나 에칭 장치까지 필요로 하게 된다면 단점이 존재하기도 한다.

연명화에 대한 대응

이와 같은 상황에서 더블 패터닝의 발전형으로서 Quad 패터닝도 검토되고 있다. 그림 12-3-2는 그 예를 보여 준다. 이러한 흐름에서 다중(multi) 패터닝이라는 명칭으로 바뀌어 가고 있다. 물론 비용이 상승하고 새로운 설비 투자가 필요하지만 아직 실적이 적은 EUV보다 낫다는 생각이다. 따라서 당분간 다중 패터닝으로 간다는 생각도 있는 듯하다. 다만 EUV의 완성도가 단번에 오르면 또 바뀌게 될지도 모른다. NGL의 이후 동향이 주목된다. 덧붙여서 EUV 노광기는 1대에 1000억 원 이상이라고 알려져 있다.

그 밖의 후보

나노 임프린트(5-12) 몰드라고 불리는 일종의 주형을 수지 등에 밀어 패턴을 형성하는 기술이 있어 장치 및 프로세스 비용을 줄일 수 있다. 그러나 이 기술은 5-12에서도 언급했지만 패턴 제약이 있어 패턴드 미디어 등에 이용이 고려되고 있다.

또한 EUV로 대표되는 하향식 기술과 반대되는 자기 조직화 기술●이 검토되고 있다. 이것도 장치, 프로세스 비용을 저감할 수 있다는 관점에서의 제안이라고 말할 수 있겠다.

● **자기 조직화 기술**
bottom up(상향식) 기술 분야에 들어간다. 구체적으로는 블록 폴리머(공중 합체)를 사용하고 그 상 분리를 이용해 패터닝한다.

12-4

EUV 기술 동향

다음으로 NGL의 유력 후보인 EUV 기술의 현상과 과제에 대해 설명한다. EUV에서는 리소그래피 프로세스도 종래 기술과는 차별화된 큰 변혁을 요구할 수 있다.

EUV 장치상의 큰 차이

제5장에서는 그리 자세히 언급하지 않았던 것에 대해 먼저 설명한다. EUV 리소그래피에서는 진공 중에서의 노광이 된다. 이 파장 영역의 빛은 공기 중의 성분에 흡수되기 때문이다. 따라서 진공 중에 잔류하는 가스로 인해 오염이 우려된다. 잔류 산소에 의한 마스크의 산화 외에도 미러 반사 광학계 표면의 산화나 탄소에 의한 미러 반사 광학계의 오염 등도 문제가 된다. 이 때문에 실제 노광 장치에서는 광원 부분과 광학계 부에서 진공도도 다르기● 때문에 차등 배기 장치 등을 이용해 분리하는 것이 고려되고 있다.

● **진공도도 다르며**
광원부는 방전 등을 일으켜 EUV 광을 생성시키기 때문에 비교적 진공도가 낮다.

그림 12-4-1 **EUV 레지스트 프로세스의 비교**

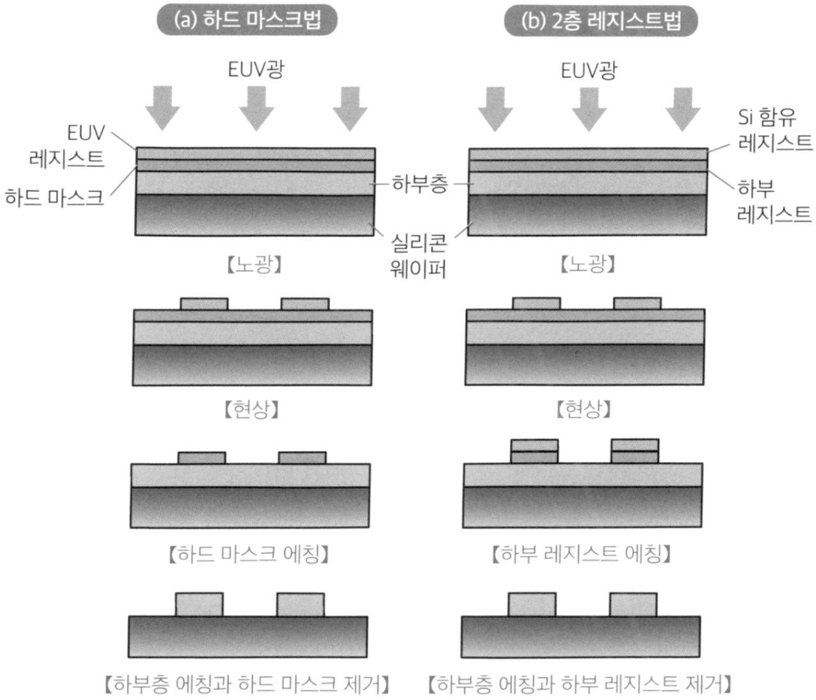

레지스트 프로세스란?

레지스트 자체는 종래의 레지스트와는 다른 재료의 사용이 모색되고 있다. EUV의 파장 영역에서는 물질에 의한 흡수가 매우 강하고 광 리소그래피 때처럼 비교적 두꺼운 단층 레지스트군에서는 거의 도중에 흡수되어 레지스트 바닥 부분까지 도달하는 일이 없다.

따라서 고려되는 것은 다층 레지스트 프로세스다. EUV 리소그래피로 노광·현상하는 레지스트의 두께는 얇아지고 에칭 내성은 두꺼운 레지스트로 확보하려는 사고방식과 에칭 내성이 있는 하드 마스크에 전사

그림 12-4-2 **EUV 프로세스의 주요 과제**

장치	광원	고출력(250W 이상), 안정화 광원
	광학계	고NA화, 케미컬 오염 방지
	마스크	저비용 마스크, 마스크 결함의 감소와 검출법
프로세스	레지스트	신규 레지스트 재료, 저비용 레지스트 프로세스
	마스크	마스크 오염의 감소
	펠리클	펠리클의 투과율, 고내구성
	치수 제어	LER 제어

하려는 판단이다.

그림 12-4-1에 그 예를 나타냈다. 하드 마스크를 사용하는 방법은 EUV 레지스트 패턴을 한 번 형성한 후 하드 마스크를 에칭해 패턴을 전사하고 하부층을 에칭하는 것이다. 2층 레지스트를 사용하는 방법은 한 번 EUV 레지스트 패턴을 형성하고, 그것을 마스크로 하층의 두꺼운 레지스트를 에칭해 패턴을 전사하고 하부층을 에칭하는 것이다. 이 경우 EUV 레지스트에는 Si를 함유한 레지스트를 사용하는 것으로 생각되며, 하층의 두꺼운 레지스트를 에칭할 때의 내성을 확보한다. 두 방법 모두 한 번 에칭되며 프로세스는 복잡하다.

또한 LER●을 제어할 수 있는지 여부가 문제될 수 있다. 어쨌든 수십 나노미터 이하의 레지스트 패턴을 형성하는 것은 노광 기술뿐만 아니라 리소그래피 이외의 기술이 필요하다는 것인데 다중 패터닝과 동일하다.

● **LER**

Line Edge Roughness의 약자로 레지스트 패턴의 측면이 국부적으로 울퉁불퉁한 것.

이후의 전개는?

연구 개발 수준에서는 13.5nm의 절반 파장인 6.7nm에 대한 검토가 제안되었다. EUV의 경우 반사 노광계이므로 NA의 개선은 기대되지 않는다. 더욱 미세화에 대비해 단파장화를 도모한다는 생각에 근거하고 있다. 덧붙여서 현재 광학계의 NA는 0.3 정도다. 이 향상을 도모할 수 없다는 것도 검토되고 있다. 이들을 감안해 EUV 리소그래피의 해상도 한계는 7~8nm 정도라고 알려지게 되었다. 이 정도의 치수라면 실리콘 반도체의 물리적 한계에 근접하고 미세 가공의 종점이 보이기 시작했다고 할 것이다.

실용화를 향해 더욱 여러 과제가 떠오르게 되었고, 특히 광원 문제가 다양하게 거론되고 있다. 양산기에는 250W의 출력이 필요하다. 최근에는 이를 달성하는 광원도 출현해 왔다. 또한 양산 장치는 ASML이라는 네덜란드의 노광기 메이커가 주도하고 있다. 일본의 반도체 제조 장치 메이커는 EUV 노광 장치에서 철수했으며★ 광원 제조업체는 고출력 광원 개발에 주력하고 있다.

프로세스 상의 과제는 전술한 바와 같이 레지스트 프로세스의 개선이나 무결함 마스크, 펠리클의 실용화 등을 나열할 수 있다. EUV 노광은 전술한 바와 같이 반사 노광계로 마스크는 다층의 적층 마스크이기 때문에 과제도 많아진다. 펠리클은 투과율 향상이 요구되고 있다. 그림 12-4-2에 EUV 리소그래피의 과제를 필자 나름대로 요약해 보았다. 이러한 과제가 해소되어 EUV가 more moore를 추진하는 양산 기술이 될지 주목해 본다.

★역주

노광기라고 하면 일본의 니콘과 캐논을 빼놓을 수 없다. 반도체나 디스플레이 관련 종사자들이라면 일본의 이 두 회사를 기억할 것이다. 2000년 초반까지는 니콘과 캐논이 노광 장치 시장의 절반을 차지하고 있어 독보적인 회사임에 틀림없었다. 그러나 EUV 노광기가 등장하면서 네덜란드의 ASML사가 거의 독점하고 있는 상황이다. 뉴스에도 방송되었지만 첨단 반도체 기업 오너들이 ASML사를 방문해 극자외선 노광기 확보에 최선을 다하는 모습을 볼 수 있었다. 또한 미중 반도체 전쟁으로 인해 미국은 이미 중국에 판매 금지를 요청하고 있는 상황이다. 그사이 중국의 파운드리 회사에서 7nm에 성공했다는 발표가 있었고, EUV 노광기가 없는 상황 속에서 어떻게 양산에 성공했는지 의문이었다. 아마 액침 노광 기술과 더블 패터닝을 이용했을 것이라고 추측하고 있다.

노광기 강국 일본의 두 업체가 EUV 노광 사업에서 철수한 배경은 다음 몇 가지로 요약할 수 있다.

첫 번째는 특허 문제일 것이다. EUV 관련 기술은 오래전부터 ASML이 개발해왔고 많은 특허를 보유하고 있었다. 니콘은 ASML과 특허 침해 소송전을 해왔던 이력이 있었고, EUV 사업에 들어온다면 또다시 특허 소송전을 펼쳐야 하는데 이것이 큰 부담이었을 것이다. 특허를 매입하는 것도 가능하지만 경쟁사가 이를 수용할 이유도 없었을 것이고, 특허 매입에 막대한 비용을 지불해야 한다는 부담이 크게 작용했을 것으로 보인다.

두 번째로는 고객과의 협력 및 신뢰 관계에 어려움이 있었을 것으로 추측된다. EUV 노광 장치를 개발하기 위해서는 삼성, 인텔, TSMC 등과 긴밀한 협력과 신뢰 관계가 구축되어야 하고 각종 중요 정보들도 공유해야 한다. 그러나 이미 ASML은 10년 전인 2012년에 이 세 기업으로부터 약 50억 달러의 투자를 받아 자본관계를 확고히 하면서 거의 10년간 고객사들과 절대적인 협력관계를 구축했기 때문에 니콘 입장에서는 들어올 자리가 없었을 것이다. 특히 최대 고객인 TSMC는 ASML과의 오랜 협력관계와 ASML 장비에 익숙해져 있는 상황 속에서 TSMC만 바라보고 막대한 투자 비용을 감당하면서 이 위험한 경쟁 속에 뛰어들기가 어려웠을 것이라고 본다.

세 번째는 일본 특유의 문화와 관계가 있는 듯하다. 니콘은 광원을 제외한 핵심 부품들을 거의 자체 개발했다. 이렇게 기술력이 높은 니콘은 타사와의 협력 의식이 낮았고 기술 오픈을 꺼려하면서 외부와의 울타리를 높여만 갔다. 공동 연구, 공동 논문도 거의 없고 컨소시엄이나 노광기 외의 회사들과의 협업 등도 없었다. 자만심도 대단했다. 이렇듯 자체에서 모든 것을 하려다 보니 개발 속도가 늦어지고 비용도 증가하게 되었다. ASML이 긴 암흑기를 지나 니콘을 제치고 세계 1등이 된 것을 잘 벤치마킹하면 우리에게 시사하는 바가 클 것이다.

최근 니콘은 미세화에 있어서는 액침 노광과 멀티 패터닝에 집중하고, 자신들의 강세 분야인 i line 노광기에 집중하는 듯하다. 앞으로 성장하는 파워 반도체나 아날로그 반도체 분야에 활용할 수 있기 때문이다.

캐논의 경우 EUV, ArF 노광기 사업에서 모두 철수하고 나노 임프린트에 집중하고 활로를 모색하고 있는 듯하다. 실용화의 목표는 2025년. 또한 현재도 아직 수요가 많은 i line(365nm)과 KrF(248nm) 노광 장치(캐논의 강세 분야)에 집중하며 선두 위치를 수성하려는 전략으로 보인다.

12-5 450mm 웨이퍼 동향

현재 첨단 반도체 fab.에서 사용되고 있는 직경이 300mm인 실리콘 웨이퍼의 다음은 450mm화가 제안되었다. 여기서는 현 상황을 다루겠지만 일시적으로 잠잠해져 지금은 중단하고 있는 상황이다.

웨이퍼 대구경화의 역사

1-10에서 언급했듯이 실리콘 웨이퍼는 1.5인치로 제품화되어 그 후 직경을 크게 해왔다. 이 움직임을 실리콘 웨이퍼의 '**대구경화**'라고 한다. CZ 방법의 실리콘 웨이퍼에서는 300mm의 다음 세대인 450mm 실리콘 웨이퍼를 개발하려는 움직임이 있었다. 그 배경과 과제들을 소개한다.

450mm화의 경위

웨이퍼의 대구경화는 대체로 10년 주기로 예상되었다. 미세화로 웨이퍼에서 칩의 수가 늘어나지만, 예를 들어 메모리에서 bit 단가 연율 20~30%의 비용 절감을 도모하기 위해서는 미세화만으로는 달성할 수 없고, 웨이퍼의 대구경화도 필요하게 되었기 때문이다. 또한 웨이퍼가 대구경화되면 칩 화각을 크게 할 수 있어 CPU 등의 설계 자유도가 증가한다는 배경도 있다.

그림 12-5-1에 나타낸 바와 같은 반도체 업계 자체의 패러다임 시프트가 일어나고 있다. 300mm화까지는 반도체 산업계 전체에서 생각해 온 문제다. 450mm는 필요로 하는 메이커가 전 세계에서 몇 개사다. 450mm화를 향해서 2006년에 SEMATECH•가 만든 450mm 컨소시엄이 움직이고 일본의 SUMCO, 무라타기계, 히타치 하이테크놀러지 등의 재료·반송·제조 장치 메이커도 참가했다. 그 후 2011년에 G450C라는 컨소시엄이 미국에 만들어졌다. 이것은 세계 최고 수준의 반도체 제조업체(IBM, 인텔, 삼성, TSMC, 글로벌 파운드리••)가 가입하고 있을 뿐이다. 재료·제조 장비 메이커들은 450mm화를 해도 그 개발 비용을 몇 개사 되지 않는 작은 수의 유저로부터 회수할 수 있을지 우려하고 있다. 특히 제조 장치 제조업체는 450mm화에 신중하다는 목소리가 많다. 필자 역시 300mm화의 개발 비용을 회수하는 데 10년이 걸렸다는 이야기를 제조 장치 메이커로부터 여러 번 들었다. 또한 주요 제조업체는 모두 450mm 웨이퍼만을 개발하려는 것이 아니기 때문에 300mm 장비를 포함해 양쪽을 개발할 가능성에 우려를 표명하고 있는 것이다.

반도체 제품의 관점에서 보면 전체적으로 PC에서 스마트폰, 태블릿

• **SEMATECH**
Semiconductor Manufacturing Technologies의 약자. 미국에서 1987년에 설립된 관민 펀드에 의한 반도체 제조 기술의 공동 연구기관. 현재는 민영이다.

•• **글로벌 파운드리**
미국의 파운드리 전문 회사로 파운드리로서는 TSMC의 다음 가는 규모다. 미국 반도체 대기업 AMD로부터 분리된 반도체 제조 부문의 핵심이 되어 본사는 실리콘밸리의 서니베일에 있다. 실제 fab.은 전 세계적인 규모로 전개.

그림 12-5-1 **300mm와 450mm의 배경 비교**

웨이퍼	300mm	450mm
반도체 메이커 동향	주요 메이커는 거의 300mm 방향	450mm화는 세계 몇 개 회사?
시장 동향	PC가 주류이고 화각이 큰 칩의 필요성 존재	스마트폰, 태블릿으로 이동 화각이 큰 칩에 대한 요구가 감소?
제조 장치 메이커 동향	300mm화에 주력	300mm와 450mm의 양측 개발을 우려함
미세화 기술 동향	광 리소그래피의 연장선	EUV 신기술은 아직 개발 단계

그림 12-5-2 **프로세스 상의 웨이퍼 과제의 예**

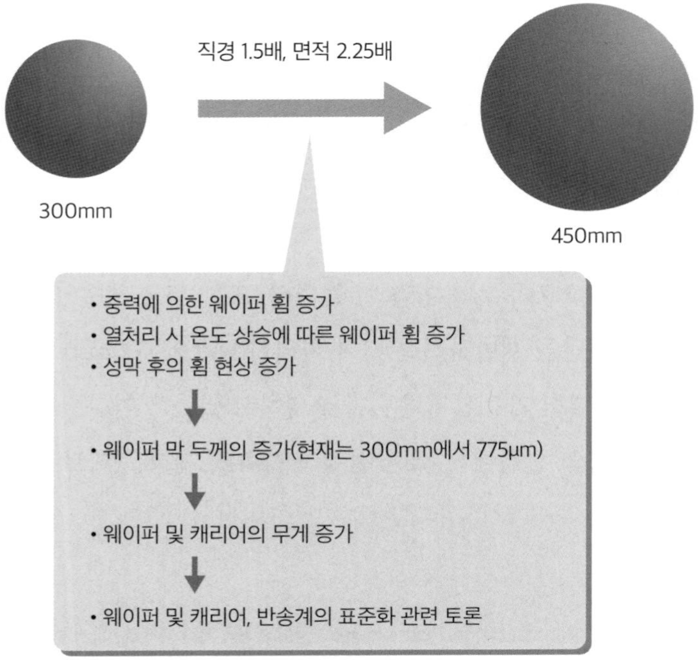

300mm 웨이퍼에서도 FOUP 캐리어에 25장을 수납했을 경우 무게가 약 8kg 정도다. 이것은 사람이 손에 들고 운반할 수 있는 중량이 아니다. 300mm에서는 공장 자동화를 전제로 한다. 450mm에서는 중량이 더욱 증가하므로 조속히 인프라를 갖추는 것이 필요하다. FOUP에 관해서는 자매서 『도해 입문 쉽게 이해되는 반도체 프로세스의 기본과 구조』 제3판 2장에 기술했으므로 흥미 있는 독자는 참조하기 바란다.

으로 이동해 가고 있는 중이며 CPU 등과 같이 화각이 크면 유리하다는 필요성도 희박하다. 그것과 더불어 필자가 생각하기에는 미세화 기술의 동향도 크다고 생각한다. 300mm 시절에는 ArF를 광원으로 사용하는 광 리소그래피의 단파장화가 과제였고(실제로 단파장화가 아니라 액침 리소그래피로 이동했다) 광 리소그래피의 연장이었다. 이번에는 EUV라는 기존의 광 리소그래피와는 다른 새로운 기술이 양산 가능한지 여부도 검토 과제이기 때문이다.

몇 년 전 세미콘 재팬 등에서 450mm화에 대한 현상 보고가 있었고, 반송 장치나 웨이퍼 캐리어의 전시가 있었다. 그러나 IBM은 450mm에서의 생산은 하지 않겠다고 발표하는 등 450mm의 움직임은 중단된 상황이다.

실제의 허들

현실적인 문제로서 웨이퍼를 예로 들어 보자. 400mm 웨이퍼의 인상법은 1990년대 말에 일본의 실리콘 메이커가 공동으로 만들었던 슈퍼실리콘 연구소에 실적이 있다. 이것은 당시의 300mm 웨이퍼 움직임의 선행으로서 행해진 것이었다.

실제로 450mm화하면 웨이퍼, 그 캐리어의 규격이나 표준화를 결정할 필요가 있다. 또한 제조 장치와 이송 시스템을 모두 바꿀 필요가 있으며 표준화에 대한 토론이 필요하다. 과제는 너무 많아서 소개할 수 없지만, 웨이퍼가 커질 경우에 프로세스 상 웨이퍼의 과제들을 그림 12-5-2에 열거해 보았다.

또한 장치 개발을 위한 웨이퍼(베어 웨이퍼뿐만 아니라 패턴이 있는

그림 12-5-3 **웨이퍼의 세대 교체 모식도**

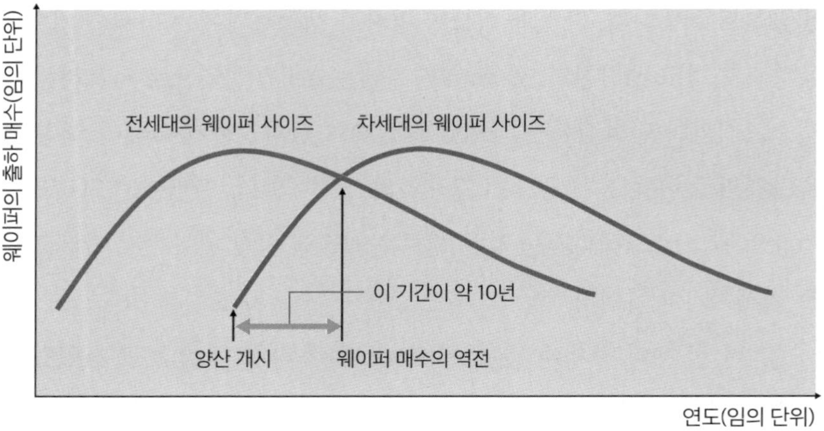

웨이퍼 등 모두)의 공급을 어떻게 할지 등의 문제도 있다. 300mm의 때는 일본에서는 Selete•가 그 역할을 담당했었다. 또한 프로세스 개발 시 웨이퍼의 단면 관찰 등은 어떻게 할 것인가, 450mm 실리콘 웨이퍼를 사람의 손으로 클리비지할 수 있을지 등도 과제였다.

실리콘 웨이퍼의 세대 교체

오해하는 사람은 없겠지만 만약을 위해서 설명하자면, 현행 반도체 산업계에서 가장 많이 사용되는 실리콘 웨이퍼는 300mm다. 그러나 300mm 웨이퍼만 사용되고 있는 것은 아니다. 200mm 웨이퍼도 여전히 사용

• **Selete**
Semiconductor Leading Edge Technologies. 당시 일본 대기업의 반도체 메이커 10개사가 설립한 300mm화와 미세 가공 기술의 공동 연구 회사. 1996년 설립되었으나 현재는 해산되었다.

되고 있으며 LSI 분야 이외에는 구경이 작은 웨이퍼가 사용되고 있다. 300mm 웨이퍼가 양산에 사용되기 시작한 것은 2002년경이라고 알려져 있다. 그 후 약 10년이 지나 2012년경에 앞 세대인 200mm의 출하 매수를 추월했다. 마찬가지로 200mm 웨이퍼가 양산에 사용되기 시작한 것이 1992년경이다. 그리고 이전 세대인 150mm 웨이퍼의 출하 매수를 능가한 것이 2002년경이다. 역시 10년 가까이 걸리고 있다. 이를 개략적으로 그림 12-5-3에 나타냈다. 10년이라는 기간은 웨이퍼 메이커의 시장뿐만 아니라 반도체 제조 장치의 시장이나 반도체 시장도 300mm화하는 것으로 그만큼 확장해 가는 데 필요한 시간이라고 생각할 수 있다. 업계 전체에서 '300mm라는 바람'을 일으킬 수 있다는 것이 300mm화에 연결되었다고 생각된다. 이런 식으로 웨이퍼의 세대 교체에는 많은 시간과 에너지가 필요하다.

12-6 반도체 fab.의 다양화

현재 첨단 반도체 fab.은 대량생산형 메가팹이 주류다. 미래의 반도체 fab.은 어떻게 될까? 여기에서는 전 공정의 fab.에 대해 그 동향 등을 다루고자 한다.

메가팹의 도착지

2-4에서 전 공정 fab.의 개요를 설명했다. 전 공정 fab.에는 실제 반도체 칩을 만드는 클린룸 외에도 다양한 설비가 있다는 것을 알 수 있었다. 반도체 산업도 패러다임 시프트가 여러 가지 일어나는 가운데 비즈니스적인 면에서 전 공정 fab.에는 다음과 같은 과제가 있다.

① 막대한 투자에 어떻게 대응하는가?

② 구 라인의 전용을 어떻게 도모할까?

종래 반도체는 수직 통합형이라고 하며, 각 사에서 설계부터 제조까지를 실시하는 것이 보통이다. 그런데 미세화의 진전에 따라 투자 규모가 막대해졌고, 12-2에서 언급했듯이 하나의 회사가 부담하기에는 너무 커서 수평 분업형으로 변화하고 있다. 퀄컴과 같이 공장을 가지고 있지

그림 12-6-1 **수직 통합 모델과 수평 분업 모델**

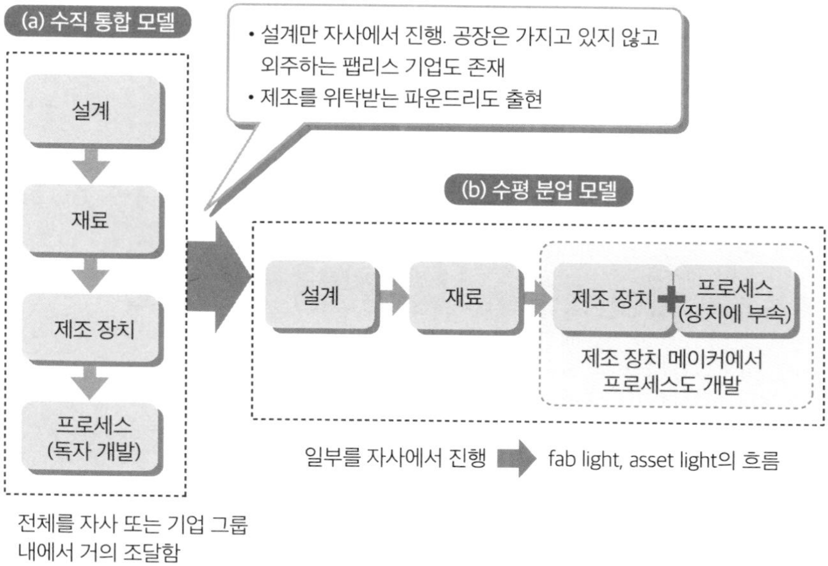

않은 팹리스 메이커와 제조를 수탁받는 TSMC와 같은 파운드리 회사도 출현해 왔다. 이 회사들은 세계 반도체 메이커 랭킹으로 Top 5나 Top 10에 든다. 이것이 현재의 흐름이다. 그중 이미 기존 반도체 제조업체도 경영 통합, 파운드리 이용, 공동 팹 모색 등을 하고 있다. 이러한 흐름은 투자를 완화한다는 의미에서 'asset light', 'fab light'라고 불리는 경우도 있다. 이 흐름을 그림 12-6-1에 정리해 보았다.

구 라인의 전용에 대해서는 해외 반도체 메이커에 매각하거나 폐쇄되었다는 뉴스가 근래 전해지고 있다. 적극적으로 more than moore의 대표명으로 말할 수 있는 파워 반도체 등으로 전용하는 움직임도 있다. 이후 자세히 설명한다.

그림 12-6-2 **다양한 more than moore**

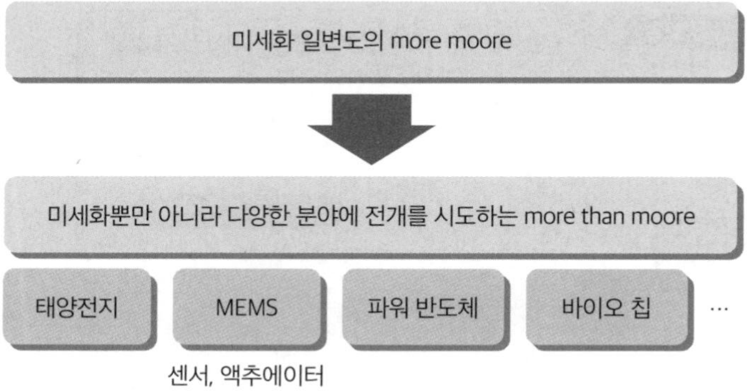

구 라인의 more than moore로 전용

300mm 웨이퍼가 가장 많이 유통되었다. 일본의 경우는 반도체 산업 자체가 여명기부터 종합 전기 제조업체 및 가전 제조업체에서 개발이 시작되었다는 오랜 역사가 있으며, 신흥 국가에 비해 여전히 200mm와 150mm fab.이 많다는 배경도 있다. 반도체 발전기에는 각 회사가 라인을 증설해 그때의 웨이퍼 구경이 다르기 때문에 같은 fab. 내에서도 라인마다 웨이퍼의 구경이 다르다는 것도 필자는 체험했다. 기기가 고장 나도 웨이퍼의 구경이 다르기 때문에 융통성이 없는 등의 문제도 있었다.

이러한 구 라인은 매각이나 전용을 생각해 나갈 필요가 있지만 그때 more than moore 쪽으로 이동해 나가는 것도 하나의 방법이다. more than moore에 관해서는 12-2에서 간단히 접했지만, 반도체 기술을 다른 제품군에 수평 전개해 간다는 면도 가지고 있다. 어떤 후보가 있는지는

그림 12-6-2에 나타냈다. 그림 12-6-1의 **수직 통합형 모델**●과 **수평 분업형 모델**의 그림은 기본적으로는 제1장의 그림 1-12-2와 동일한 내용이다. fab. 운영 및 비즈니스 관점에서 볼 때 반도체 비즈니스가 큰 전환점을 맞이하고 있다는 것은 확실한 것 같다. 어쨌든 일본에 많은 200mm, 150mm fab.의 정리 통합, 매각, 다른 사업으로의 전용 등이 긴급한 과제다.

향후 fab.의 과제

이번에는 비즈니스 측면에서 과제를 소개했지만 앞으로 중요한 환경, 에너지 면에서는 그 부하를 경감하는 관점에서

① emission-free

② 에너지 절약 대책

등이 열쇠가 되지 않을까 생각한다. 2-4에서 언급했지만 반도체 제조 공정에서는 폐액, 폐기 가스 등이 많이 발생한다. 이러한 환경 부하를 줄이는 것은 중요한 과제다. 또한 반도체 fab.은 전력을 소비한다. 근래에는 전력 수요 가운데 가능한 한 에너지 절약을 도모하는 것도 과제가 된다. 여기에서는 지면 관계상 현재 동향을 중심으로 언급했다. 반도체 fab.의 개별 과제는 같은 시리즈의 『도해 입문 쉽게 이해하는 최신 반도체 프로세스의 기본과 구조』(제3판)에서 다루고 있으니 참조하기 바란다.

● **수직 통합형 모델**
IDM(Integrated Device Manufacturer)이라고 불리는 경우도 있다. 반면에 수평 분업형을 각각 그 형태로 팹리스 메이커, 파운드리, OSAT(11-4 참조)라고 부른다. 팹리스 메이커는 전 공정을 파운드리 회사에, 후 공정을 OSAT에 위탁한다.

12-7 칩을 관통하는 TSV

칩을 적층시켜 고밀도화를 도모하려는 움직임이 있다. 리소그래피 미세화의 한계가 보이는 현재의 상황에서는 리소그래피에 의존하지 않는 고밀도 집적 기술로서 주목받고 있다. 그것에는 TSV가 필수적이다.

딥 트렌치 에칭이 필요

TSV(Through Silicon Via) 기술이란 칩을 관통시키는 비아홀을 형성하는 방법이다. 제6장 에칭에서 설명했지만 TSV에 필수적인 요소 기술은 **딥 트렌치 에칭**이다. 이것은 일반적인 에칭과 달리 실리콘 웨이퍼를 관통할 정도의 깊은 홀을 파는 에칭 기술이다. 1980년대 DRAM이 1Mbit 집적도일 무렵, 커패시터를 트렌치 내에 형성해 3차원화함으로써 커패시터의 면적을 얻기 위해 트렌치 에칭이 실용화되었다. 그때는 기껏해야 수 마이크로미터의 깊이였지만 TSV의 경우는 실리콘 웨이퍼의 두께를 아무리 얇게 해도● 수십에서 수백 마이크로미터 깊이를 에칭하지 않으

● **실리콘 웨이퍼의 박화**
실제 웨이퍼의 두께는 약 800μm 정도지만 백 그라인드를 진행해 수십 마이크로미터까지 얇게 하는 것을 말한다. 10-2 참조.

그림 12-7-1 **TSV 에칭의 예와 과제**

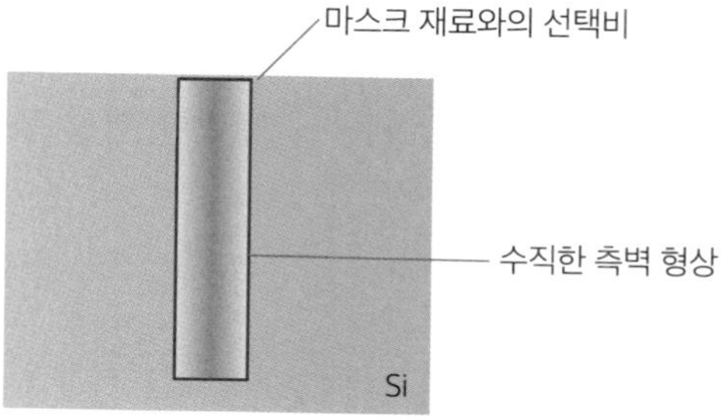

그림 12-7-2 **TSV 프로세스 플로의 예**

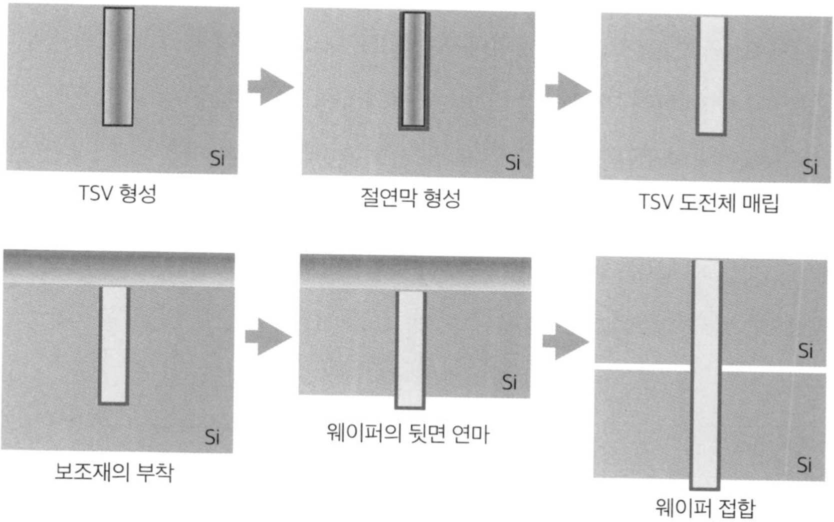

면 안 된다. 그러기 위해서는 비아의 측벽을 보호할 필요가 있다. 에칭과 증착을 교대로 반복하는 보쉬 프로세스●와 웨이퍼를 저온으로 냉각해

● **Bosch 프로세스**
독일의 Bosch사가 개발한 딥 트렌치 에칭 기술.

래디컬의 사이드 어택(side attack)을 억제하는 저온 에칭 등의 방법이 행해지고 있다. 한편 TSV의 직경은 10μm 이하의 레벨이 요구된다. 그림 12-7-1은 TSV 에칭의 예와 과제를 보여 준다. TSV용 딥 트렌치 에칭 전용 장치도 시판되고 있다.

실제 TSV 프로세스 플로

실제 TSV의 프로세스 플로의 예가 그림 12-7-2에 나와 있다. 그림에서도 알 수 있듯이 TSV 에칭은 우선 실제 웨이퍼 그대로 실시한다. 수십 마이크로미터까지 얇게 한 웨이퍼에서는 프로세스 장치에서의 처리가 반송을 포함해 어렵기 때문이다. 그림에 나와 있듯이 TSV를 형성한 후에 주변을 절연막으로 보호하고 그 후 도전체를 매립한다. 이것은 스크린 인쇄 등으로 전도성 페이스트를 매립하는 방법도 생각하고 있다. 그 후 서포트 재료를 붙여 웨이퍼의 뒷면을 그라인딩한다. 3차원 실장을 위해 적층화를 해 간다. 여기에 제시된 예는 소위 '비아 퍼스트'라고 불리는 프로세스다. TSV를 나중에 형성하는 '비아 라스트' 방법도 있다.

12-8 more moore에 대항하는 3차원 실장

칩을 관통하는 TSV 기술을 사용해 칩을 3차원적으로 고밀도 실장하려는 움직임이 있다. 실리콘 반도체의 브레이크스루(breakthrough)가 될 것인지 주목받고 있다.

3차원 실장의 흐름

3차원화의 의미는 그림 12-8-1에 나타낸 바와 같이 2차원적인 미세화, 즉 more moore의 한계가 보이고 있는 곳에서 3차원 실장을 함으로써 고밀도화를 도모한다는 것이다. 현재의 미세화 기술을 그대로 사용할 수 있다는 점과 그림에 나타낸 SoC(System on Chip) 내 전체의 배선을 짧게 할 수 있다는 장점이 있다. 또한 투자를 포함한 프로세스 비용의 절감, 초기 단계에서의 수율 안정 등의 장점도 있다. 앞 절 12-7에서 나타낸 것과 같은 TSV 기술을 사용하는 적층화는 실제로 어떻게 하는 것일까?

TSV를 사용하는 경우 와이어 본딩이 필요하지 않다. 와이어리스 본딩으로 적층화가 가능하며, 그림 12-8-2와 같이 플래시 메모리의 3차원화의 예가 있다. 한편 TSV를 사용하지 않고 3차원 적층하는 방법도 있다. 11-3에서 설명한 SiP나 PoP(Package on Package)라는 방법이다. 전

그림 12-8-1 **3차원 실장의 플로**

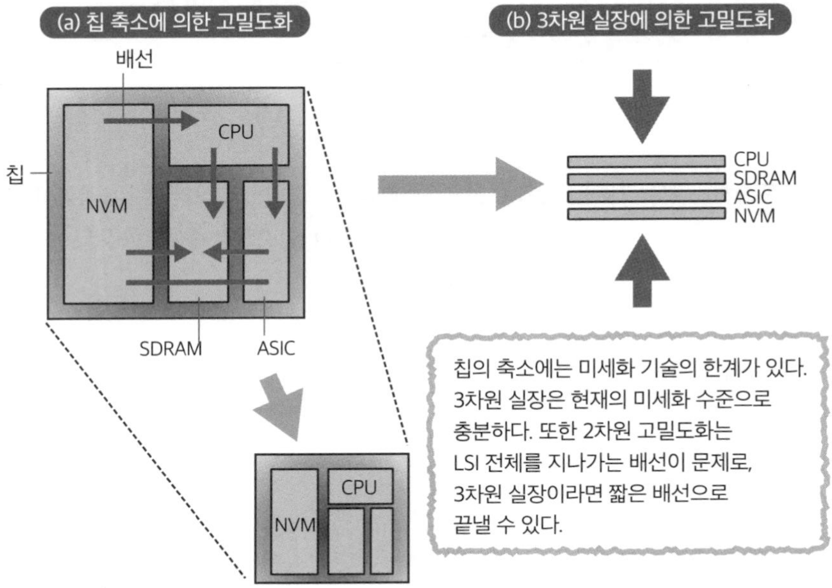

자는 하나의 패키지에 여러 칩을 적층하는 방법이며, 후자는 패키지마다 적층하는 방법이다. 전자를 멀티 칩 패키지(MCP)라고도 한다.

스케일링 법칙에서 본 3차원 실장

미세화에 따라 가공 기술의 한계는 물론 투자 금액도 방대해지고 있다. 반면에 3차원 실장은 기존의 공정 기술을 사용할 수 있다는 장점이 있다. 게다가 미세화의 경우 설계부터 시작하는 개발 기간이 점차 장기화되는 문제도 있다. 3차원 실장에서는 저비용, 짧은 납기로 신제품 개발이 가능하다는 또 하나의 장점도 있다. 배선 길이가 짧아지면 전체 에너지 절약화도 도모할 수 있다. '탈 스케일링 법칙'이라는 새로운 패러다임 이

그림 12-8-2 **3차원 적층화의 모식도**

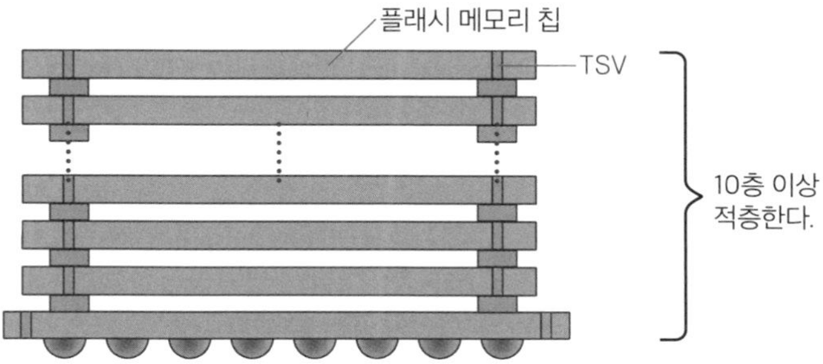

그림 12-8-3 **3차원 실장의 개별 기술에 관한 동향**

프로세스	후보	과제
리소그래피	통상의 노광, 비 리소그래피	레지스트 선택비, 비용
비아 형성	DRIE, 레이저 드릴	비용, 스루풋
비아 세정	웨트, 드라이	세정 잔사
seal/seed재 형성	CVD, 스프레이 코트, 스퍼터	비용, 신뢰성
충진재	CVD, 도금, 인쇄	비용, 신뢰성, 저항값
Si 박편화	그라인드 기술	스루풋, 반송 기술, 보조 재료 프리화
웨이퍼 접합	W2W, C2W	비용, 위치 정합

주 DRIE: Deep Reactive Ion Etching의 약자로 deep trench etching과 동의어.
W2W: Wafer to Wafer
C2W: Chip to Wafer

동이 발생하고 있는 중이며 계속해서 연구 개발이 활발해지고 있다. 여기서 필요한 개별 기술은 TSV 기술 외에 그림 12-8-3에 소개한 것 같은 여러 가지 기술이 필요하다. 예를 들어 TSV 기술에 포함될지도 모르겠지만 비아 내의 세정도 빠질 수 없는 기술이다. 또한 웨이퍼의 접합 기술 등도 웨이퍼 레벨의 패키지와는 다른 사양이 필요하다.

미세화 노선이 언제까지 계속되는지, 3차원 실장이 그것을 바꾸는 수

단이 되는지 여러 가지 의견이 있으며 향후의 전개에 주목해 볼 필요가 있다.

칩렛이란?

최근 칩렛(chip let)이라는 말을 자주 듣게 된다. 이것은 지금까지 언급한 SoC와 플래시 메모리의 적층화를 마이크로 프로세서(MPU)에 응용해 가는 것이다. 메모리뿐만 아니라 프로세서 하나도 미세화에 의한 고기능화가 필요한 반도체 제품이지만, 이대로 more moore에 의한 미세화를 진행시키는 투자가 팽배해지기 때문에 싱글 다이(칩)를 만들지 않고 여러 칩을 레고 블록처럼 조립해 3차원화함으로써 목적을 달성하는 것이다. 메모리와 같은 단일 기능 칩의 적층화에 비해 내부 배선에는 어려운 기술 과제가 있는 것 같지만 AMD나 인텔 등과 같은 그 분야의 선두 주자가 개발을 주도하고 있다. 이 경우 투자 억제 외에도 초기 단계 수율도 종래의 전 공정 프로세스를 이용하므로 비교적 높을 것으로 기대된다. 2-6에서 언급했듯이 반도체 제품은 수율의 수직 상승이 필요하기 때문이다. 이것도 more than moore의 하나로서 생각하면 향후의 동향에 주목이 필요하다.

지금까지 읽어 온 독자들에게 감사의 말을 전한다. 반도체 산업은 대전환점에 서 있는 지금이야말로 크게 도약할 기회라고 생각된다. 이 책이 그 기회에 선 여러분에게 아주 작은 도움이라도 되었으면 하는 바람이다.

부록 하프 피치에 관하여

이것은 첨단 반도체 디바이스 가공의 미세화를 나타내는 기준이다. 전통적으로 3년 동안 70%의 치수 축소가 이루어져 왔다. 예를 들어 1μm 다음은 서브 마이크로미터 즉 ~0.7μm, 다음은 0.5μm, 다음은 서브 하프 마이크론 0.35μm, 다음은 0.25μm로 세대 교체를 해왔지만 이들은 0.7배로 축소되었음을 알 수 있을 것이다. 당시는 게이트 전극의 치수에 대응하고 있었다고 생각한다. 또한 이것을 디자인 룰이라고 부르고 있었다.

그러나 후속 기술의 발전에 따라 로직에서는 게이트의 치수를 무리하게 축소하고 고속화를 도모하려 했기 때문에 게이트 치수로는 칩의 미세화 전체의 기준이 되지 않는다는 것으로부터 첫 번째 배선층 피치의 절반을 기준으로 하고자 했다. 이것은 규칙적인 배열이 되어 칩 전체의 미세화의 기준이 된다고 이해하고 있었다. 이것이 바로 하프 피치다. ITRS 웹사이트에도 기록되어 있지만 다음 그림에서 표시한 메탈 피치의 절반이 하프 피치가 된다.

그림　**하프 피치의 정의**

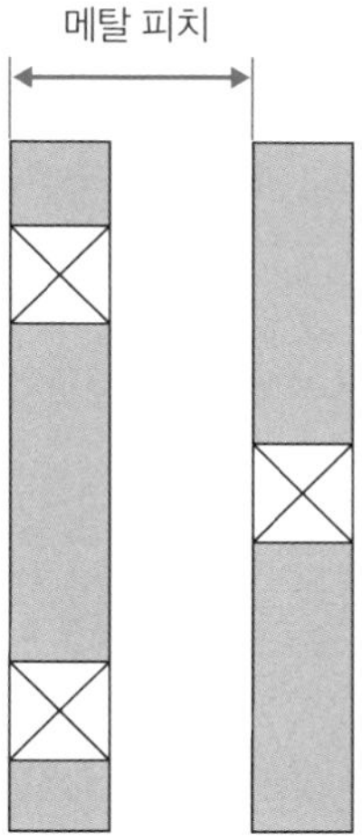

출처: ITRS 자료.

로직 회로에서 실제 게이트의 길이는 이 하프 피치와는 다른 값을 가지며 하프 피치 값보다 작게 되어 있다.

부록

향후 시스템 반도체 상황은 어떻게 전개될 것인가

작성자 **조성환**

시스템 반도체는 메모리 반도체와 달리 제품의 종류가 다양하고 분업화가 잘 이루어져 있다. 그림 1은 시스템 반도체의 제작 흐름을 보여 주고 있다. 설계에는 3단계가 있으며 반도체 칩에 삽입되어 특정 기능을 수행하는 IP 블록을 판매하는 업체를 칩리스(chipless)라 한다. 우리가 흔히 반도체 설계라고 부르는 것은 팹리스이며 디자인 하우스는 설계 도면을 제조를 위한 설계 도면으로 재설계하여 팹리스 회사와 파운드리를 연결시켜 주는 설계 서비스(design service)를 제공하는 회사이다. 설계 분야의 절대 강자는 오랫동안 미국이 차지하여 왔고 현재도 2위와 압도적 차이로 1위를 수성하고 있다. 한편 설계 도면을 바탕으로 반도체를 위탁 생산하는 파운드리는 대만의 TSMC가 지난 수십 년간 전 세계 시장 1등을 유지해 왔으며 앞으로도 확고하게 자리매김해 나갈 것이라는 평가이다. 반도체 패키지도 미국과 대만이 세계 시장을 주도하고 있다. 한국은 메모리 반도체에서는 세계 시장을 선도하고 있으나 시스템 반도체에서는 고전을 면치 못하고 있다. 시스템 반도체의 시장 규모는 메모리 시장의 2배가 넘는다. 현재 각 대학에서 반도체 학과를 신설하고 기업과 대학 간의 계약 학과를 신설하여 반도체 인력을 양성하려는 분야가 바로 시스템 반도체의 설계(fabless)인 것이다.

시스템 반도체의 절대 강자는 미국이었고 현재도 미국이 전 세계를

그림 1 **시스템 반도체의 제작 흐름**

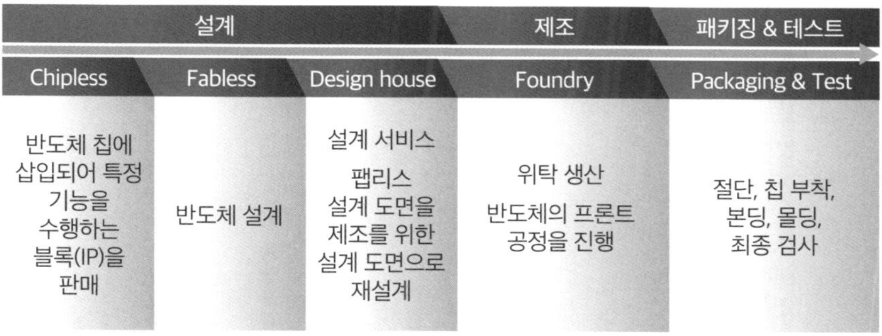

출처: 미국 반도체협회 자료, 2021년 4월 기준.

그림 2 **팹리스 국가별 역량**

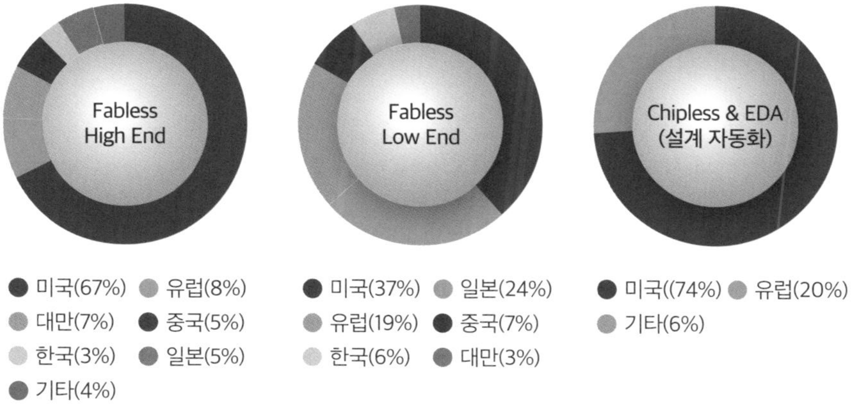

출처: 미국 반도체협회 자료, 2021년 4월 기준.

주도하고 있다고 해도 과언이 아닐 것이다. 오른쪽 그림 2는 시스템 반도체 설계 부분의 국가별 역량을 나타낸 데이터이다. 미국은 설계 자동화, IP 블록, 팹리스 하이엔드, 팹리스 로엔드 등 파운드리를 제외한 전 분야에서 골고루 시장을 점유하고 있다.

팹리스 하이엔드 제품의 대표적인 것은 스마트 폰의 CPU에 해당하

그림 3 **파운드리 국가별 역량**

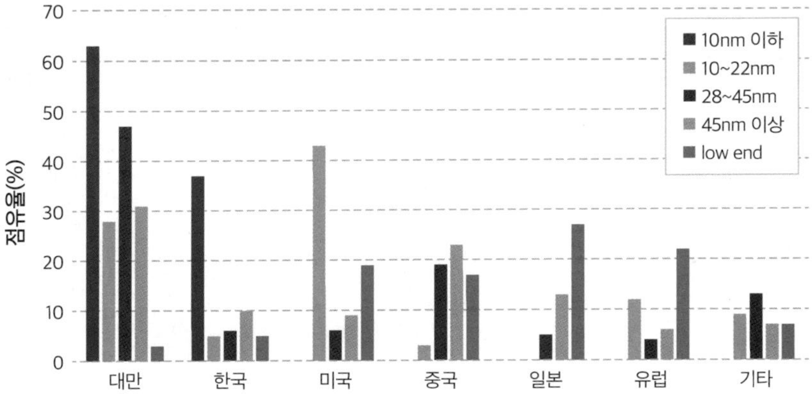

출처: 미국 반도체협회 자료, 2021년 4월 기준.

는 AP이며 팹리스 로엔드 제품은 가전제품이나 차량용 반도체가 그 대표적인 제품이다.

한국의 시스템 반도체 설계 역량은 9% 정도로 거의 세계 최하위라 해도 과언이 아닐 것이다. 특히 팹리스 하이엔드는 3% 시장을 점유하고 있다. 미중 반도체 전쟁의 시발점이 된 중국의 점유율은 10%에 육박하고 있다. 중국은 반도체 설계는 거의 제로에 가까웠으며 해외 의존적이었지만 반도체 굴기라는 명분하에 시스템 반도체 설계 시장의 10%를 빼앗아 간 것이다. 이에 미국은 중국을 견제하기 시작했다. 반도체는 단지 파이의 싸움이 아니라 국가 안보하고도 밀접한 관련이 있는 것을 감안하면 이해하기 쉬울 것이다.

한편 파운드리 분야는 대만의 TSMC가 세계 시장을 선도하고 있으며 특히 10nm 이하의 반도체는 대만과 한국으로 양분화되어 있다. 미국의 대표적인 종합 반도체 메이커인 인텔은 10nm 이하 반도체 양산 실적이 없다. 최근에 10nm 이하의 미세 패턴에 절대적으로 필요한 극자외선 노광기를 ASML과 계약했다는 신문지상의 발표도 있었다.

미국은 시스템 반도체 설계 시장의 점유율 약 10%를 중국에게 빼앗긴 것에 대해 위기감을 느꼈을 것이다. 특히 중국과는 경쟁 관계이며 그동안 경제의 핵심이었던 반도체는 이제 국가 안보하고도 직결되기 때문에 더 이상 시장에 맡길 수가 없는 상황에 직면하여 바이든 행정부는 반도체 과학법을 발의하여 동맹국의 참여를 독려하고 있다. 이는 중국의 견제뿐만 아니라 미국 반도체 산업의 특성과도 밀접한 관련이 있다. 미국은 초창기에는 한국의 삼성과 같은 종합 반도체에 중점을 두었으나 경제적 관점에서 오히려 설계에 집중하고 제조는 위탁하겠다는 전략으로 수정하였던 것이다. 현재 미국의 실리콘 밸리에는 이러한 설계 위주의 회사들이 중심이 되어 대다수 밀집되어 있고 제조는 거의 모두 대만의 TSMC에 위탁 생산을 해왔다.

반도체 설계가 가장 핵심 기술이라 생각했던 것이고 설계 도면이 없다면 반도체 제조 공장들은 반도체를 생산할 수 없을 것이라는 생각이었다. 현재는 설계 도면에 맞게 제조하는 공정 기술이 더욱 첨단화, 전문화되어 있어서 오히려 설계 회사들이 파운드리 회사에 의존적으로 변하여 마치 갑을의 관계가 바뀐 시대가 된 것이다.

미국은 파운드리 역량이 부족하고 특히 10nm 이하의 최첨단 시스템 반도체를 국내에서 자체 생산하는 것이 거의 불가능하다는 것을 인식하게 되었다. 결국 반도체 과학법은 중국을 견제하고 국내 반도체 공급을 원활히 할 수 있도록 미국 내에 파운드리 회사를 설립하는 것이다. 첫 단계로 미국, 한국, 일본, 대만의 동맹국과 칩4 동맹을 결성하고 미국 내 투자를 유도하고 반도체 생산을 미국에서 하자는 것이다. 미국은 기존대로 설계를 담당하고 대만은 시스템 반도체의 제조, 한국은 메모리 반도체, 일본은 양산에 필요한 설비·재료·부품을 담당하는 것이다. 이것은 한국의 반도체 전략과 방향이 안 맞을 수도 있으며 정부가 어떻게 대처할지 또 삼성은 이러한 미국의 속내에 어떻게 대응할지가 주목된다.

미국 반도체 과학법

향후 10년간

❶ 반도체 육성 2800억 달러 투자

❷ 반도체 업계 5200억 달러 보조금 지원

❸ 반도체 일자리 10만 개 창출

❹ 투자 기업에 세금 25% 감면

한국은 메모리 반도체뿐만 아니라 시스템 반도체에도 역량을 집중시켜 국가적 차원에서 인력을 양성하고 시장 점유를 확대해 나갈 전략이다. 설계 분야에서는 퀄컴, 엔비디아, 애플, AMD와 같은 세계 시장을 주도하는 미국 업체와 파운드리의 절대 강자 대만의 TSMC와 경쟁을 해야 하는 상황이다. 설계에서 패키지까지 모두 진행하는 종합 반도체 메이커인 삼성은 이러한 부문별 전문 업체들과 경쟁해야 하는 매우 어려운 상황에 직면해 있다.

이러한 상황 속에서 일본은 재기를 꿈꾸고 있다. 1980~1990년대 전 세계 반도체 시장을 주도했던 일본은 절치부심 반도체 재건을 준비해 왔다. 일본은 디스플레이에서도 세계 절대 강자였으며 지난날의 화려한 시절을 한국에 반납하고 씁쓸히 퇴장하며 디스플레이에 사용하는 부품이나 재료, 설비 등에 주력했으나 그나마 그러한 시장들도 한국의 놀라운 성장에 이제는 점점 설 자리를 잃어 가고 있다. 반도체도 마찬가지다. 미국에서 시작한 반도체는 일본이 이어받아 한때 세계 시장을 선도했으나 반도체 시장을 한국에 넘겨주고 주로 반도체 재료, 부품, 설비에 주력하고 있는 상황이다.

반도체/디스플레이를 모두 넘겨준 일본은 다시 지난날의 화려한 시절로의 복귀를 간절히 바라고 있을 것이다. 최근에 2030년 양산을 목표로 2nm 반도체 개발에 착수하기 시작하였다. 일본의 8개 업체가 출자하여 신설 법인 라피더스를 설립한다는 발표가 있었다. 이렇게 되면 파운드리는 대만의 TSMC, 한국의 삼성전자, 미국의 인텔, 일본의 라피더스 4개의 업체가 경쟁에 뛰어들게 될 것이다.

한국은 지금 어떠한가? 액정 디스플레이는 이제 중국에 넘겨주었으며 아직 세계 시장을 독점하는 OLED 디스플레이도 조만간 중국에 추월당할 것이라는 예상이다. 중국은 디스플레이에 들어가는 중요 재료, 부품 국산화에도 총력을 기울이고 있으며 유망한 벤처기업에 대한 투자가 끊임없이 지속적으로 진행되고 있다. 반도체는 어떠한가? 중국이 7nm에 성공하고 정부의 막대한 지원 속에서 급격히 성장하고 있으며 중국 내의 파운드리 공장, 패키지 공장 건립이 증가하고 있는데 한국은 아직도 여유만만이다. 도대체 무엇을 생각하고 있는가.

참고 문헌

참고로 한 주요 저서는 다음과 같다.

1) 『VLSI Technology 2nd Edition』, S. M. Sze, McGraw-Hill Book Company
2) 『VLSI의 박막 기술』, 이토 타카시·이시카와 모토·나카무라 히로시 공저, 마루젠
3) 『첫 반도체 리소그래피 기술』, 오카자키 노부지·스즈키 쇼요시·우에노 이사오, 공업조사회
4) 『첫 반도체 세정 기술』, 오가와 요키·호리이케 야스히로, 공업조사회
5) 『상설 반도체 CMP 기술』, 도이 토시로 편저, 공업조사회
6) 『반도체가 이해되는 책』, 미즈노 후미오·타카노 치와 공저, 옴사
7) 『도해로 알 수 있는 반도체 제조 장치』, 기쿠치 마사노리 감수, 일본실업출판사

이 외에도 미처 언급하지 못했지만 각종 자료를 참고했다. 기본적으로 필자가 현장 등에서 배운 것과 현장에서 경험했을 때의 지식을 바탕으로 작성되었다. 도움을 주신 많은 분들께 감사 인사를 전한다. 덧붙여 업계 동향 등은 각 미디어의 보도를 자료로 삼고, 행정 및 각 기업의 HP 자료도 참고했음을 알린다.

찾아보기

쉽게 배우는 **반도체 프로세스**

초판 인쇄 2023년 5월 10일
초판 발행 2023년 5월 15일

지은이 사토 준이치
옮긴이 조성환
펴낸이 조승식
펴낸곳 도서출판 북스힐
등록 1998년 7월 28일 제22-457호
주소 서울시 강북구 한천로 153길 17
전화 02-994-0071
팩스 02-994-0073
블로그 blog.naver.com/booksgogo
이메일 bookshill@bookshill.com

값 18,000원
ISBN 979-11-5971-487-0